Henk de Berg · Matthias Prangel (Hrsg.)

Kommunikation und Differenz

Henk de Berg · Matthias Prangel (Hrsg.)

Kommunikation und Differenz

Systemtheoretische Ansätze in der Literatur- und Kunstwissenschaft

Westdeutscher Verlag

Die Deutsche Bibliothek – CIP-Einheitsaufnahme

Kommunikation und Differenz: systemtheoretische Ansätze
in der Literatur- und Kunstwissenschaft /Henk de Berg; Matthias Prangel
(Hrsg.). – Opladen: Westdt. Verl., 1993
ISBN 978-3-531-12411-7 ISBN 978-3-322-94226-5 (eBook)
DOI 10.1007/978-3-322-94226-5
NE: Berg, Henk de [Hrsg.]

Der Westdeutsche Verlag ist ein Unternehmen der Verlagsgruppe Bertelsmann International.

Umschlaggestaltung: Horst Dieter Bürkle, Darmstadt

Gedruckt auf säurefreiem Papier

ISBN 978-3-531-12411-7

Inhalt

Vorbemerkung

Mit der heute schon fast legendär erscheinenden soziologischen Kontroverse zwischen Jürgen Habermas und Niklas Luhmann aus dem Jahre 1971 gelangte der Begriff der Systemtheorie erstmals ins Bewußtsein einer breiteren Öffentlichkeit. In den seither verstrichenen gut zwanzig Jahren hat vor allem die Luhmannsche Variante dieser theoretischen Konzeption von Gesellschaft eine außerordentlich stürmische Karriere erlebt und - gemeinsam mit radikal konstruktivistischen Positionen, mit denen sie sich einerseits deckt, zu denen sie andererseits auf deutliche Distanz geht - die Landschaft nicht nur der Soziologie gründlich verändert. Auf der Basis einer prononciert antiontologischen Erkenntnislehre unternimmt sie es, mit Hilfe von Konzepten wie etwa denen von Komplexität und Kontingenz, Selektion und Negation, System-Umwelt-Differenz, Autopoiese, Selbstreferenz die moderne Gesellschaft als ein in autonome Funktionssysteme ausdifferenziertes und sich durch Kommunikationen ständig reproduzierendes und evoluierendes Phänomen zu beschreiben. Wie der radikale Konstruktivismus, so begreift auch sie sich als Gegenpol zum neuzeitlichen Wissenschaftspositivismus und damit als Möglichkeit, die aus ontologischen Positionen resultierenden Aporien zu überwinden. Anders als der radikale Konstruktivismus rekurriert die Systemtheorie Luhmanns dabei jedoch, da ihr Psyche und Bewußtsein als letztlich unzugänglich gelten, nicht auf die Subjektdependenz aller menschlichen Kognition. Der Punkt, an dem sie einhakt, ist vielmehr Kommunikation und damit jenes Ereignis, das individuelles Bewußtsein überhaupt erst in soziale Wirklichkeit transformiert und als Information greifbar, das heißt beschreibbar macht.

Die gedanklichen Konsequenzen dieses primär zunächst soziologischen Ansatzes beginnen nun seit etlichen Jahren auch in Disziplinen wie der Literaturwissenschaft, Kunstwissenschaft und Musikwissenschaft sichtbar zu werden. Stimuliert zweifellos durch den allgemeinen, universellen Anspruch der Luhmannschen Theorie und gelegentliche ganz explizite Äußerungen Luhmanns zum Thema Kunst, werden dort Überlegungen angestellt, die von der Bestätigung der Systemtheorie durch z.B. innerfiktionale literarische Vorgänge über die Beschreibung der Kunst bzw. Literatur als eines in der modernen Gesellschaft zu voller Autonomie ausdifferenzierten Sozialsystems bis hin zu neuartigen Konzepten des Verstehens von Kunstwerken und ihrer historischen Abfolge reichen.

Die vergangenen Jahre haben eine erhebliche Zahl von zumeist weit verstreut und häufig relativ unauffällig publizierten Einzelarbeiten gebracht (s. Auswahlbibliographie am Ende dieses Bandes). Demgegenüber stellt der vorliegende Band mit seinen von Vertretern der Germanistik, Anglistik, theoretischen Literaturwissenschaft, Kunstgeschichte und Musikwissenschaft aus Deutschland, Holland und Belgien ausnahmslos eigens für diesen Zweck geschriebenen zwölf Beiträgen den ersten Versuch einer Zusammenschau dar, die das Ziel verfolgt, der Diskussion um das Thema Systemtheorie und Kunst ein nützlicher Katalysator zu sein und diese auf eine supranationale und interdisziplinäre Ebene zu heben.

Die Initiative zum Zustandekommen des Bandes ging vom Leidener Institut für Systemtheorie und Humanoria (LISH) aus. Es ist dem Band jedoch keineswegs darum zu tun, die Profilierung nur einer einzigen Adaptationsweise der Systemtheorie zu betreiben. Vielmehr will er, wo es ihm schon nicht gelingen kann, das gesamte gegenwärtige Spektrum systemtheoretisch fundierter Arbeit in den Geisteswissenschaften auszuleuchten, ganz unterschiedliche Tendenzen zu Wort kommen lassen. Mit den teils eher theoretischen (Prangel, de Berg, Hoogeveen), teils eher anwendungsorientierten (Burgers, Zijlmans) Leidener Beiträgen, die darum bemüht sind, Luhmanns pointierte differenzspezifische Auffassung von Kommunikation in ein methodisches Konzept von Text/Kunstverstehen umzusetzen, das seinen Fixpunkt in der Aufhellung von ursprünglichen historischen Kommunikationssituationen durch kontextuelle Differenzmarkierung hat, wird nur ein erster Akzent gesetzt. Einen zweiten bilden jene Beiträge, die literarisch-künstlerische Welten als Modell- und Bestätigungsfall der Systemtheorie und des besonderen Verhältnisses zwischen Kommunikation und Bewußtsein nehmen (Schwanitz, Hühn). Einen dritten Akzent setzen sodann jene Arbeiten, in denen der Übergang von der mittelalterlich-stratifikatorischen zur funktional ausdifferenzierten modernen Gesellschaft und damit die Entstehung auch eines autonomen Sozialsystems der Kunst bzw. Literatur beschrieben wird (Disselbeck, Mann). Daneben stehen Beiträge, die mit dem Begriff der Beobachtung eine zentrale Einzelkategorie der Luhmannschen Systemtheorie untersuchen (Mussil), musikalische Interaktionsprozesse mit dem Instrumentarium einer Systemtheorie nicht spezifisch Luhmannscher Prägung analysieren (de Lannoy) oder - was immer ja auch dazu gehört - sich in kritisch-provokativer Absicht zur Systemtheorie-Diskussion in der Kunst- und Literaturwissenschaft überhaupt vernehmen lassen (Rusch). Den Band beschließt eine Auswahlbibliographie, die neben den wichtigsten Äußerungen Luhmanns zu Fragen der Kunst eine Auflistung jener Literatur bietet, die in etwa den derzeitigen Stand der Adaptation der Systemtheorie in den Geisteswissenschaften dokumentiert.

Leiden, September 1992

Henk de Berg
Matthias Prangel

Zwischen Dekonstruktionismus und Konstruktivismus

Zu einem systemtheoretisch fundierten Ansatz von Textverstehen

Matthias Prangel

Zwischen den theoretischen Positionen von Dekonstruktionismus und Konstruktivismus, besser noch: jenseits von beiden, beginnt sich seit einiger Zeit ein systemtheoretisch begründetes Konzept von Textverstehen (und Historiographie) abzuzeichnen. Es zielt auf die originäre historische Kommunikationssituation von Texten, auf die Sichtbarmachung ihres kommunikativen Einsatzes durch kontextuelle Differenzmarkierung als einzig objektivierbarer Möglichkeit von Bedeutungseruierung. Der vorliegende knappe Beitrag will dieses Konzept zunächst in der aktuellen literaturwissenschaftlichen Diskussion um das Problem der Interpretation global situieren (I) und in seinen zur Zeit sichtbaren Umrissen skizzieren (II). Da es nicht ausbleiben kann, daß dieses, wie jedes, neue Konzept einer erheblichen Anzahl von Zweifeln, Fragen und Mißverständnissen hinsichtlich seiner gedanklichen Konsistenz, Anwendbarkeit und Folgen ausgesetzt ist, sollen schließlich einige der Hauptangriffspunkte zur Brust genommen und, sozusagen im selbstreflexiven Diskurs, explizit diskutiert werden (III).

I

Sieht man einmal von nach wie vor höchst virulenten spätstrukturalistischen Ansätzen wie Semiotik, Wirkungsgeschichte und Rezeptionsgeschichte ab, so wird die Diskussion um Fragen der Textinterpretation heute von Dekonstruktionismus und (radikalem) Konstruktivismus als den vermeintlich avanciertesten verfügbaren Theoriekonzeptionen dominiert. Beide gelangen auf der Basis einer (sich freilich aus unterschiedlichen Quellen speisenden) radikal antiontologischen Auffassung menschlichen Welterkennens zu dennoch diametral entgegengesetzten Ergebnissen hinsichtlich Möglichkeit, Sinn und Wünschbarkeit der Ermittlung von Textbedeutungen durch die Literaturkritik/-wissenschaft.

Der Dekonstruktionismus[1] - wenn es denn überhaupt erlaubt ist, diesem programmatisch als undefinierbar auftretenden variantenreichen Theoriekomplex so grobschlächtig sich zu nähern - gründet in der bei den geistigen Vätern und Vorvätern der Richtung (Nietzsche, Heidegger, Derrida) zu Recht oder zu Unrecht erkannten und von dorther übernommenen epistemologischen Gegnerschaft zur Philosophie der Präsenz. D.h., er leugnet die objektive Faktizität der empirischen Welt und weist demzufolge auch die logozentrische Suche nach substantiellen Wahrheiten und metaphysischen Wahrheitsbegründungen ab. Als einzig präsent wird demgegenüber die auf Welt nicht ikonisch verweisende, sondern Welt selber erst konstruierende Sprache proklamiert, deren Gefangener der Mensch auf Gedeih und Verderb sei. Bedeutungsmäßige Identität, so wird da verheißen, sei für uns nirgends denn auf dem Feld der allgegenwärtigen und einziggegenwärtigen Sprache zu erlangen und auch dort nie als letzte Gewißheit, vielmehr immer nur als ein durch Opposition zu anderen Sprachäußerungen erzeugtes Aufleuchten, das, ehe es auch nur die Chance zur Stabilisierung erhält, sofort wieder durch neuerliche Oppositionen zum Verlöschen gebracht wird. Literarische Texte werden nach diesem Konzept von Intertextualität als Zwischenstationen im freien Spiel der Signifikanten aufgefaßt, das zäsurlos in den Bereich auch der Literaturkritik/-wissenschaft hinüberfließt. Es enthält für diesen letzteren die Empfehlung einer schrankenlosen eigendynamischen Entfaltung von Deutungsaktivität gegenüber dem literarischen Bezugstext, dergestalt daß der vom literarischen Text betriebenen Dekonstruktion seiner Vorgängertexte nun die Dekonstruktion nicht nur des literarischen Textes, sondern in potentiell endloser Kette auch die der Sekundärtexte zu folgen habe. Der Monosemierungsoption ontologisch fundierter Theoriekonzepte steht somit die extreme Disseminierungsoption des Dekonstruktionismus gegenüber. Sie führt heute zu einer nach fünfhundert Jahren neuzeitlicher Wissenschaftsgeschichte etwas überraschend und wundersam sich ausnehmenden Hochkonjunktur des Deutungsgeschäftes. Da sich dieses Deutungsgeschäft in einem hermetisch von der nichtsprachlichen Welt abgeriegelten innersprachlichen Raum vollzieht, verkommt es freilich zum in letzter Konsequenz sogar sich selbst auflösenden intellektuellen Spiel. Mit der Leugnung nicht nur einer objektiven außerkognitiven Welt, sondern (abgesehen von der Sprache) auch einer kognitiven empirischen Welt begibt es sich der Möglichkeit, sich an den empirischen Lebenswirklichkeiten zu reiben und mit ihnen in Kollision zu geraten, damit der Chance, die empirische Welt und den menschlichen Spielraum in ihr auszukundschaften und letztlich auch jener, Wissenschaft im üblichen Sinne

1 Neben dem globalen Hinweis auf die classics des Dekonstruktionismus von Derrida, Bloom, Hartman, de Man und Miller seien hier aus der inzwischen unübersehbaren Fülle der Literatur zum Thema nur genannt: Culler 1982 und Horstmann 1983.

zu betreiben. Abgenabelt von der empirischen Wirklichkeit, vermag es weder das menschliche Verstehen dieser Wirklichkeit noch die Einflußnahme auf sie voranzutreiben. Unter Schlagwörtern wie 'empirische Evakuierung der Deutungen', 'Weltverlust', 'Rückzug aus Wirklichkeit und Geschichte', 'Rückweg vom homo sapiens zum homo pictor' oder auch rundheraus 'Irrationalismus' laufen denn auch die Kommentare der meisten Gegner des in den totalen Deutungskollaps strudelnden dekonstruktionistischen Konzepts.

Wie der Dekonstruktionismus, so geht auch die konstruktivistisch fundierte Literaturwissenschaft[2] von einer prononciert antiontologischen Erkenntnislehre aus. Diese zweifelt zwar nicht schlechthin an der Existenz einer außerkognitiven Realität. Sie besagt aber, daß eine Diskussion um jene objektive Realität sinnlos ist und jedenfalls die gesamte Welt, in der und mit der wir leben, nicht den Status unabhängiger Objektivität beanspruchen kann, sondern eine kognitive Welt ist, die von uns im wörtlichen Sinne hervorgebracht, eben konstruiert wird. Dabei kapriziert sich der Konstruktivismus allerdings nicht auf die mythische Überhöhung der Sprache zum alleinigen Konstruktionsinstrument. Vielmehr betrachtet er unter Berufung auf Ergebnisse der kognitiven Natur- und Sozialwissenschaften wie insbesondere auf H.R. Maturanas Theorie autopoietischer Systeme die Gesamtheit des kognitiven Instrumentariums, das Menschen zur Verfügung steht (von primären Vorgängen z.B. der akustischen und optischen Wahrnehmung bis hin zu psychischen und sozialen Komponenten, Wissensbeständen, Denk- und Verhaltensmodellen etc.), als an dem Prozeß der Konstruktion von Wirklichkeit beteiligt. Solche Wirklichkeitskonstruktion kann, da alle Wirklichkeit, auf die wir uns beziehen, immer schon wahrgenommene, rezipierte Objektwelt ist, nicht den Weg zur reinen, ungebrochenen Erkenntnis der Dinge ebnen. Sie vollzieht sich - so der Konstruktivismus - unausweichlich innerhalb des Rahmens menschlicher Kognition, ohne die Möglichkeit, diesen je sprengen und einer absoluten, vom Erkenntnissubjekt unabhängigen Wahrheit der Dinge habhaft werden zu können. Der Sinn der mit dem komplexen Instrumentarium der Kognition inszenierten Konstruktion von Welt kann also überhaupt nicht darin liegen, ontologische Erkenntnis alten Stils zu produzieren. Er liegt hingegen darin, daß der Mensch als kognitives System auf diesem Wege seine eigene Autopoiese betreibt und einzig so seinen Fortbestand zu sichern vermag. Das konstruktive menschliche Welterleben ist demnach als "so etwas wie ein Trick der selbstreferentiellen Organisation unseres Nervensystems, eine 'Betriebsmodalität' menschlicher kognitiver

2 Vgl. zu diesem gesamten Komplex z.B.: Hauptmeier & Schmidt 1985, Rusch 1986, 1987, Schmidt (Hg.) 1987.

Systeme im Prozeß ihrer Autopoiese" (Rusch 1986: 15) zu begreifen. Oder anders formuliert: Es meint den unter der Käseglocke der Kognition hockenden Menschen, der durch Beobachtung und Selbstbeobachtung, Beschreibung und Selbstbeschreibung seiner Lebenswelt wie sich selber zur empirischen Existenz verhilft. Diese konstruktivistischen Grundeinsichten, die sich zwar auf eine etliche Jahrhunderte umfassende Denktradition berufen, jedoch erst in den letzten ca. zehn Jahren (gebunden an Namen wie H.R. Maturana, F.J. Varela, H. von Foerster, E. von Glasersfeld, G. Roth, S.J. Schmidt und G. Rusch) voll durchzubrechen beginnen, werden nun uneingeschränkt auch für den Bereich der Wissenschaft geltend gemacht. D.h., da außerhalb des Referenzrahmens menschlicher Kognition absolute Kontrollinstanzen nirgendwo existieren, kann auch wissenschaftliche Erkenntnis immer nur als kognitionsdependent, nie als realitätskongruent im absoluten Sinne konzipiert werden. Das führt notwendigerweise zu einer Veränderung der Fokussierung von wissenschaftlicher Erkenntnis, die nicht mehr auf Wahrheitsgewinnung über objektive Gegenstände, Sachverhalte etc. abstellt, sondern statt dessen die Gewinnung von in konkreten Gesellschaften anwendbarem, problemlösendem Wissen über die Bedingungen kognitiver Prozesse zur einzigen Erkenntnismöglichkeit deklariert, die Menschen überhaupt gegeben ist.

Speziell für die Literaturwissenschaft bedeutet das alles, daß auch sie nicht mehr von literarischen Texten und Textbedeutungen als objektiven Gegebenheiten ausgehen kann. Jeder literarische Text, über den sich reden läßt, muß vielmehr als ein wahrgenommener Text, d.h. als ein durch Kognition entstandenes Verarbeitungsprodukt angesehen werden, das von den Verarbeitungsprodukten, wie sie beispielsweise die Literaturkritik liefert, zwar graduell, nicht aber prinzipiell (d.h. unter dem Gesichtspunkt der kognitiven Bedingtheit) unterschieden ist. Erst mit dieser grundsätzlichen Differenzierung zwischen der nicht einholbaren objektiven Realität des Textes einerseits und seinem als Kommunikat dienenden Verarbeitungsprodukt andererseits wird, so meint der Konstruktivismus, ein binnenkognitiver Referenzrahmen geschaffen, im Hinblick auf welchen mit Kriterien wie Problemstellung, Hypothesenbildung, Falsifizierung wissenschaftlich sinnvoll und nachprüfbar gearbeitet werden kann. Damit wird das interpretative Umgehen mit literarischen Texten keineswegs als solches tabuisiert. Als ein wesentliches Konstitutionselement des Literatursystems, das daneben auch die Subsysteme von Textproduktion, -distribution und -rezeption umfaßt, kommt der interpretativen Textverarbeitung im Gegenteil unverzichtbare Bedeutung zu. Es scheidet die Interpretation jedoch konsequent aus dem Aufgabenbereich einer konstruktivistisch begründeten Literaturwissenschaft aus. Denn diese begreift sich nicht als Teilbereich des Literatursystems, sondern eben des Systems Wissenschaft, das den im Literatursystem ablaufenden Prozessen als Beobachtersystem gegenübersteht. Dementsprechend verlagert sich die Ausrichtung einer solchen Literaturwissenschaft vom absolut gesetzten Text und seiner Bedeutung auf den wie auch immer schon verarbeiteten Text, den es auf seine bedeutungskonstituierenden Implikationen zu hinterfragen gilt: von der Interpretation literarischer Texte zur Analyse von Rezeptions- und Textverarbeitungsdokumenten. So landet die konstruktivistisch unterbaute Literaturwissenschaft bei aller recht erheblichen Ähnlichkeit ihrer epistemologischen Grundannahmen mit denen des Dekonstruktionismus doch bei einem radikal entgegengesetzten Konzept des Umgangs mit Literatur. Der Dekonstruktionismus empfiehlt, wie wir sahen, unter Leugnung des spezifischen Wissenschaftscharakters von Literaturwissenschaft Interpretation als potentiell endlosen Prozeß der Dekonstruktion aller literarischen Texte samt ihren literarischen und nichtliterarischen Vorgänger- und Nachfolgertexten. Der Konstruktivismus demgegenüber spricht mit seinem prononcierten Selbstverständnis als wissenschaftlicher Disziplin das totale Verdikt über die wissenschaftliche Interpretation literarischer Texte aus. S.J. Schmidt verkündete denn auch mit H.M. Enzensberger schon im Vorfeld des Konstruktivismus 1979 programmatisch: "Bekämpfen Sie das häßliche Laster der Interpretation! Bekämpfen Sie das noch häßlichere Laster der richtigen Interpretation!" (Schmidt 1979 : 279)

II

Zwischen dem rigorosen Deutungsgebot des Dekonstruktionismus mit seinem einseitigen Insistieren auf dem sprachlichen Zeichen als Zeichen und dem ebenso rigorosen Deutungsverbot des Konstruktivismus aufgrund seiner Einsicht in die kognitive Bedingtheit aller Weltkenntnis zeichnet sich nun seit einiger Zeit eine dritte theoretische Position ab. Diese Position, von der hier vor allem die Rede sein soll, steht im Zeichen von Niklas Luhmanns Theorie sozialer Systeme und wurde in den vergangenen Jahren unter Einbeziehung textanalytischer und historiographischer Überlegungen besonders Quentin Skinners und Thomas Nipperdeys am Leidener Institut für Systemtheorie und Humanwissenschaften (LISH) konzipiert.
Die Versuche, die Systemtheorie für die Literaturwissenschaft fruchtbar zu machen, sind inzwischen zahlreich und gehen in sehr unterschiedliche Richtung. So wird die Systemtheorie in jüngeren Publikationen Siegfried J. Schmidts zum Beispiel in Ergänzung des radikal konstruktivistischen Ansatzes zur Beschreibung von Entstehung und selbstorganisatorischer Entfaltung eines Sozialsystems Literatur bemüht (Schmidt 1989). Andererseits setzt etwa Dietrich Schwanitz sie zum Zweck der Werkinterpretation dergestalt auf literarische Texte an, daß das fiktionale Figurenarsenal dieser Texte gewissermaßen ersatzweise für die soziale Realität zur Illustrierung und Bestätigung der Systemtheorie herhalten muß (Schwanitz 1990 sowie im Beitrag zu diesem Band). Dieses Verfahren wird von Schwanitz mit außer-

ordentlich viel Esprit inszeniert. Fraglich bleibt allerdings, ob es da nicht um eine Neuauflage immanenter Interpretation unter systemtheoretischer Flagge geht, mit der sich wirklich neue Einsichten in die Textbedeutung letztlich kaum verbinden. Um keines dieser beiden Einsatzterrains der Systemtheorie geht es im Fall der hier zu diskutierenden Position. Es ist dieser vielmehr darum zu tun, der Literatur- und Textwissenschaft mit Hilfe des systemtheoretischen Instrumentariums eine methodische Orientierung zu gewinnen, die im streng limitierten Sinne einer theoriegeleiteten Eruierung von historisch-ursprünglicher Textbedeutung als objektivierbarer Textbedeutung anwendbar ist. Diese Position, die auch noch an anderer Stelle des vorliegenden Bandes (s. besonders den Beitrag von H. de Berg) zur Darstellung gelangt, sei im folgenden samt ihren Grundannahmen punktweise und umrißhaft skizziert.

1. Systemtheoretische Grundannahmen des gemeinten Ansatzes von Textverstehen[3]

a. Als selbstverständliche und eben deswegen nicht ad infinitum zu wiederholende Voraussetzung hat auch hier die Auffassung von der kognitiven Konstruiertheit jener einzigen Welt zu gelten, die wir kennen und in welcher wie über welche wir uns zu verständigen suchen. Damit ist die Ansicht Thomas Nipperdeys, daß wir die Welt nicht eigentlich konstruierten, sondern uns auf sie bezögen (Nipperdey 1986: 220), nur teilweise im Widerspruch. Diese versucht zwar, wie es scheint, der menschlichen Kognition noch einen Rest transzendentaler Sicherheit zu retten. Sie deckt sich aber mit der hier vertretenen Auffassung, sobald man reformuliert: Wir konstruieren unsere Erfahrungswelt nicht im leeren Raum, sondern unter Bezugnahme auf eine objektive Welt, die zwar existiert, deren positive Beschaffenheit aber nicht hinterfragbar ist, da wir nicht hinter unsere Erfahrung zurücktreten können. Ausdrücklich nur auf diese Erfahrungswelt zielen sämtliche Aussagen, die im folgenden über in der Welt, Wirklichkeit etc. ablaufende Operationen gemacht werden. Da jene Operationen verhandelbar aber ausschließlich auf der Ebene von Kommunikation sind, zielen alle Aussagen über sie darüber hinaus immer auf jenen Wirklichkeitsbereich, der als einziger für Kommunikation zuständig ist und durch sie konstituiert wird: auf den Bereich der sozialen und nicht zum Beispiel auf den der psychischen Wirklichkeit.

3 Die hier folgende Skizze verzichtet auf detaillierte bibliographische Verantwortung. Sie stützt sich auf eine recht große Zahl von Arbeiten vornehmlich Niklas Luhmanns, von denen hier stellvertretend genannt seien: Luhmann 1984, 1986, 1987, 1990.

b. Jene Wirklichkeit stellt sich dem menschlichen Erleben als hochgradig komplex und kontingent dar. Das heißt, es sieht sich das Erleben permanent einer Überfülle von Möglichkeiten gegenüber, die in ihrer Gesamtheit zu aktualisieren schlechterdings unmöglich ist, deren Auch-Möglichkeit und Anders-Möglichkeit zu erkennen andererseits die Bedingung für sinnvolle Wirklichkeitserfassung ist. Solche Komplexität und Kontingenz kennzeichnet sämtliche Bereiche sozialer Wirklichkeit. Sie manifestiert sich beispielsweise in der Offenheit und Ungewißheit jeglicher Art von Geschichte, in deren Widersprüchlichkeit und in der Vielfalt der sich in ihr in jedem Moment ihrer Entwicklung überlagernden Kontinuitätslinien. Soll solche Komplexität nicht verlorengehen, so verbietet es sich, der Geschichte im nachhinein rechtend, harmonisierend, teleologisch, monokausale Verkettungen konstruierend usw. entgegenzutreten und muß statt dessen ein Verfahren gefunden werden, das ihre Komplexität gleichermaßen reduzierend aufzuschließen wie ihr gerecht zu werden und sie zu bewahren vermag (z.B. Nipperdey 1986: 186-205). Dabei hat als eine Eigenart der Komplexität sozialer Wirklichkeit zu gelten, daß sie dem Erleben nicht etwa als fest umrissene, so oder so große Informationsmenge vorgegeben ist, sondern durch das Erleben selber, das sich somit seinen eigenen Erlebnishorizont schafft, überhaupt erst erzeugt wird. Insofern weder Komplexität ohne Erleben noch umgekehrt Erleben ohne Komplexität vorstellbar ist, sind beide als in einem wechselseitigen Bedingungsverhältnis zirkular miteinander verknüpft zu denken.

c. Mit dem Hinweis auf ihre zirkulare Verknüpfung ist das Verhältnis von Komplexität und Erleben jedoch noch ungenügend beschrieben. Von entscheidender Bedeutung für die Entstehung und Aufrechterhaltung dieser als soziale Wirklichkeit zu definierenden, sich selbst darstellenden dynamischen Einheit von Komplexität und Erleben ist vielmehr ihre innere Differenzstruktur. Will das aktuelle Erleben überleben, so ist es angesichts der komplexen Fülle von Möglichkeiten, denen es sich ausgesetzt sieht, pausenlos dazu gezwungen, jene Komplexität zu reduzieren. Es tut dies auf dem Wege der Selektion durch Negation des jeweils nicht Gemeinten, nicht Gewünschten: als Akt der Unterscheidung von einem anderen. Die Gesamtheit jeweils codegleicher Selektionen aus komplexer Welt wird bei Luhmann als System bezeichnet und die Beziehung zum Woraus ihres Selegierens als System-Umwelt-Relation. Erst diese spezifische, auf Differenz gründende Struktur des Verhältnisses von komplexer Umwelt und erlebnisbedingten Systembildungen macht Wirklichkeit zugänglich und erlaubt es, bedeutungsmäßige Identifikationen vorzunehmen. Da Selektion durch Negation nicht meint, daß die jeweils nicht selegierten Möglichkeiten eliminiert werden, diese vielmehr als Verweisungen auf andere Möglichkeiten im Horizont des selegierenden Bewußtseins aufgehoben werden, bleibt das Bedeutung konstituierende Erleben unwiderruflich an die Differenz zum aktuell jeweils

Ausgeschlossenen gebunden. Bedeutung konstituiert sich demnach geradezu über jene Differenz, über das integrierende und Komplexität erhaltende Mitsehen der jeweils funktional äquivalenten anderen Möglichkeiten. Anders formuliert: Sie wird greifbar erst in der Besetzung nicht nur der einen, sondern auch der anderen Seite der Differenz, als Synthese eben des Unterschieds zwischen dem je Gewählten und dem Ausgeschlossenen.

d. Diese auf Selektionsnotwendigkeit sich gründende besondere Struktur des Umwelt-System-Bezugs nun bildet für Luhmann die Grundlage einer äußerst pointierten Auffassung von Kommunikation, die ihn wiederum in die Lage versetzt, die Evolution sozialer Wirklichkeit als einen durch Kommunikation erzeugten selbstreferentiell verlaufenden Prozeß der funktionalen Ausdifferenzierung sozialer Systeme seit dem ausgehenden 18. Jahrhundert zu begreifen. Als Negation gefaßt impliziert jener Kommunikationsbegriff zunächst die Absage an die herkömmliche Auffassung der Kommunikation als Akt der Übertragung. Denn Kommunikation läßt sich weder wie ein einfacher Warentransfer noch als dominant mitteilungsgesteuert, weder als auf ontologische Informationsinhalte zielend noch als auf bloß bilateraler Basis zwischen Sender und Empfänger ablaufender Prozeß begreifen, was alles der Übertragungsbegriff nahelegt.

e. Positiv gewendet meint Kommunikation im Luhmannschen Verständnis demgegenüber den Zusammenschluß einer dreifachen Selektion zur Einheit durch Differenz: Das heißt erstens, daß die jeweils in Kommunikation aktuelle Information keinen ontisch stabilen Charakter hat, sondern bereits als Ergebnis der Selektion aus einem Verweisungshorizont zu betrachten ist, den sich die Selektion selber geschaffen hat. Es heißt zweitens, daß jene selber schon selektive Information, will sie kommunizierbar werden, in eine wie auch immer beschaffene, ihrerseits wiederum selektive Mitteilung gegossen werden muß, die mit der Information grundsätzlich niemals identisch ist[4]. Und es heißt drittens, daß Kommunikation tatsächlich erst dann zustandekommt, wenn die Mitteilung von einer Beobachterinstanz auch aufgegriffen und zur Grundlage einer dritten Selektion, der des Verstehens gemacht wird. Dieser entscheidende Akt des Verstehens aber konstituiert sich nicht einfach als Wahrnehmung der aufgegriffenen Mitteilung. Er ist weit mehr: das synthetische Erkennen nämlich der Differenz zwischen einer aus anderen möglichen Mitteilungen selegierten Mitteilung und einer aus anderen möglichen Informationen selegierten Information,

4 Information und Mitteilung sind keinesfalls als ontologische Kategorien im Sinne der alten Dichomie von Inhalt und Form mißzuverstehen. Sie werden als analytische Kategorien eingesetzt, um zwei Dimensionen von Bedeutung zu benennen, die erst im kommunikativen Prozeß hervortreten und erfaßbar sind.

das, in Mitteilungsform gefaßt, seinerseits wieder das Angebot für anschließende Kommunikationen abgeben kann. Kommunikation ist nach diesem Verständnis zu definieren als: die dreistellige Synthese der prozessierenden Selektionen von Information, Mitteilung und Verstehen durch Differenzerkenntnis des Verstehens. Sie schließt die Möglichkeit des Mißverstehens ein, wird aber von Fragen des Einverständnisses oder der Ablehnung des Verstandenen nicht tangiert.

f. Aus solchermaßen strukturierten Kommunikationen nun besteht das Gesellschaftssystem als Ganzes; durch solchermaßen strukturierte Kommunikationen haben sich im Laufe der sozialen Evolution funktionale Teilsysteme aus dem Gesamtsytem ausdifferenziert; und aus solchermaßen strukturierten Kommunikationen bauen sich auch jene Teilsysteme wieder als in sich geschlossene, selbstreferentielle Systeme auf. Dabei verläuft die Kommunikation in den unterschiedlichen Funktionssystemen über spezifische binäre Codes, über Leitdifferenzen wie 'recht/unrecht' im Rechtssystem, 'haben/nichthaben' im Wirtschaftssystem, 'schön/häßlich' im Kunstsystem usw. Diese Leitdifferenzen nehmen in konkreter historischer Kommunikation zwar mannigfach variierte Gestalt an, d.h. werden ganz unterschiedlich und häufig genug diametral entgegengesetzt besetzt (s. die Beiträge von K. Zijlmans und H. Burgers in diesem Band). Sie bleiben aber an die das jeweilige System übergreifende Leitdifferenz gebunden durch den immer erkennbaren Rückverweis auf das, was jeweils als Kunst, Recht etc. akzeptiert oder nicht akzeptiert wird. Unterschiedliche Funktionssysteme, Systeme also, die ihre Kommunikation über unterschiedliche Codierung betreiben, sind in der Lage, sich gegenseitig zu beobachten und zu beschreiben wie auch sich gegenseitig als Information zu verarbeiten. Sie sind aber nicht in der Lage, im oben skizzierten Sinne miteinander zu kommunizieren. Jeder Versuch der Kommunikation von unterschiedlichen Systemen muß vielmehr damit enden, daß das eine System das andere nach Maßgabe der eigenen und nicht der fremden oder gar einer doppelten Leitdifferenz beobachtet, mithin letztlich immer eine systeminterne Kommunikation installiert. Das heißt z.B., daß über wirtschaftliche Vorgänge im System der Politik ausschließlich unter dem Gesichtspunkt des Machterhalts oder -gewinns kommuniziert wird, über politische Vorgänge im wirtschaftlichen System umgekehrt nur unter dem Gesichtspunkt der Gewinnmaximierung und über Kunst im System der Wissenschaft nur unter dem Gesichtspunkt des (innerkognitiv) richtigen Erkennens von Codebesetzungen in der je aktuellen Kunstdiskussion, nicht aber unter jenem der ästhetischen Qualität, der seinerseits die Leitdifferenz für alle innerhalb des Kunstsystems geführten

Diskurse liefert.[5] Wissenschaft kann demnach, jedenfalls auf direktem Wege, zur Kommunikation keines anderen als des eigenen Systems etwas beitragen und vermag erst in nächster Instanz zur Informationsgrundlage von in anderen Systemen stattfindenden Kommunikationen zu werden. Sie ist zu begreifen als Beobachtung der im eigenen wie in fremden Systemen ablaufenden Kommunikationen unter dem Vorzeichen wissenschaftsspezifischer Systemcodierung. Sie ist theoriegeleitete wahrheitsorientierte Beobachtung von Beobachtung einschließlich ihrer Selbstbeobachtung.

2. Umriß des gemeinten Ansatzes von Textverstehen[6]

a. Zwar bleibt bei Luhmann selber die Kluft zwischen soziologischer Makrokommunikation und schriftsprachlicher Mikrokommunikation theoretisch zunächst noch ungeschlossen (s. Beitrag H. de Berg in diesem Band). Dennoch ist das Luhmannsche Verständnis von Kommunikation, das sich generell als ein Konzept für jegliche Art kommunikativer Operationen in sozialen Systemen begreift, nach unserer Auffassung schon jetzt fruchtbar auch auf den Bereich des (literarischen wie pragmatischen) Textverstehens im engeren Sinne anwendbar. Es kann die Grundlage für eine wissenschaftliche Eruierung von Textbedeutung mittels Beschreibung des besonderen Differenzverhältnisses von Texten und den jeweils in sie eingegangenen aktuellen historischen Diskussionskontexten abgeben und damit für eventuelle Korrekturen an bereits innerhalb oder außerhalb des bisherigen Wissenschaftsbetriebs vorgenommenen Bedeutungszuweisungen. Solche Option bezieht ihre Legitimation zunächst aus den Unzulänglichkeiten gängiger Verfahren des Textverstehens, denen die Komplexität und Kontingenz historischer Gebrauchssituationen von Texten, die besondere Art der Selektion von Texten und damit ihre Identität häufig genug abhanden kommt. So ist z.B. auf die Mangelhaftigkeit eines Ansatzes hinzuweisen, der Texte als aus buchstäblich zu nehmenden Aussagen bestehende autonome Gebilde mit demzufolge zeitlos stabilen Bedeutungen betrachtet. Denn es mündet ein solcher Ausgangspunkt notwendig in die mythologisierende Einebnung der historischen Textidentität durch jene Interpretationsakte, die von Quentin Skinner als 'mythology of doctrines', 'mythology of coherence' usw. (Skinner 1969) beschrieben werden. Ebenso bedenklich ist sodann ein Verfahren des Textverstehens, das Textbedeutungen als Verlängerungsstück ihres historischen Umfeldes, als Ergebnis also von Text-Kontext-Harmoni-

---

5 Das schließt keinesfalls eine Teilhabe an unterschiedlichsten Diskursen in Personalunion aus und genausowenig die häufig fast bis zur Unentwirrbarkeit reichende Verschlingung unterschiedlicher Diskurse ineinander.

6 Vgl. zu der hier gegebenen Skizze besonders: Hoogeveen 1986, Zijlmans & Hoogeveen 1988.

sierung begreift (ebenfalls Skinner 1969). Auf diesem Wege ließe sich allenfalls Gemeinsamkeit (doch sogar diese existiert letztlich nur dank ihrer Differenz zur Nichtgemeinsamkeit) zutage fördern, nicht indessen die Besonderheit von Texten, ihr historischer kommunikativer Einsatz. Aber auch in didaktischer Absicht aktualisierende wie wirkungs- und rezeptionsgeschichtliche Verfahren muß man der Kritik aussetzen, daß sie die originäre historische Kommunikationssituation zugunsten von ganz anderen, nämlich erst zu viel späteren Zeitpunkten aktuellen Diskursen verschütten, genaugenommen also gar nicht mehr von den Ausgangstexten, sondern ganz anderen Texten in ganz anderen Situationen handeln.

b. Gegenüber den genannten Verfahren stellt der systemtheoretisch fundierte Ansatz von Textverstehen, um den es hier geht, auf eine Neuorientierung der Interpretationspraxis ab, die ihren Zielpunkt in der bedeutungsmäßigen Verankerung von Texten in deren unverwechselbarer, ursprünglicher Kommunikationssituation hat. Texte werden als in Mitteilungsform gefaßte kontingente Selektionsentscheidungen gesehen, in die, explizit oder implizit, die Negativseite der Selektion mit eingeht. Das heißt, sie stehen in einem sehr konkreten Spannungsverhältnis zur Umwelt ihres je aktuellen kommunikativen Umfelds und bauen aus dieser Spannung, aus dieser Differenz und nicht etwa aus dem Konsens mit der Umwelt ihre Bedeutung auf. In ihnen mögen zwar Beiträge zu Themen geliefert werden, die zu ganz unterschiedlichen Zeiten Aktualität besaßen. Doch dürfen sie nach hier geltendem Verständnis deswegen noch nicht einfach als beliebige Beiträge unter anderen zu zeitlosen Themen begriffen werden, sondern müssen als historisch unverwechselbare, nämlich durch ihre je eigene Differenz gekennzeichnete Einsätze zum Thema gewertet werden. In Texten kommt, was ein Autor intendiert, zur Sprache als die Behandlung eines jeweils ganz spezifischen Problems, die Thematisierung eines ganz spezifischen Themas, die Antwort auf eine ganz spezifische Frage in der Form einer Selektion, die durchaus auch anders hätte ausfallen können. Eben hierin liegt die besondere kontextuelle Gebundenheit der Bedeutung jeder Textäußerung. Und eben hieraus leitet sich die griffige Formel ab, daß Bedeutung zu definieren sei als die Einheit der Differenz zwischen dem, was ein Text sagt und dem, was er negiert. Historisches Textverstehen, das sich nicht verflüchtigen will im Nebel der Illusion von Buchstäblichkeit, in dem von Deutungstraditionen oder in jenem von wechselnden jeweils aktuellen Rezeptionssituationen, kommt um diesen Sachverhalt nicht herum. Das ist keineswegs etwa so zu begreifen, als schrumpfte damit die Bedeutung von Texten auf je einen einzigen Differenzpunkt zusammen. Im Gegenteil ist davon auszugehen, daß Texte in sich komplexe und heterogene Gebilde sind, die sowohl unterschiedliche Beiträge zum gleichen Thema[7] als Beiträge zu unterschiedlichen Themen liefern können und auch tatsächlich häufig liefern. Neben expliziten Kontextthematisierungen, -problematisierungen, -negationen laufen in ihnen zahlreiche andere, weniger explizite mit, die zur Konstituierung der Textidentität nicht unmaßgeblich beitragen. Man wird Texte demzufolge als von einem ganzen Netzwerk von bedeutungskonstituierenden Differenzen überzogen aufzufassen haben.

c. Als Mittel nun, über das die historische Textbedeutung eruiert werden kann, Texte im Sinne ihrer historischen Kommunikationssituation also verstanden werden können, bietet sich die Kommunikationsanalyse gemäß dem oben skizzierten Luhmannschen Kommunikationsbegriff an. Theoretisch formuliert - noch einmal - heißt das, daß zu untersuchen ist, ob bereits stattgehabte Versuche des Textverstehens die Differenz zwischen dem selektiven Mitteilungsverhalten des Textes und der in ihn eingegangenen selektiven Information richtig erkannt und nach dieser Auffassung von Verstehen verstanden haben. Konkret heißt es, daß die folgenden Fragen zu stellen sind:

- Welches Thema bringt ein Text zur Sprache?
- Welches Problem innerhalb dieses Themas gelangt zur Diskussion ?
- Welche Frage wird implizit oder explizit gestellt ?
- Welche Antwort wird durch das Treffen welcher kontingenten Selektionsentscheidung erteilt ?
- Wie ist diese Selektionsentscheidung nicht nur auf der Positivseite, sondern auch auf der Negativseite besetzt ?
- Innerhalb welchen Systems (politischen, künstlerischen etc.) partizipiert ein Text an einem kommunikativen Vorgang ?
- Auf der Grundlage welcher übergreifenden, systemspezifischen Leitdifferenz wird jener kommunikative Vorgang somit inszeniert?
- Durch welche Mikrodifferenzen wird die Leitdifferenz im konkreten Diskurs, an dem der Text teilnimmt, ausgefüllt?
- In welcher historisch einmaligen Einheit von Differenz wird die Bedeutung eines Textes oder Textteils greifbar?
- Was - all diese Fragen zusammengefaßt - meint also ein Autor mit einem Text im Sinne von Skinners pointiertem Verständnis von 'intention' als einer 'intention in writing', die nicht zu verwechseln ist mit jener anderen, auf individualpsychologische Begründung zielenden 'intention to write' (Skinner 1972)?

---

7 Zu denken wäre hier an gedankliche Brüche, Positionswechsel und Positionsverschiebungen innerhalb von Texten, die eher Regel als Ausnahme sein dürften.

Zur Beantwortung dieser nachdrücklich theoriegeleiteten kommunikationsanalytischen Fragen sieht sich der Interpret neben dem Text verwiesen auf die Gesamtheit von Sekundärzeugnissen und verfügbarem historischem Quellenmaterial. Erst indem er aus diesem die Behandlungskonvention des vom Text zur Diskussion gestellten Themas und die empirisch erfaßbaren Überzeugungen des Autors herausfiltert, kann es gelingen, auch den aktuellen kommunikativen Stellenwert des Textes und damit seine Bedeutung genauer zu markieren. Oder in Skinners Worten: "My first suggested rule is: focus not just on the text to be interpreted, but on the prevailing conventions governing the treatment of the issues or themes with which that text is concerned. This rule derives from the fact that any writer must standardly be engaged in an intended act of communication. It follows that whatever intentions a given writer may have, they must be conventional intentions in the strong sense that they must be recognizable *as* intentions to uphold some particular position in argument, to contribute in a particular way to the treatment of some particular theme, and so on. It follows in turn that to understand what any given writer may have been *doing in* using some particular concept or argument, we need first of all to grasp the nature and range of things that could recognizably have been done by using that particular concept, in the treatment of that particular theme, at that particular time [...] My other suggested rule is: focus on the writer's mental world, the world of his empirical beliefs. This rule derives from the logical connection between our capacity to ascribe particular intentions to agents and our knowledge of their empirical beliefs." (Skinner 1972: 406-407)

d. Es wäre vermessen, etwa anzunehmen, daß eine an diesen Leitlinien orientierte historische Kommunikationsanalyse die komplette Neuinterpretation des mondialen Textvorrates erforderlich machte. Dies ist mit Sicherheit schon allein deswegen nicht der Fall, weil auch ganz traditionelle, an einfachen Evidenzkriterien orientierte Verfahren der historisch vergleichenden Beschreibung von Texten, manchmal gewissermaßen hinter dem Rücken ihrer eigenen theoretischen Prämissen, einen ganzen Schatz an bedeutungskonstituierenden Kontextdifferenzen zutage gefördert haben. Ohne diesen müßte sich z.B. der Gesamtkomplex der Geschichte und Literaturgeschichte als amorphe Masse präsentieren, was er gottlob ja nicht tut. Wohl aber darf man von der gezielt eingesetzten historischen Kommunikationsanalyse erwarten, daß sie entscheidende Korrekturen an manch existierenden Bedeutungsauffassungen von Texten vorzunehmen und Licht in die Wirkungsmechanismen verzwickter historischer Diskurse zu bringen vermag. So wurden in den letzten Jahren am Leidener Institut LISH nach diesem Konzept so unterschiedliche Texte wie u.a. Kandinskys und Marcs Almanach 'Der Blaue Reiter', Wilhelm Worringers Dissertation 'Abstraktion und Einfühlung' (Zijlmans & Hoogeveen 1988), Max Webers Losung "Politik gehört nicht in den Hörsaal" (Hoogeveen 1991) oder Vorworte und

Absichtserklärungen deutscher literarischer Zeitschriften der Nachkriegszeit (Burgers 1991) ausführlicher untersucht, das heißt von ihren historischen Kontextdifferenzen her erklärt. Aber auch z.B. in die verworren und widersprüchlich anmutende Goethe-Rezeption des Jungen Deutschland könnte so Licht gebracht werden, da dann u.a. deutlich würde, daß Heines so negative Bewertung von Goethe in der 'Romantischen Schule' einerseits und seine nachdrückliche Parteinahme für Goethe im Börne-Buch andererseits auf jeweils verschiedene Diskurse mit verschiedenen Differenzen zurückzuführen und keinesfalls als individualpsychisch begründete Wetterwendigkeit zu begreifen ist.[8] Und ein letztes Beispiel, das den Radius der Einsatzmöglichkeiten des Konzepts impressionistisch andeuten soll: Alfred Döblins kantige Sprüche z.B. über den Sinn und Nutzen der Zensur, über die notwendige Senkung des Gesamtniveaus der Literatur wie über seine 1933 völlig zu Recht verbrannten Bücher würden bei Aufarbeitung der Diskurse, in denen sie funktionierten, schnell ihren viele Zeitgenossen wie Nachgeborene irritierenden Charakter verlieren und statt dessen ihre historische Bedeutung preisgeben.

e. Der vorgeschlagene Ansatz äußert sich nicht zu der Frage, ob es nicht unter bestimmten Gesichtspunkten betrachtet sehr beherzigenswerte Unterschiede zwischen sogenannten literarischen und sogenannten pragmatischen Texten geben mag. Er ist allerdings der Auffassung, daß die von der konstruktivistischen Literaturwissenschaft verfochtene Dichotomie von in der Konvention gründenden und daher dem Verständnis keine nennenswerten Widerstände entgegensetzenden 'einfachen' Texten einerseits und 'komplexen', die Konvention aufbrechenden Texten andererseits unter den hier geltenden Annahmen nicht haltbar ist. Es bauen vielmehr literarische wie nichtliterarische Texte ihre Bedeutung gleichermaßen nach dem Prinzip der Umweltselektion durch Differenzkonstituierung auf. Und es sind ihre Selektionsentscheidungen, ganz unabhängig davon, ob sie nun im System der Kunst oder sonstwo getroffen werden, gleichermaßen kontingent. Daher sind pragmatische Texte keineswegs als 'einfache' Texte einzustufen und können z.B. Rezeptionsdokumente oder andere Sekundärtexte keineswegs der kommunikationsanalytischen Interpretation entzogen werden. "Aus dieser Sicht ist also die sogenannte *content analysis* beträchtlich problematischer und die Interpretation literarischer Texte beträchtlich weniger problematisch bzw. unwissenschaftlich, als Empiriker gemeinhin annehmen." (de Berg 1991: 201)

---

8 Eine ausführliche Untersuchung der Goethe-Rezeption des Jungen Deutschland unter systemtheoretischer Perspektive wird zur Zeit an der Universität Leiden von H. de Berg vorbereitet.

f. Schließlich nimmt der vorgeschlagene Ansatz für sich Objektivität und Wissenschaftlichkeit in Anspruch. Dieser Anspruch ist indessen, was im Rahmen eines antiontologischen Theoriekonzepts nicht erstaunen kann, kein absoluter. Es versteht sich als Selbstverständlichkeit, daß die Theorie sozialer Systeme, die dem Ansatz zugrundeliegt, wie jede Theoriekonzeption letztlich keine substantielle Wahrheit besitzt, sondern eine Konstruktion des Systems Wissenschaft ist[9], mit deren Hilfe dieses System sich selber oder Phänomene aus anderen sozialen Subsystemen beobachtend und beschreibend interpretiert. Die Objektivität bzw. der Wahrheitsgehalt der Interpretationsresultate bemißt sich demnach nicht nach der Stimmigkeit mit außerkognitiven, absoluten Kriterien der Weltbeschreibung. Sie bemißt sich vielmehr nach dem methodischen Vermögen, virulente Probleme zu lösen oder doch deren Lösung voranzutreiben. Diese Lösungen wiederum werden als Lösungen um so mehr akzeptiert sein, je nachdrücklicher sie bei aller Theorieorientierung ihres Zustandekommens auch auf ihre empirische Überprüfbarkeit an je durch Selektion verfügbar gemachtem kognitivem Weltwissen verweisen können (was allerdings niemanden dazu verführen darf, den Weg einer theorielosen Empirie für mehr als eine Sackgasse zu halten). Was das systemtheoretische Konzept von Textverstehen anlangt, so wird dieses in der Praxis schwerlich dazu führen, das gesamte einen Text überziehende Netz von einst aktuellen Differenzen auch tatsächlich rekonstruieren zu können. Das aus ihm resultierende Verstehen wird also, was freilich nicht hermeneutisch mißzuverstehen ist, immer ein nur partielles sein, das sich wandelt, sobald die Bedeutung eines Textes z.B. unter dem Aspekt eines erweiterten Kontextwissens neu rekonstruiert wird oder zunächst unberücksichtigte Differenzen zum Tragen gelangen. Dennoch sind zumindest die aufgedeckten Differenzen empirisch sehr wohl überprüfbar und lassen sich die jeweils erreichten Resultate als objektive Resultate im Sinne von 'am jeweiligen Stand der Dinge gemessen besten Resultaten' betrachten. Im doppelten Verständnis also sowohl eines theoriegeleiteten Zugriffs auf Texte als auch dem der empirischen Kontrollierbarkeit der Ergebnisse versteht sich der systemtheoretische Ansatz von Textverstehen als durchaus objektiv und wissenschaftlich. Zwischen der vom free play der Signifikanten stimulierten dekonstruktionistischen Deutungsinflation und dem vom Konstruktivismus verordneten Deutungsverbot für literarische Texte bei gleichzeitiger Entproblematisierung der Deutungsfrage für pragmatische Texte besetzt der systemtheoretische Ansatz damit eine Position der streng limitierten Bedeutungszuweisung. Von ihr her wird es

9 Genau dies meint Luhmanns häufig mißverstandene Bemerkung am Beginn des 1. Kapitels von 'Soziale Systeme': "Die folgenden Überlegungen gehen davon aus, daß es soziale Systeme gibt." (Luhmann 1984: 30) Der Satz proklamiert mitnichten die Existenz sozialer Systeme. Er geriert vielmehr, was etwas ganz anderes ist, ausdrücklich die Existenz sozialer Systeme als wissenschaftstheoretische Annahme.

nicht möglich sein, all round-Interpretationen alten Stils zu liefern. Diese sind mit dem hier zur Rede stehenden Konzept unvereinbar und dürften einem ein für allemal überwundenen Paradigma zugehören. Die systemtheoretische Position ermöglicht es aber, relativ verläßliche, wissenschaftliche Aussagen über die Funktion von Texten im Rahmen ihrer ursprünglichen Entstehungssituation zu machen.

III

Der hier in seinen Grundzügen skizzierte, an der Luhmannschen Systemtheorie orientierte differenztheoretische Ansatz von Texverstehen steht in offenkundigstem Gegensatz zu älteren positivistischen, historistischen und textimmanenten Verfahrensweisen der Literaturwissenschaft. Auf diesen Gegensatz einzugehen, erübrigt sich angesichts des heute erreichten Diskussionsstandes. Sehr wohl klärende Funktion kommt demgegenüber der Diskussion von Zweifeln und Einwänden zu, wie sie von wirkungsgeschichtlich-rezeptionsgeschichtlicher wie vor allem von empirisch-konstruktivistischer Seite gegen den Luhmannschen Ansatz und seine Fruchtbarmachung für das hier vertretene Konzept von Textverstehen erhoben werden oder werden könnten. Auf einige dieser Einwände ist im folgenden näher einzugehen.

Ein seit einiger Zeit unermüdlich wiederholter Hauptangriffspunkt gegen die Luhmansche Variante der Systemtheorie und ihre literaturwissenschaftliche Adaptation betrifft den theoretischen Stellenwert von Individuum, Ich, Bewußtsein, Psyche in Gesellschaft und Kunst. Er wurde und wird von S.J. Schmidt, G. Rusch, P. Hejl u.a. vorgetragen und lautet im Zusammenhang seiner Denkvoraussetzungen in sinngemäßer Kurzfassung etwa so:

- Menschen sind lebende Systeme, die aufgrund ihrer hochgradig ausdifferenzierten, komplexen Struktur als kognitive Systeme anzusprechen sind.
- Solche kognitiven Systeme bilden aufgrund ihrer von individuellen Bewußtseinsdispositionen und Umgebungskonditionierungen abhängigen Handlungen, Verhaltensweisen und unterschiedlich geregelten Beziehungen zueinander soziale Systeme, die als Handlungssysteme mit unterschiedlichen Verfahren der Wirklichkeitskonstruktion aufzufassen sind.
- Als Gesellschaft in ihrer Gesamtheit wiederum hat ein ohne den Rekurs auf die menschliche Individualität nicht auskommendes Netzwerk solcher sozialer Systeme zu gelten, in denen die Individuen als Transformationsstellen oder 'Knoten' (P. Hejl) zwischen den sozialen Einzelsystemen fungieren.

- Weil das so ist, d.h. konstruktivistische Grundannahme darstellt, muß eine Konzeption von sozialen Systemen, die nicht auf Individualität und Bewußtsein als jenen Punkt zurückgreift, an dem die Operationen sozialer Systeme verortet werden können, als sinnlos erscheinen. Das gilt auch für die Bestimmung von Kommunikation und Verstehen in Kunst und Literatur, die auf den Rekurs auf Bewußtsein und Aktanten nicht verzichten kann.
- Genau solche Konzeption von sozialen Systemen, Kommunikation, Sinn, Verstehen etc. unter Ausschluß des individuellen Bewußtseins konkreter Menschen aber unternehmen Luhmanns Systemtheorie und ein sich auf Luhmanns Kommunikationsbegriff gründender Ansatz von Textverstehen.
- Beide lassen unberücksichtigt, daß die empirische Erfassung von sozialen Vorgängen, auch also von Kommunikation, erst möglich wird im Rekurs auf deren individuelle Träger und verweisen statt dessen darauf, "Einzelschicksale seien ohne Belang, was ein einzelnes Individuum tue oder lasse, bevorzuge oder ablehne, sei im Hinblick auf das gesellschaftliche Ganze unwichtig" (Rusch, in diesem Band S. 233).
- Ebensowenig wie das Ansetzen des Konstruktivismus bei biologischen Fragestellungen zur Legitimierung der Entbehrlichkeit des Individuums dienen darf, dürfen soziologische Fragestellungen der Systemtheorie dazu führen, daß die Individualität aus der Gesellschaft externiert und z.B. für den Bereich der Literatur über Kommunikation ohne Kommunikanden, d.h. über Texte ohne Autoren, über Rezeption ohne Rezipienten und über Kritik ohne Kritiker geredet wird.

Solche Kritik erscheint zunächst plausibel. Denn wer wollte schon den uns allen doch ganz offenkundigen Zusammenhang von Gesellschaft und den sie konstituierenden Individuen leugnen? Und wer die Tatsache, daß an der Wurzel jeder Textproduktion, Textrezeption und Textverarbeitung letztlich ein wie auch immer konditioniertes individuelles Bewußtsein steht? Doch um die Leugnung dieses recht trivialen Sachverhaltes geht es der Luhmannschen Systemtheorie wie der hier vertretenen Position von Textverstehen überhaupt nicht. Bestritten werden nicht etwa die Existenz und fraglose soziale Relevanz von Psyche und Bewußtsein als solche. Bestritten wird lediglich die Möglichkeit, auch nur ein einziges der ca. 6 Milliarden kognitiven Systeme dieser Erde aufzuschließen und wissenschaftlich operativ zu machen. Denn psychische Systeme sind autopoietisch organisierte Systeme, die sich über das Medium von Bewußtsein und nur von Bewußtsein (d.h. von ihrem eigenen Bewußtsein) reproduzieren. Sie sind zwar in der Lage, Inhalte aus anderen Bewußtseinen nach Maßgabe der eigenen Voraussetzungen als Information zu verarbeiten. Sie können aber, da mit dem Vorgang des Informierens notwendig die Ebene des Bewußtseins verlassen und die der Kommunikation betreten wird, nicht miteinander kommunizieren.

Insofern jede Kenntnis, die man von Bewußtsein haben kann, immer über Kommunikation vermittelt ist, "kein Bewußtsein" jedoch, wie Luhmann es formuliert, "in Kommunikation [aufgeht] und keine Kommunikation in einem Bewußtsein" (Luhmann 1984: 367), bleiben psychische Systeme füreinander wie für andere Systeme trotz aller zweifellos vorhandenen Verweise letztlich unzugänglich. D.h., wir mögen auf der Ebene von Kommunikation, im sozialen Bereich also, über das eigene oder andere Bewußtseine reden und schreiben. Da jedoch Sprache nicht mit Denken, Wollen, Fühlen und umgekehrt Denken, Wollen, Fühlen nicht mit Sprache gleichzusetzen ist, können wir eben nie wirklich wissen, was andere denken und andere nie wirklich wissen machen, was wir selber denken, wollen und fühlen. Diese Einsicht, die übrigens mit G. Roth auch einen der maßgeblichen deutschen Protagonisten des Konstruktivismus zu äußerster Zurückhaltung bei der Lokalisierung und Funktionsumschreibung von Ich und Bewußtsein geführt hat (G. Roth in S.J. Schmidt (Hg.) 1987: 249-252), bringt Luhmann konsequenterweise dazu, soziale Systeme nicht etwa als etwas Primäreres, Wichtigeres, Folgenreicheres, wohl aber als etwas anderes als psychische Systeme zu konzipieren. Wiewohl Kommunikation nicht ohne individuelles Bewußtsein und dieses nicht ohne Kommunikation denkbar ist, hält er beide Systemarten nicht für im evolutiven Sinne aufeinander zurückführbar, sondern für "im Wege der Co-evolution entstanden" (Luhmann 1984: 367). Das hat mit einer Eliminierung der Dimension des Individuellen, wie seine Kritiker zu meinen scheinen, nichts zu tun. Es bedeutet auch keine Ausklammerung dieser Dimension aus dem für soziale Prozesse Relevanten. Es bedeutet nur, noch einmal, daß man mit Sicherheit über jenen Bereich nichts wissen kann und daß alles, was man über ihn zu wissen meint, über Kommunikation, also den Bereich des Sozialen läuft und nur auf dieser Ebene auch weiter verhandelbar ist. Der mit dem Vorwurf der Eliminierung des Individuellen einhergehende Vorwurf der mangelnden Empirisierbarkeit des Luhmannschen Konzepts sollte sich unter dieser Perspektive geradezu in sein Gegenteil verkehren: Erst, wo letztlich unhinterfragbare psychische Intentionen und Motivationen auf die Ebene von Kommunikationen überführt werden, erst wo - wie z.B. im sprachlich/literarischen Bereich - die Skinnersche 'intention to write' zur 'intention in writing' kommunikativ transformiert erscheint, bietet sich der Empirie die konkrete Möglichkeit des Überprüfens. Man sieht also, daß es gute Gründe gibt, bei der Beschreibung von Gesellschaft allgemein wie auch der von Texten und Textbedeutungen auf Kommunikation statt auf Bewußtsein abzustellen und bei aller Anerkennung der Wichtigkeit des Individuellen soziale und psychische Systeme als jeweils gesondert operierende Bereiche zu konzipieren, die "kein autopoietisches Supersystem" (Luhmann a.a.O.) überwölbt und keine intersystemische Kommunikation verbindet. Freilich werden sich die Vertreter der konstruktivistischen Position von diesen Gründen kaum beeindrucken lassen. Denn Ursache für die verhärteten

Fronten ist natürlich nicht so sehr, daß man die Luhmannsche Position nicht nachvollziehen könnte, als vielmehr eine jeweils von Grund auf verschiedene Konzeption von Systemen und Systemoperationen. Auf der einen, der konstruktivistischen Seite der Wasserscheide steht ein Systembegriff, der sich aus der kognitionsbiologischen Theorie lebender Systeme herleitet, den handelnden Menschen als kognitives System auffaßt, bestimmte Menschengruppen als soziale Systeme definiert und intra- wie intersystemische Kommunikationen ansetzt, die auf die Erzeugung konsensueller Bereiche zwischen Menschen und Menschengruppen durch Handlung abzielen. Auf der anderen, der Luhmannsch-systemtheoretischen Seite der Wasserscheide dagegen ein ganz und gar abstrakt-heuristischer Systembegriff, dem es um die Beschreibung von sozialer Wirklichkeit als der Beschreibung von nur systemintern denkbaren und nicht auf Konsens, sondern auf Differenz abzielenden Kommunikationen zu tun ist. Bei aller Übereinstimmung in erkenntnistheoretischen Basisfragen und allen Versuchen z.B. S.J. Schmidts, der Luhmannschen Theorie individuelle Aktanten einzukomponieren (Schmidt 1989: 38 ff.), dürften die beiden Systemkonzepte letztlich unvereinbar sein.

In unmittelbarem Zusammenhang mit der Individualitätsfrage steht der gleichfalls von konstruktivistischer Seite vorgetragene Einwand, es berücksichtige das Luhmannsche Verständnis von System und Kommunikation neben dem Problem des individuellen Aktanten als dem Beobachter erster Ordnung ungenügend auch das Problem des Beobachters des Beobachters als jener kognitiven Instanz, in der wissenschaftliche Erkenntnis notwendigerweise zu verorten sei. Auf den vorgeschlagenen systemtheoretischen Ansatz von Texverstehen übertragen besagt dieser Einwand folgendes:

- Auch wie konkret immer beschreibbare Differenzen zwischen Text und Kontext und daraus sich als ein Erfassen der Differenz von Information und Mitteilung konstituierendes Textverstehen sind Konstrukte.
- Sie sind möglich nur in strikter Subjektdependenz und im Dunstkreis der Käseglocke, unter der menschliche Kognition sich unausweichlich ereignet.
- An diesem Kognitionsrahmen haben sich kommunikationsanalytische Fragestellungen zu orientieren, von ihm her haben sie sich zu legitimieren, ihm ist die Wahl des zu je konkreten Zwecken einzusetzenden Theoriekonzepts unterzuordnen, und an ihm haben sich am Ende die Analyseresultate zu bewähren.
- Es ist dieser Kognitionsrahmen, der auch Wissenschaft zu einem Unternehmen werden läßt, das Problemlösungen immer nur auf Zeit, d.h. bis zur nächsten, dann konsensfähigsten Lösung offerieren kann.
- Wer, wie der systemtheoretische Ansatz von Textverstehen, diese zentrale konstruktivistische Kategorie der subjektabhängigen Kognition ausklammert oder verdunkelt und Text-Kontext-Differenzen als Momente

der originären Textbedeutung proklamiert, setzt sich dem Verdacht aus, einem neuen Positivismus, Objektivismus, Historismus Vorschub zu leisten.

Wie schon der erste, so wird auch dieser konstruktivistische Einwand von der Überzeugung bestimmt, es sei das Erkennen im Subjekt des Erkennenden festzumachen, das Beobachten im Beobachter und nun also auch das Beobachten zweiter Ordnung im Beobachter zweiter Ordnung. Der Zusammenhang zwischen dem Prozeß und den Resultaten des Beobachtens und den in der Instanz des Beobachters ablaufenden kognitiven Prozessen soll auch hier ganz unbestritten bleiben. Und ebenfalls nur zu unterstreichen ist alles, was der konstruktivistische Einwand zur immer nur relativen, nämlich von den jeweiligen kognitiven Bedingungen abhängigen Gültigkeit von Wissenschaftspraxis und Wissenschaftsresultaten zu sagen hat. Keineswegs zwingend aber, sondern im Gegenteil aus den schon oben genannten Gründen ganz und gar sinnlos, weil nicht operationalisierbar, muß indessen auch hier der Rückgriff auf das psychische System des Beobachterindividuums erscheinen. Denn sogar die Disziplinen der Psychologie, Psychoanalyse, Psychiatrie können schließlich Zugang zu psychischen Systemen ausschließlich auf der Ebene von Kommunikation finden und sich über jene Systeme ausschließlich auf dieser Ebene verbreiten. Deswegen setzen der systemtheoretische Versuch der Gesellschaftsbeschreibung wie der des Texverstehens an die Stelle des Beobachters zweiter Ordnung das Beobachten zweiter Ordnung in der Form von Theorie. Das heißt, das hier propagierte Textverstehen begreift sich statt als individuell kognitionsdependent als theoriedependent mit allen Folgen, die sich daraus für die Einschätzung der Gültigkeit eruierter Textbedeutungen ergeben. Der triviale Einwurf, daß doch auch Theorien aus der Feder von Individuen stammten, darf über zweierlei nicht hinwegtäuschen. Erstens nämlich verkörpern Theorien immer schon mehr als die bloßen Prävalenzen individueller kognitiver Systeme, andernfalls die Begriffe Theorie und Konstrukt psychischer Systeme synonym wären und die Zahl der Theorien so groß wie die der Wirklichkeitskonstrukte. Zweitens muß bedacht werden, daß Theorien nicht als Bewußtseinskategorie, sondern erst als Kommunikationskategorie zum Ausgangspunkt und Referenzrahmen von Wissenschaft werden können. Mit Positivismus, Objektivismus, Historismus hat das alles, wie sich versteht, nicht das Geringste zu tun.

Abschließend soll eine Frage aufgegriffen werden, die sich dem systemtheoretischen Konzept von Textverstehen aus der Sicht von Wirkungsgeschichte und Rezeptionsgeschichte stellt. Insofern es zwischen dem Vergangenheitshorizont eines Textes und dem je aktuellen Horizont eines Textinterpreten zu vermitteln gilt, ist das Problem des Verstehens bekanntlich für beide Ansätze ein historisches geworden. Die Wahrheit von Texten geht für sie nicht mehr einfach in diesen selber, in Autorintentionen oder originären Gebrauchssituationen auf. Sie entfaltet sich und wird greifbar vielmehr erst im fortschreitenden "Horizontwandel der geschichtlichen Erfahrung" und wird demzufolge als "immer nur partiale Konkretisation von Sinn begriffen" (Jauß 1982: 662). Dabei legt der wirkungsgeschichtliche Ansatz Gadamers den Hauptakzent der Kontrollast des Verstehens auf den Texthorizont, der Ansatz von Jauß' Rezeptionsgeschichte hingegen auf den Rezeptionshorizont, ohne daß der jeweils andere Horizont damit etwa zum Verschwinden gebracht und gegenstandslos würde. In beiden Varianten der dialektischen Vermittlung von Textvergangenheit und Rezeptionsgegenwart wird Textbedeutung als historischer Prozeß aufgefaßt, an dem - und darum geht es hier - neben einer ursprünglichen Kommunikationssituation des Textes eine Vielzahl anderer, späterer Textkonkretisationen beteiligt ist. - Das LISH-Konzept systemtheoretischen Textverstehens wird unter dieser Perspektive zwangsläufig mit der Frage konfrontiert, welches denn in ihm der Stellenwert dieser späteren, die Wirkungs- bzw. Rezeptionsgeschichte konstituierenden Textkonkretisationen sei, ob überhaupt und wie diese an der Bedeutungskonstitution von Texten beteiligt seien oder ob sie am Ende womöglich ganz außer Betracht zu bleiben hätten. Die Antwort kann aus der hier geltenden theoretischen Sicht der Dinge wohl nur folgendermaßen lauten: Natürlich sind die Dokumente der Wirkungs- und Rezeptionsgeschichte von Texten als historische Tatbestände ernst zu nehmen. Doch verdunkelt der Begriff der Textkonkretisation, der eben die bedeutungsmäßige Konkretisierung eines Textes der Vergangenheit in einer späteren Aktualität nahelegt, daß diese sogenannten Textkonkretisationen vor allem selber Texte sind. Diese aber bauen nicht etwa im Rückgriff auf den Bezugstext der Vergangenheit die Bedeutung jenes Bezugstextes auf, vielmehr aus der Differenz zu ihrem eigenen aktuellen kommunikativen Abhebungskontext ihre eigene streng temporalisierte Bedeutung. Sie gehören weder dem Diskurs der Vergangenheit an, noch vermögen sie umgekehrt diesen in den jeweils aktuellen Diskurs zu transferieren, sondern beziehen ihre Identität aus der wie auch immer motivierten selektiven Abgrenzung gegenüber anderen sogenannten Konkretisationen, die im je aktuellen Diskurs virulent sind. So profilierte sich z.B. die marxistisch gefärbte 'Werther'-Interpretation der siebziger Jahre nicht so sehr an Goethes 'Werther' und konkretisierte nicht etwa im Zeichen des bis zu jenem Punkt fortgeschrittenen historischen Horizontwandels bis dahin nicht zum Tragen gelangte Bedeutungen *des* Goethe-Textes. Sie profilierte sich hingegen primär im damals aktuellen literaturwissenschaftlichen Diskurs gegenüber anderen (geistesgeschichtlichen, formalistischen, immanenten) literaturwissenschaftlichen Verfahren und den aus diesen hervorgegangenen 'Werther'-Interpretationen. Dabei ist das Beispiel keineswegs als gehässiger Seitenhieb gegen eine heute etwas in Ungnade gefallene literaturwissenschaftliche Methode zu verstehen. Es soll nur besonders sinnfällig illustrieren, was grundsätzlich überhaupt gilt: daß literarische wie nichtliterarische Texte, ob sie nun an künstlerischen, wissenschaftlichen oder sonst welchen Diskursen partizipieren, immer selber Bedeutung haben und daß diese Bedeutung nie für sich spricht, sondern als ein Verstehen der je aktuellen kommunikativen Differenz von Mitteilung und Information, von Text und Kontext erst ins Bewußtsein zu heben ist.

Neben den diskutierten Einwänden ließen sich weitere ins Feld führen. So provoziert der systemtheoretische Ansatz z. B. nicht ganz unberechtigte Ängste, es verbände sich mit dem Insistieren auf der Herausarbeitung von Differenz und Heterogenität auf engstem historischem Raum das Verdikt, fernerhin noch großräumig historische Kontinuitätslinien zu erfassen. Oder es werden, was damit zusammenhängt, grundsätzliche Zweifel angemeldet, ob man soziale Systeme nur aus ihrer immanenten Differenzstruktur und der Rückwärtsorientierung von Kommunikation zu begreifen habe, statt ihnen auch Steuerungsfunktionen im Hinblick auf Gegenwart und Zukunft zuzubilligen. Oder es wird, noch grundsätzlicher, die gesamte Luhmannsche Theorie sozialer Systeme als unzulässige metaphorische Übertragung des biologischen Begriffs lebender Systeme abgetan. Diese und noch andere Einwände können hier nicht mehr diskutiert werden. Sie stehen aber im Raum, und man wird sich mit ihnen auseinanderzusetzen haben. Inzwischen muß das LISH-Konzept von Textverstehen schon heute als eine begehbare Alternative zum Deutungsanarchismus des Dekonstruktionismus und dem totalen Deutungsverdikt des Konstruktivismus betrachtet werden.

Literatur

Berg, H. de (1991): Text - Kontext - Differenz. Ein Vorschlag zur Anwendung der Luhmannschen Systemtheorie in der Literaturwissenschaft, in: *SPIEL 10 (2)*, S. 191-206.

Burgers, H. (1991): "An den Leser". Vorworte und Absichtserklärungen deutscher Zeitschriften der unmittelbaren Nachkriegszeit, in: *Interbellum und Exil. Liber Amicorum für Hans Würzner*, hg. von S. Onderdelinden, Amsterdam (= Amsterdamer Publikationen zur Sprache und Literatur 90), S. 267-289.

Culler, J. (1982): *On Deconstruction. Theory and Criticism after Structuralism*, New York.

Hauptmeier, H./Schmidt, S. J. (1985): *Einführung in die Empirische Literaturwissenschaft*, Braunschweig/Wiesbaden.

Hoogeveen, J. (1986): Das Verhältnis von Sein, Zeit und Heißen als historiographische Herausforderung. In: *Ideologie und Literatur(wissenschaft)*, hg. von J. Hoogeveen und H. Würzner, Amsterdam (= Amsterdamer Publikationen zur Sprache und Literatur 71), S. 9-45.

Hoogeveen, J. (1991): Wissenschaft als Beruf. Zur Rezeption der Max Weberschen Losung: "Politik gehört nicht in den Hörsaal", in: *Interbellum und Exil. Liber Amicorum für Hans Würzner*, hg. von S. Onderdelinden, Amsterdam (= Amsterdamer Publikationen zur Sprache und Literatur 90), S. 26-41.

Horstmann, U. (1983): *Parakritik und Dekonstruktion. Eine Einführung in den amerikanischen Poststrukturalismus*, Würzburg.

Jauß, H.R. (1982): *Ästhetische Erfahrung und literarische Hermeneutik*, Frankfurt/M.

Kneer, G./Nassehi, A. (1991): Verstehen des Verstehens. Eine systemtheoretische Revision der Hermeneutik, in: *Zeitschrift für Soziologie 20 (5)*, S. 341-356.

Luhmann, N. (1984): *Soziale Systeme. Grundriß einer allgemeinen Theorie*, Frankfurt/M.

Luhmann, N. (1986): *Ökologische Kommunikation*, Opladen.

Luhmann, N. (1987): Was ist Kommunikation?, in: *Information Philosophie* 1, S. 4-16.

Luhmann, N. (1990): *Die Wissenschaft der Gesellschaft*, Frankfurt/M.

Nipperdey, Th. (1986): *Nachdenken über die deutsche Geschichte. Essays*, München.

Rusch, G. (1986): *Theorie der Geschichte, Historiographie und Diachronologie*, Siegen (= LUMIS-Schriften 11).

Rusch, G. (1987): *Erkenntnis, Wissenschaft, Geschichte. Von einem konstruktivistischen Standpunkt*, Frankfurt/M.

Schmidt, S.J. (1979): "Bekämpfen Sie das häßliche Laster der Interpretation! Bekämpfen Sie das noch häßlichere Laster der richtigen Interpretation!" (Hans Magnus Enzensberger), in: *Grundfragen der Textwissenschaft*, hg. von W. Frier und G. Labroisse, Amsterdam (= Amsterdamer Beiträge zur neueren Germanistik 8), S. 279-309.

Schmidt, S.J. (1985): Vom Text zum Literatursystem. Skizze einer konstruktivistischen (empirischen) Literaturwissenschaft, in: *Einführung in den Konstruktivismus*, hg. von H. Gumin und A. Mohler, München (= Schriften der Carl Friedrich von Siemens Stiftung 10), S. 117-133.

Schmidt, S.J. (Hg.) (1987): *Der Diskurs des Radikalen Konstruktivismus*, Frankfurt/M.

Schmidt, S.J. (1989): *Die Selbstorganisation des Sozialsystems Literatur im 18. Jahrhundert*, Frankfurt/M.

Schwanitz, D. (1990): *Systemtheorie und Literatur. Ein neues Paradigma*, Opladen.

Skinner, Q. (1969): Meaning and Understanding in the History of Ideas, in: *History and Theory* 8, S. 3-53.

Skinner, Q. (1972): Motives, Intentions and the Interpretation of Texts, in: *New Literary History* 3, S. 393-408.

Zijlmans, K./Hoogeveen, J. (1988): *Kommunikation über Kunst. Eine Fallstudie zur Entstehungs- und Rezeptionsgeschichte des 'Blauen Reiters' und von Wilhelm Worringers 'Abstraktion und Einfühlung'*, Leiden.

Die Ereignishaftigkeit des Textes

Henk de Berg

Fragestellung

Die Systemtheorie Niklas Luhmanns ist in erster Linie eine makrosoziologisch orientierte Gesellschaftstheorie. Ihr Einsatz auf mikrosoziologischem Niveau zum Zweck der Bedeutungseruierung konkreter literarischer wie pragmatischer Texte versteht sich daher keineswegs von selbst, sondern setzt Reflexion darüber voraus, ob und wie dieser alles andere als selbstverständliche Schritt möglich sei. Das Problem findet seine Zuspitzung in der Frage, ob der von Luhmann entwickelte Kommunikationsbegriff nicht nur auf mündliche, sondern auch auf schriftliche Kommunikation und somit also auf Texte im überwiegend implizierten literaturwissenschaftlichen Verständnis anwendbar sei. Denn einerseits betrachtet Luhmann als Hauptmerkmal von Kommunikation deren Ereignishaftigkeit, andererseits heißt es bei ihm, daß die Schrift Kommunikation ent-ereigne. Gerät 'schriftliche Kommunikation' da nicht zum Widerspruch in sich? Hier fällt ein Problem an, das nicht nur aus den divergierenden Ansatzpunkten von Systemtheorie und Literaturwissenschaft resultiert, sondern auch eine der Systemtheorie selbst innewohnende Schwierigkeit darstellt. Denn aus der Sicht einer Theorie, welche die gesellschaftliche Kommunikation als ihren eigentlichen Gegenstand definiert, wird man das ungeklärte Verhältnis von Text und Kommunikation, wie Georg Stanitzek mit Recht bemerkt, "nicht für einen geringfügigen Defekt halten, sondern eher für einen im Theoriegebäude herumliegenden Sprengsatz, der darauf wartet, entschärft zu werden" (Stanitzek 1990: 281).

Die folgenden Überlegungen stellen einen Annäherungsversuch an diese brisante Problematik dar. Sie versuchen zu zeigen, daß auch schriftliche Texte als bedeutungsvolle Einheiten sinnvoll als ephemere Ereignisse konzeptualisiert werden können. Wie mündliche kommunikative Äußerungen sind auch schriftliche Texte, so soll hier nahegelegt werden, als sinnhafte Selektionen zu betrachten, deren semantische Identität sich erst durch eine historisch einmalige Differenz zu anderem konstituiert. Unter dieser Optik ent-ereignet ein Text die Kommunikation nicht, weil er seinen Verweisungszusammenhang über eine *zeitpunktfixierte Negation* eines

Kontextes organisiert und deshalb als bedeutungsvolle Größe nur innerhalb dieser einmaligen differentiellen Konstellation existiert. Sodann soll dargelegt werden, daß und wie diese Fassung des Verhältnisses von Text und systemtheoretischem Kommunikationsbegriff in der Literaturwissenschaft fruchtbar gemacht werden kann. Der Beitrag gliedert sich also in zwei Teile: Im ersten Teil wird die oben vorgeschlagene Interpretation der Luhmannschen Kommunikationstheorie ausführlich dargestellt, worauf im zweiten erläutert wird, welche Perspektiven der so interpretierte systemtheoretische Text- und Kommunikationsbegriff der Literaturwissenschaft eröffnet.

1. Kommunikation als Ereignis

1.0. Kommunikation als Prozessierung sinnhafter Selektionen

Jeder Umgang mit Wirklichkeit, so Luhmann, ist selektiv.[1] Es gibt zu jedem Zeitpunkt mehr Möglichkeiten des Handelns und Erlebens, als verwirklicht werden können, und das erfordert Selektion. Oder etwas konkreter und systemischer formuliert: Psychische und soziale Systeme[2] sehen sich fortwährend einer Überfülle des Möglichen gegenüber, die sie durch Selektionsverfahren einschränken müssen. Die Selektion nun, mit der diese Systeme die Komplexität der Welt reduzieren, findet in der Form von Sinn statt. Sinn meint dabei nicht eine inhaltliche Qualität, die bestimmten Objekten wesenhaft inhäriert, sondern eine bestimmte Form der Einstellung auf Komplexität. Sinn bzw. - in etwas weniger mißverständlicher Formulierung - sinnhafter Umweltbezug ist eine Weise der Komplexitätsbewältigung, die Komplexität auf ein ertragbares Maß reduziert und zugleich die nichtgewählten Möglichkeiten als Horizont von Möglichkeitsanzeigen verfügbar hält. Das 'Woraus' der Selektion bleibt im Sinn erhalten. Sinnhafte Selektionen sind also Selektionen aus einem Möglichkeitsbereich, den sie selbst erst entwerfen. Ein Selegiertes ist demnach niemals etwas, was an sich bedeutungs- oder sinnvoll ist und deshalb selegiert wurde, sondern ein Selegiertes hat nur Sinn vor einem Hintergrund ausgeblendeter anderer Möglichkeiten, den erst die Selektion selbst konstituiert. Auf eine Formel gebracht: Sinn existiert nur als Differenz von gerade Aktuellem und Möglich-

---

1 Die folgende Darstellung basiert vor allem auf Luhmann 1971, 1981a, 1981b, 1984, 1986a, 1987 und 1990. Vgl. außerdem de Berg 1991, Hoogeveen/Würzner (Hg.) 1986 und Kneer/Nassehi 1991.

2 Psychische Systeme sind Menschen, soziale Systeme sind gesellschaftliche Funktionssysteme wie das Recht, die Wirtschaft, die Politik und die Kunst. Diese und andere Unterscheidungen der Systemtheorie setze ich hier als bekannt voraus.

keitshorizont. Der Sinn eines Selegierten basiert auf seiner Differenz zu den ausgeschlossenen anderen Möglichkeiten.

Kommunikation nun faßt Luhmann als das Prozessieren von sinnhaften Selektionen. Jede Kommunikation besteht aus drei Selektionen: Information, Mitteilung und Verstehen. Die Information ist die selegierte Sache, um die es geht und die dadurch zustande kommt, daß der Sprecher etwas in seiner Umwelt von anderem unterscheidet, dies und nicht das festlegt. Sie ist der informative Inhalt der Kommunikation. Die Mitteilung dagegen ist das gewählte Mitteilungsverhalten, die (sprachliche) Verpackung der Information.

Diese beiden von Luhmann nicht weiter explizitierten und daher etwas undeutlich bleibenden Begriffe lassen sich m.E. mit Hilfe von Gregory Batesons Unterscheidung zwischen dem *report aspect* (Informationsaspekt) und dem *command aspect* (Beziehungsaspekt) der Kommunikation verdeutlichen. Die Information läßt sich mit dem *report aspect* gleichsetzen, unter dem Bateson die *data of communication* versteht. Bei dem *command aspect*, der mehr oder weniger mit Luhmanns Mitteilung identisch ist, geht es dagegen um die Frage, "how this communication is to be taken"[3], letztendlich also um die Beziehung (*relationship*) der Kommunikanden zueinander, d.h. um die Mitteilungswürdigkeit der Kommunikation. (Wobei man allerdings nicht aus den Augen verlieren sollte, daß Luhmann diese Aspekte als Selektionen konzeptualisiert.)

Sowohl Information als Mitteilung nun verlangen sinnhafte Deutungen, und das heißt auch und vor allem: Die Differenz von Information und Mitteilung muß erfaßt werden. Dies erst konstituiert Verstehen. In Luhmanns Worten: "Im Verstehen erfaßt die Kommunikation einen Unterschied zwischen dem Informationswert ihres Inhalts [= data of communication -HdB] und den Gründen, aus denen der Inhalt mitgeteilt wird [= Mitteilungswürdigkeit -HdB]" (Luhmann 1987: 6). Dabei meinen diese 'Gründe' nicht bestimmte psychische Vorgänge im Sprecher; d.h., sie dürfen nicht auf die subjektive *mens auctoris* bezogen werden. Ein solcher Psychologismus wäre der Systemtheorie nicht angemessen.[4] Wenn Luhmann von den Gründen, weshalb eine Kommunikation mitgeteilt wurde, oder von der Intention einer kommunikativen Äußerung spricht, so meint er den kommunikativen Einsatz, die Pointe der Kommunikation. Es handelt sich also um einen antipsychologischen Begriff von Intention, wie er auch in der Rechtswissenschaft zur Anwendung gelangt, wo man sich auf die Intention eines

---

3 Watzlawick/Beavin/Jackson 1967: 53. Watzlawick et al. basieren sich hier auf Ruesch/Bateson 1951 (insbes. S. 191-241).

4 Zum Subjektproblem sowie zum Unterschied Handlungstheorie/Kommunikationstheorie ausführlicher auf S. 46ff.

Gesetzes beziehen kann, ohne auf die Psyche der Verfasser dieses Gesetzes zurückzugreifen.

Wichtig ist, daß in dieser Theorie Kommunikation nicht als Übertragungsakt konzeptualisiert wird. Kommunikation ist nach Luhmann kein Austausch von objektiv gegebenen Informationseinheiten. Es gibt keine fixen Bedeutungsquanten, die ein Sprecher übermitteln könnte, sondern Bedeutung wird erst in und durch die Kommunikation konstituiert. Das ergibt sich konsequent aus der oben umrissenen Sinnhaftigkeit der Kommunikation, die darin besteht, daß Kommunikation Prozessierung von sinnhaften Selektionen ist, d.h. von Selektionen, die ihren Sinn oder ihre Bedeutung nicht in sich tragen, sondern erst über die Differenz zu den ausgeschlossenen anderen Möglichkeiten erlangen. *Welche* Möglichkeiten nun eine Kommunikation negiert, ist einzig Sache der Kommunikation selbst. D.h., die Differenzen sind niemals vorgegeben, niemals bereits vor der Kommunikation da, sondern sie sind immer kontingente Eigenleistungen des Kommunikationsprozesses. Jede Kommunikation behandelt demnach eine emergente Realität. Oder in Luhmanns lakonischer Formulierung: "Die Kommunikation teilt die Welt nicht mit, sie teilt sie ein in das, was sie mitteilt, und das, was sie nicht mitteilt" (Luhmann 1990: 27).

Die systemtheoretische Kommunikationstheorie impliziert also keinesfalls, daß Kommunikationen eigentlich keine Bedeutung hätten (wie im Radikalen Konstruktivismus, der Bedeutung gänzlich im Bereich des Rezipienten und dessen konstruktiver Aktivität ansiedelt) oder alles mögliche bedeuten könnten (wie in bestimmten Spiel-Arten des Dekonstruktionismus). Sie behauptet lediglich, daß die Bedeutung einer kommunikativen Äußerung ausschließlich über eine momenthaft in und durch die Äußerung konstituierte Differenz zu einem Kontext anderer Möglichkeiten zustande kommt. Dieser wichtige Punkt soll noch einmal mit einem Zitat verdeutlicht werden:

> "Geht man vom Sinnbegriff aus, ist als erstes klar, daß Kommunikation immer ein selektives Geschehen ist. Sinn läßt keine andere Wahl als zu wählen. Kommunikation greift aus dem je aktuellen Verweisungshorizont, den sie selbst erst konstituiert, etwas heraus und läßt anderes beiseite. Kommunikation ist Prozessieren von Selektion. Sie seligiert freilich nicht so, wie man aus einem Vorrat das eine oder das andere herausgreift. Diese Ansicht würde uns zur Übertragungsmetaphorik zurückbringen. Die Selektion, die in der Kommunikation aktualisiert wird, konstituiert ihren eigenen Horizont; sie konstituiert das, was sie wählt, schon als Selektion, nämlich als Information. Das, was sie mitteilt, wird nicht nur ausgewählt, es ist selbst schon Auswahl und wird deshalb mitgeteilt" (Luhmann 1984: 194).

Mit anderen Worten, eine Kommunikation selektiert etwas aus ihrem aktuellen, d.h. sich eben durch diese Selektion aktualisierenden Kontext und schließt so andere Möglichkeiten, die innerhalb dieses Kontextes ebenfalls vorkommen, aus. Und erst über diese Selektion gewinnt eine Kommunika-

tion ihre Bedeutung; d.h., man kann sie erst verstehen, wenn man die ausgeschlossenen Möglichkeiten miteinbezieht. Anders formuliert: Eine Kommunikation konstituiert sich in ihrer Bedeutung erst vor dem Hintergrund dessen, wogegen sie sich abgrenzt. Jede kommunikative Äußerung ist mithin die historisch-konkrete Aktualisierung einer Differenz, welche die Bedeutung dieser Äußerung gründet und trägt.

1.1.. Differenz, différence oder différance ?

Die Bedeutung sprachlicher Zeichen, wir sahen es, ist nach Luhmann nicht positiv vorhanden, sondern baut sich via Differenz auf. Nun hat aber bereits de Saussure gesagt, daß "dans la langue il n'y a que des différences *sans termes positifs*" (de Saussure 1916: 166). Worin, so ist also zu fragen, liegt denn der Unterschied zwischen der Luhmannschen Kommunikationstheorie und der strukturalistischen These, daß die Bedeutung eines Zeichens aus seiner differentiellen Beziehung zu anderen Zeichen resultiert ?

Global läßt sich diese Frage wie folgt beantworten.[5] Der Strukturalismus faßt Zeichen als Elemente einer übergreifenden Struktur. D.h., aus strukturalistischer Sicht fundiert sich die Bedeutung von Zeichen darin, daß sie Produkte oder Manifestationen eines Netzwerkes von Zeichen sind, das zwar diachron gesehen Veränderungen unterliegt, jedoch auf synchroner Ebene stabil und invariabel ist. Bedeutung ist danach das Ergebnis eines statischen, konkreten Kommunikationen vorgängigen Systems von sich nach festen Regeln gegenseitig im Gleichgewicht haltenden Zeichen. Luhmann führt demgegenüber die Differenz *als radikal temporalisierten Begriff* ein. Er postuliert kein übergreifendes System von festen differentiellen Beziehungen, aus dem sich die Zeichenbedeutung herleitet, sondern definiert Differenzen als zeitpunktfixierte Ereignisse. Differenzen gibt es infolgedessen nur als in konkreten Kommunikationsprozessen aktualisierte Differenzen, als faktisch stattfindende, empirisch beobachtbare Ereignisse (vgl. Luhmann 1990: 14). Im Gegensatz zur strukturalistischen Position gilt deshalb, daß Zeichen keine Werte einer vorgegebenen Struktur von Differenzen sind, sondern erst über eine ephemer in und durch eine historisch-konkrete Kommunikation konstituierte Differenz Bedeutung erlangen. Das impliziert, daß die Bedeutung von Zeichen keine feste, keine statische ist, sondern ganz im Gegenteil von Fall zu Fall eine andere sein kann, weil dasselbe Zeichen in unterschiedlichen Kommunikationsprozessen unter-

---

5 Die folgenden Differenzmarkierungen dienen nur einer ersten gedanklichen Orientierung; eine wirkliche Konfrontation von Systemtheorie und Strukturalismus (oder Dekonstruktionismus) müßte selbstverständlich sehr viel genauer gefaßt werden.

schiedliche Differenzgrößen (Oppositionen) haben kann.[6]

Indem Luhmann dergestalt die strukturalistische Auffassung sprachlicher Zeichen, die zwar im Laufe der Zeit modifizierbar seien, aber im synchronen Schnitt eine feste, kontextunabhängige Bedeutung besäßen, zugunsten einer Konzeption von Sprachzeichen als an sich bedeutungslosen, jedoch in konkreten Kommunikationen immer wieder aufs neue kontext-differentiell bestimmten Größen aufgibt, gelingt ihm eine Dynamisierung des Bedeutungs- und Kommunikationsbegriffs, die dennoch nicht bei einem *jeu des différences* (Derrida) landet. Weil nämlich die Systemtheorie kein Saussuresches, gleichsam sich selbst im Gleichgewicht haltendes Netzwerk von Differenzen voraussetzt, ist sie auch gegen die Derridasche Kritik gefeit, daß solches Netzwerk immer einen Aufschub, ein Vergleiten von Bedeutung impliziert. Das Problem des Saussure-Modells ist ja, wie Derrida nachgewiesen hat, daß jedes Zeichen, damit es Bedeutung haben kann, immer die anderen Zeichen des Sprachsystems voraussetzt, immer auf die anderen Zeichen verweist, daß es aber damit eine Kette von Verweisungen aktualisiert, wodurch seine Bedeutung niemals endgültig fixiert, sondern im Gegenteil fortwährend verschoben, aufgeschoben wird: Ein Zeichen erlangt seine Bedeutung erst durch seine Differenz zu anderem, das aber seinerseits auch keine positive Größe ist, sondern ebenfalls auf einer Differenz zu anderem basiert, das wiederum auf einer Differenz zu anderem basiert usw. Dieses systematische Spiel der Differenzen, diese *différance*, hebt sich jedoch in dem Moment auf, wo man nicht mehr davon ausgeht, daß Zeichen in ein gegebenes System von Differenzen eingeschrieben sind. Nimmt man mit Luhmann an, daß es nur historisch einmalige Differenzen geben kann, die in der Kommunikation auftauchen, punktuell eine Bedeutung fixieren und im gleichen Moment schon wieder zerrinnen, so kann von einem Vergleiten von Differenzen, von einem Aufschub der Bedeutung keine Rede sein.

Aus dem Obenstehenden läßt sich das Fazit ziehen, daß die Bedeutung sprachlicher Zeichen sowohl als kontingent wie auch als fest zu betrachten ist. Bedeutung ist kontingent in dem Sinne, daß ein sprachliches Zeichen in jeder neuen Situation ein neues Gegenüber zu selegieren und damit eine neue Bedeutung anzunehmen vermag. Bedeutung ist jedoch zugleich als eine feste Größe anzusehen, weil ein Zeichen immer in einer konkreten Situation zum Einsatz kommt, deshalb immer ein spezifisches Gegenüber selegiert und so eine spezifische, festumrissene Bedeutung gewinnt.

---

6 Genau diesen Punkt läßt M. Giesecke in seiner Kontrastierung der Theorie de Saussures mit dem systemtheoretischen Kommunikationsmodell unbeachtet (Giesecke 1987).

1.2. Der Text als Ereignis

In den vorigen Abschnitten wurde eine Interpretation des Luhmannschen Kommunikationsmodells skizziert, die Kommunikationen als Anwendungen von historisch-einmaligen Differenzschemata faßt. Kommunikationen, so wurde behauptet, sind zeitpunktmarkierte Selektionsleistungen, deren Bedeutung in der Differenz zum momenthaft durch die Selektion negierten Horizont anderer Möglichkeiten gründet. Konkret ausformuliert bedeutet das, daß im Mittelpunkt jeglicher Analyse von Kommunikationsprozessen immer die Rekonstruktion der spezifischen Negativfolie zu stehen hat, gegenüber der eine spezifische Kommunikation ihre Bedeutung erlangt. Genau diese Konsequenz wird von Luhmann selbst jedoch nicht gesehen. Obwohl nämlich das hier ins Auge gefaßte Kommunikationsmodell, soweit ich sehen kann, mit den Luhmannschen Ausführungen völlig kompatibel ist, findet es sich in dieser Form bei Luhmann nicht. Und was bei ihm fehlt oder doch unterbelichtet bleibt, ist eben, daß jedes einzelne kommunikative Ereignis seinen eigenen, nur ihm spezifischen Differenzwert hat.[7] Ich will das verdeutlichen. Luhmann definiert Kommunikationen zwar durchaus als momenthafte Ereignisse, die binär schematisiert sind, d.h. ihre Bedeutung über ein Differenzschema aufbauen. Er berücksichtigt diese Differenzschemata jedoch nur auf makrosemantischem Niveau. Mit anderen Worten, Luhmann nimmt Kommunikationen als Aktualisierungen nicht einmaliger, sondern dauerhafter, einzelne Kommunikationen übergreifender Binarismen wie schön/häßlich, recht/unrecht oder konservativ/progressiv. Gewiß versteht Luhmann diese Binarismen nicht gänzlich als statische Größen, sondern eher als Schablonen, die zu verschiedenen Zeiten und von verschiedenen Normgruppen verschieden ausgefüllt werden. (Das Schema schön/häßlich etwa durch 'engagiert vs. ästhetizistisch' oder 'realistisch vs. formalistisch'.) Nichtsdestoweniger verbleibt diese Fassung des Differenzschemas auf einer zu abstrakten Ebene, weil sie die Ebene individueller Kommunikationen, die immer je eigene, einmalige Differenzen besitzen, vernachlässigt. Es gerät somit die theoretisch postulierte sinnhafte Selektivität der Kommunikation - d.h. die Tatsache, daß jede Kommunikation ausschließlich in Abgrenzung von ephemer durch sie selbst negierten anderen Möglichkeiten Sinn hat - *de facto* gänzlich aus dem Blick. Luhmann betont zwar die Ereignishaftigkeit von Kommunikation, aber er vernachlässigt die Ereignishaftigeit von Bedeutung, weil er übersieht, daß Wörter, Begriffe, Ausdrücke - oder allgemeiner formuliert: Zeichen - *keine festen* Gegenüberstellungen haben, son-

7 Zum folgenden vgl. auch Hoogeveen/Würzner (Hg.) 1986 (insbes. die beiden Aufsätze J. Hoogeveens). Diese Differenzierung des Differenzbegriffs fehlt auch in literaturwissenschaftlichen (dazu ausführlicher in Abschnitt 2) und anderen Adaptationen der Systemtheorie, von denen hier stellvertretend nur Kraft 1989 genannt sei.

dern ihr Gegenüber in jeder neuen Situation neu selegieren. Das läßt sich sinnfällig an Luhmanns Behandlung des Differenzschemas konservativ/progressiv zeigen (Luhmann 1981c). Dieses binäre Schema, das vielen Kommunikationen im politischen System zugrunde liege, setze wie jeder andere Binarismus ein Vorverständnis der jeweils in Betracht zu ziehenden Wortfelder voraus. So impliziere die Feststellung eines Arztes 'Es ist keine Virusgrippe' als Ergänzung dieser Aussage nur bestimmte Krankheiten oder Gesundheit, nicht jedoch Sechszylindermotoren oder DIN-Formate. Ebenso korrelierten nun der Differenz konservativ/progressiv bestimmte Wortfelder, etwa

> "das Wortfeld Kapital, Monopol, Herrschaft, Privat, Demokratie, Fortschritt, Emanzipation, Klasse, Krise usw., das zahlreiche, aber nicht völlig beliebige, Kombinationen (z.B. nicht: Emanzipation des Kapitals oder Krise der Demokratie) zuläßt. Mit Hilfe solcher Wortsammlungen können dann weitere, situationsnähere Suchprozesse dirigiert, Implikationen transferiert, Gefühle evoziert werden. Innerhalb des zweiteiligen Wortfeldes wird der Code selbst [= die Differenz konservativ/progressiv -HdB] zweifach reproduziert als Antagonismus, so daß die Progressiven Worte für den Konservatismus haben und die Konservativen Worte für den Progressivismus, ohne daß die Antagonismen durch Überlagerung und Assimilation zur Deckung kämen" (a.a.O.: 276).

Dem wird in einer Anmerkung hinzugefügt: "Daß Worte einen 'Parteiwechsel' vollziehen, kann vorkommen. So ist zum Beispiel eine gewisse Aversion gegen Technik mit dem Wort Technokratie von der konservativen auf die progressive Seite übergegangen. Das ist vor allem deshalb möglich, weil der gesamte Diskussionskontext ausdifferenziert ist und weder konservative noch progressive Intellektuelle real etwas mit Technik zu tun haben" (a.a.O.: 285). Luhmann ist also offensichtlich der Meinung, daß einzelne Wörter auf synchroner Ebene fest an bestimmte Bedeutungen gekoppelt seien.[8] Und indem er solchermaßen ohne weiteres davon ausgeht, daß mit identischen Begriffen immer Identisches zum Ausdruck gebracht wird, landet er trotz seiner gegenteiligen kommunikationstheoretischen Ausgangspunkte bei einer kommunikationslosen Buchstäblichkeit. So kommt ihm gerade die Dynamik seines Kommunikationsbegriffs abhanden, die ja darin liegt, daß die Bedeutung von Wörtern sich nicht nur diachron verschieben, sondern sich auch synchron bis zur Unkenntlichkeit verändern kann.

Man kann den hier kritisierten Punkt auch von einer anderen Seite her angehen. Indem Luhmann alle oder doch sehr viele politische Kommunikationen auf ein und dieselbe abstrakte Differenz bezieht, verdeckt er die Unterschiedlichkeit der jeweiligen Konstellationen, in denen sich die Kommunikationen profilieren müssen. Er übersieht, daß es keine kontextlosen,

---

8 Vgl. auch Luhmann 1990: 49, wo es heißt, daß Sprache "mit jedem Wort eine spezifizierte Imagination zur Verfügung stellt, die durch Lancierung der Worte abgerufen werden kann".

sondern immer nur an ganz konkrete, praktische Zwecke gebundene Auseinandersetzungen zwischen Progressiven und Konservativen geben kann. So kann z.B. ein konservativer Angriff auf die Progressiven primär eine Positionsfindung innerhalb einer innerkonservativen Diskussion darstellen. Die in diesem Angriff verwendeten Begriffe lassen sich dann nicht über das vermeintlich zeitlos gültige binäre Schema konservativ/progressiv verrechnen, sondern entfalten ihren Sinn erst in Absetzung von der anderen konservativen Position, gegen die sie sich abgrenzen. Und indem die Begriffe ein anderes Gegenüber selegieren, verändert sich schlagartig auch ihre inhaltliche Füllung.

Es soll nicht geleugnet werden, daß die von Luhmann eingeführten, die einzelnen Kommunikationen überdauernden Binarismen makrosoziologisch gesehen wichtige Perspektiven eröffnen. Aus kommunikationstheoretischer Sicht greift solch abstrakt bleibender Ansatz jedoch zu kurz, weil er genau das Mikroniveau der erst in und durch die Kommunikationen selbst momenthaft konstituierten kontextdifferentiellen Beziehungen verfehlt, aus denen sich die semantische Identität von Begriffen herleitet.

Die hier postulierte, auch einzelne Begriffe einschließende Funktionsweise von Kommunikation weicht derart von anderen Kommunikationsmodellen ab, daß es sinnvoll erscheint, sich ihr auch noch einmal von der entgegengesetzten Richtung aus zu nähern. Wurde oben Luhmanns Annahme einer festen inhaltlichen Qualität von Begriffen wie 'Technokratie' kritisiert, so soll hier also die gegenteilige Auffassung einer schlechthinnigen Leerheit solcher Begriffe der Kritik unterzogen werden. (Ich entnehme das folgende Beispiel Hoogeveen/Würzner (Hg.) 1986.) Nach Ernst Topitsch sind sprachliche Ausdrücke wie 'das Sein', 'die Vernunft', 'das Absolute' (der Leser mag die Liste selber fortspinnen: Freiheit, Gerechtigkeit, das Volk, Kapital, Fortschritt, Klasse usw.) *willkürlich manipulierbare Leerformeln*, die "keinen oder keinen näher angebbaren Sach- oder Normgehalt besitzen" (Topitsch 1960: 234). Sie sind, so Topitsch, reine Wortfassaden, die keine intellektuelle Funktion haben, sondern nur vage und allgemeine, wie durch ein Musikstück erregte Gefühle auslösen und eben dadurch mit jedem beliebigen moralischen und politischen Standpunkt vereinbar sind. Sie zeitigten allenfalls für bestimmte Menschen gewisse psychologisch beruhigende Wirkungen, seien jedoch als Reste mythischen, vorwissenschaftlichen Denkens abzulehnen. Mißt man nun die besagten Ausdrücke nicht mit Topitsch am vermeintlich glasklaren und an wertfreier Erkenntnis orientierten Sprachgebrauch exakter Wissenschaften und legt man ihnen statt dessen den hier vorgeschlagenen Kommunikationsbegriff zugrunde, so tut sich eine ganz andere Möglichkeit ihrer Bestimmung auf. Geht man nämlich davon aus, daß jeder Begriff seine jeweilige Bedeutung über eine Kontextnegation aufbaut, dann erweisen sich auch die sogenannten Leerformeln nicht als schlechthin bedeutungsleer, sondern als Wörter, mit denen in konkreten Diskursen sehr wohl Bestimmtes zum Ausdruck gebracht wird.

Indem nämlich solche Begriffe in einer konkreten kommunikativen Situation eingesetzt werden, grenzt man sich gegen andere Positionen ab, und über diese Streichung von Geltungen konstituiert sich dann eine Bedeutung. Leerformeln funktionieren also nicht wesentlich anders als andere sprachliche Ausdrücke. Die vielbeklagte Vagheit oder Allgemeinheit dieser Begriffe (etwa in der Politik) ist deshalb zu differenzieren. Denn erstens gibt es für sie oft vernünftig-pragmatische Gründe[9], und zweitens werden mit ihnen trotz oder gerade wegen ihrer 'Leerheit' Freund/Feind-Gruppierungen sichtbar gemacht, Fronten gebildet, Standpunkte angegriffen, kurz: Positionen bezogen. Leerformeln sind mithin nicht leer, sondern immer kontextdifferentiell bestimmt.

Die hier vorgeschlagene Fassung des systemtheoretischen Kommunikationsbegriffs, die oben noch einmal explizit von der Luhmannschen und, zur weiteren Verdeutlichung, der Position von Topitsch abgehoben wurde, bietet nun die Möglichkeit, das Verhältnis von Kommunikation und Text neu zu definieren. Es ist nämlich eben die Tatsache, daß Luhmann die Ereignishaftigkeit von Bedeutung unbeachtet läßt, die ihn dazu nötigt, gesprochene und geschriebene Sprache als qualitativ verschiedene Größen zu betrachten.

Werfen wir zunächst einen Blick auf die Luhmannsche Behandlung der Schrift. Nach Luhmann verletzt die Schrift das "Grundgesetz" (Luhmann 1986b: 631) aller Kommunikation, das da lautet, daß Kommunikation nur Ereignis ist: Die Schrift "hält Kommunikation relativ zeitbeständig fest, entereignet sie" (ibid.). Durch die Schrift und dann in verstärktem Maße durch den Buchdruck werde Kommunikation unabhängig vom lebenden Gedächtnis von Interaktionsteilnehmern aufbewahrbar (vgl. Luhmann 1984: 127). Der Kreis der Rezipienten werde dadurch sowohl in räumlicher als auch in zeitlicher Hinsicht potentiell unendlich erweitert, denn im Prinzip seien Texte jedermann zugänglich (vgl. Luhmann 1990: 603). Und da Leser und Autor sich nicht, wie Kommunikanden in der mündlichen Kommunikation, gegenseitig beobachten könnten, gelte: "Alle Verstehensgrundlagen, die für das Akzeptieren und Weiterverwenden der Information notwendig sind, müssen jetzt im Text selbst geschaffen werden" (ibid.). Die evolutionäre Errungenschaft der Schrift bringe jedoch auch einen Nachteil mit sich. Die gleichzeitige Präsenz von Texten aus unterschiedlichsten Zeiten führe nämlich zu Orientierungsschwierigkeiten. Dieses Problem könne allerdings durch Historisierung gelöst werden, denn die Verzeitlichung der Geschichte, die sich im 18. Jahrhundert durchsetze, ermögliche es, "alles, was gleichzeitig

9 Darauf weist Hermann Lübbe (Lübbe 1972) in seiner Kritik der Topitschen Position hin. So ermöglicht die Anwendung solcher 'allgemeinen' Begriffe u.a. die Betonung der Kontinuität etwa politischen Willens und Handelns.

lesbar ist, historisch auseinander[zu]ziehen und auf Zeitgeiste hin [zu] relativieren; [...] man muß Geltungen nur mit einem Zeitindex versehen und schon sind sie miteinander kompatibel - zwar nicht in der Sache, aber in der Zeit" (a.a.O.: 158).

Der ganze eben umrissene Argumentationsgang fußt auf dem Gedanken, daß Texte grundsätzlich aus sich selbst heraus verstanden werden könnten. Eben dieser Gedanke muß hier jedoch zurückgewiesen werden. Er muß zurückgewiesen werden, weil das hier aufgestellte Postulat, daß Kommunikationen sinnhafte Selektionen sind, auch für *Texte* zu gelten hat, andernfalls sich deren Bedeutungshaftigkeit gar nicht erklären ließe. D.h., auch für Texte hat zu gelten, daß sie ihre Bedeutung über entstehungsgeschichtliche Differenzen aufbauen, und das impliziert: Auch Texte tragen ihre Bedeutung nicht in sich, sondern können nur unter Berücksichtigung ihrer Kontextdifferenz begriffen werden. Um diesen Sachverhalt noch einmal anders zu formulieren: Wenn die sprachlichen Elemente einer Kommunikation nicht auf direktem Wege, sondern relational auf etwas verweisen - d.h. über die Differenz zu dem Kontext, den die Kommunikation im Moment ihres Erscheinens negiert - so bedeutet das, daß auch ein Text seinen Verweisungszusammenhang nur über eine zeitpunktfixierte Negationsleistung zu organisieren vermag. Dies ist eine Erkenntnis von äußerster Folgenschwere. Sie impliziert nämlich, daß Texte genauso wie mündliche Kommunikationen als semantische *Ereignisse* anzusehen sind, als bedeutungsvolle Größen mithin, deren Bedeutung in einer strikt einmaligen Text/Kontext-Differenz aufgehoben ist. So besehen kann auch nicht davon ausgegangen werden, daß Texte jedem zugänglich wären, denn die jeweilige Negativfolie der Texte wird den meisten Rezipienten nicht präsent sein. Die Negativfolie bildet immerhin das Fundament des sprachlichen Gebäudes, das der Text ist; ohne dieses Fundament bricht das Textgebäude zusammen und bleibt - pointiert ausgedrückt - lediglich ein amorpher Haufen von Wörtern übrig, eine im buchstäblichen Sinne sinnlose Anhäufung sprachlicher Bausteine. Gewiß, man kann Texte aus z.B. dem 19. Jahrhundert immer noch 'lesen', und nur allzu oft meint man sie auch zu verstehen. Aber wenn ein Rezipient die jeweilige Negativgröße dieser Texte nicht mitberücksichtigen kann, werden die von ihm konstituierten Bedeutungen mit diesen Texten als bedeutungsvollen Größen nichts gemein haben.

Die hier gemeinte Kontextgebundenheit (eigentlich müßte man sagen: Kontextdifferenzgebundenheit) von Texten kann man mitnichten aufheben, indem man auf Unzweideutigkeit und auf Standardisierungen wie den typischen wissenschaftlichen Aufsatz (vgl. Luhmann 1990: 157) setzt. Auch sog. eindeutige - wie z.B. wissenschaftliche - Texte vermögen ihren Sinn nicht anders denn auf dem Wege der Negation zu profilieren und sind denn auch keinesfalls weniger Mißverständnissen ausgesetzt als andere Texte.[10] Und ebensowenig kann man die Bedeutung eines Textes (noch auch die einer mündlichen Kommunikation) auf einen Zeitgeist verrechnen. Denn die Annahme eines Zeitgeistes würde nicht nur die faktische Vielgestaltigkeit und Widersprüchlichkeit einer historischen Periode, die Gleichzeitigkeit des Ungleichzeitigen sowie die Offenheit, die Kontingenz der Geschichte zum Verschwinden bringen. Man eliminierte in dem Falle auch die Identität des Textes, die immer eine Differenz voraussetzt und deshalb nicht aus seinem historischen Kontext heraus verstanden werden kann, sondern nur aus einer Differenz zu anderen Möglichkeiten innerhalb desselben historischen Kontextes.[11]

In diesem Abschnitt wurde quasi mit Luhmann gegen Luhmann gedacht, um zu zeigen, daß sich auch Texte als semantische Ereignisse konzeptualisieren lassen. Im folgenden soll nun dargelegt werden, welche Konsequenzen sich aus dieser Ereignishaftigkeit des Textes für die Literaturwissenschaft ergeben.

2. Konsequenzen für die Literaturwissenschaft

2.0. Text und Kontext

Schaut man sich die bisherigen literaturwissenschaftlichen Adaptationen der Luhmannschen Systemtheorie an, so fällt auf, daß sie der systemtheoretischen Kommunikationstheorie meistens eher geringeres Interesse entgegenbringen. Sie wird entweder gar nicht thematisiert (z.B. Schmidt 1989) oder im wesentlichen mit anderen Kommunikationsmodellen gleichgesetzt (Schwanitz 1987)[12] oder aber in einer nur sehr allgemeinen Form für die Sichtbarmachung im literarischen Text zum Ausdruck kommender makrosoziologischer Entwicklungen eingesetzt (Schwanitz 1990). Diese letzte Variante kommt wohl am häufigsten vor. Literarische Texte werden in dem

---

10 Vgl. dazu den Aufsatz J. Hoogeveens in diesem Band.

11 Dazu ausführlicher auf S. 44ff. Diese Überlegungen - das sei zur Vermeidung von Mißverständnissen klargestellt - widerlegen an sich natürlich nicht die Luhmannsche These, daß die Simultanpräsenz von Texten aus verschiedenen Zeiten ein Problem bilde, das durch Historisierung gelöst werde, sondern rücken diese nur in ein anderes Licht.

12 "Hence, Luhmann reaches similar conclusions regarding the relation of language and writing as Derrida" (S. 286). Zwar versucht Schwanitz auch, Luhmann und Derrida gegeneinander abzugrenzen, aber dieser Versuch ist wenig überzeugend (vgl. S. 267: "[...] the basic concept of systems theory is the same one used by such post-structuralist theories as deconstruction - difference").

Fall als künstlerische Kommunikationen definiert, die als solche dem soziokulturellen Prozeß der funktionalen Ausdifferenzierung gesellschaftlicher Kommunikationen bzw. Kommunikationszusammenhänge unterliegen. Ziel der systemtheoretischen Textinterpretation ist es dann, die in diesen Texten manifest gewordene soziale Evolution konkret an der Werkstruktur und am Werkinhalt nachzuweisen bzw. die Texte aus diesem Wandlungsprozeß und der mit ihm einhergehenden Veränderung der gesellschaftlichen Semantik (i.S. Luhmanns als Vorrat kommunikativ reproduzierbarer Themen, die durch systemspezifische Strukturen aufbewahrt werden) heraus zu deuten.[13] Dietrich Schwanitz zum Beispiel faßt das Drama als stilisierte Repräsentation von Interaktionsprogrammen (wobei Interaktion die Verständigung von Angesicht zu Angesicht meint). Diese Interaktionsprogramme seien 'gerahmt', d.h., es finde sich eine Differenz zwischen der Interaktion und all dem, was an Teilnehmern, Themen und Beiträgen nicht zugelassen werde. "Die Entstehung des Dramas", so Schwanitz, "markiert deshalb den Punkt in der sozio-kulturellen Evolution, an dem die Differenz zwischen Interaktion und Gesellschaft bewußt wird. Und die weitere Entwicklung des Dramas muß deshalb aus den Veränderungen verstanden werden, die sich daraus ergeben, daß sich im Zuge der sozio-kulturellen Evolution das Verhältnis von Interaktion und Gesellschaft laufend ändert" (Schwanitz 1990: 119). So seien die Interaktionen in der modernen Gesellschaft größtenteils durch die Bedürfnisse der sozialen Funktionssysteme wie z.B. des Rechtssystems, des Wirtschaftssystems und des politischen Systems überformt. Was an Interaktionen übrigbleibe, sei nicht mehr an bedeutende gesellschaftliche Semantik anschließbar, sei trivial. Das finde seinen Ausdruck im Theater der Moderne, das zeige, daß die Interaktionen nichts mehr repräsentierten als sich selbst. Solche Parallelisierungen von Textorganisation einerseits und makrosoziologischen Entwicklungen andererseits sind gewiß aufschlußreich, doch wird mit ihnen die entstehungsgeschichtliche Andersartigkeit der interpretierten Texte gänzlich eskamotiert. Reduziert man die Texte auf (künstlerische) Widerspiegelungen ihres historisch-gesellschaftlichen Kontextes, dann bringt man zwangsläufig ihre Eigenheit zum Verschwinden. Der von Schwanitz und anderen gewagte Sprung in das neue Paradigma der Systemtheorie landet somit im Netz der traditionellen Literaturhistoriographie. Denn ebenso wie traditionelle historische Interpretationen nimmt Schwanitz den geschichtlichen Kontext als Rahmen, vor dessen Hintergrund die Texte zu verstehen seien. Texte, so gilt in Schwanitz' literaturwissenschaftlicher Anwendung der

13 Daraus erklärt sich, daß die meisten dieser systemtheoretischen Textinterpretationen auf das 18. Jahrhundert abstellen (siehe etwa Disselbeck 1987, Fritz 1986 und Stanitzek 1989), findet doch nach Luhmann in diesem Zeitraum die wichtigste - und, müßte man wohl hinzufügen, am überzeugendsten empirisch belegbare - evolutionäre Veränderung statt, nämlich der Übergang von einer stratifikatorischen zu einer funktional differenzierten Gesellschaft.

Systemtheorie und den historischen Interpretationen gleichermaßen, entstehen immer in einem bestimmten historischen Umfeld, und diese ihre Zeitgebundenheit tangiere notwendigerweise ihre Bedeutung. Deshalb müsse ein Text immer anhand von Kenntnissen seiner Entstehungszeit interpretiert werden. An dieser Argumentation mag etwas Richtiges sein. Aus der Sicht des hier anvisierten Kommunikations- und Textbegriffs greift sie jedoch entschieden zu kurz. Sie postuliert einen organischen Zusammenhang von Text und Kontext, aufgrund dessen der Text als Produkt seines Kontexts gilt. Infolgedessen bleibt unberücksichtigt, daß ein Text seine Bedeutung in diesem Kontext aufbauen muß, was einzig möglich ist, wenn er sich von innerhalb dieses Kontextes ebenfalls vorkommenden Positionen unterscheidet. Der Text ist das Ergebnis einer Positionsfindung innerhalb eines Kontextes, mit dem er demzufolge keine Einheit bildet, sondern dem gegenüber er sich gerade profilieren muß.

Der oben gemeinte Sachverhalt läßt sich durch einen kurzen Blick auf die herkömmlichen literaturhistorischen Anthologien näher erläutern. Diese enthalten meistens nicht nur literarische Texte, sondern auch eine (literatur)historische Einleitung. Diesem 'double-barrelled approach' liegt die Annahme zugrunde, daß Texte aus der Vergangenheit nicht auf Anhieb verstanden werden könnten, weil man nicht über die nötigen Kenntnisse ihres historischen Kontextes verfüge. Einer Auswahl historischer Texte müsse demnach ein (literatur)geschichtlicher Überblick vorgeschaltet werden, um so die möglichen Verständnisbarrieren vorab aus dem Wege zu räumen. Das alles mag nicht ganz falsch sein, aber der springende Punkt ist der, daß auf diese Weise diachrone Unterschiede (d.h. die Unterschiede, die im historischen Abstand zwischen damals und heute gründen) zur alleinigen Ursache von Verständnisschwierigkeiten deklariert und die synchronen Differenzen vernachlässigt werden. Es bleibt außerhalb des Gesichtsfeldes, daß ein Text auch damals nicht für sich sprach, sondern erst dann verstanden werden konnte, wenn der Leser zu erkennen imstande war, gegen welche anderen Optionen der Text seine Bedeutung profilierte. Solche Vernachlässigung synchroner, kontext*differentieller* Beziehungen resultiert aus einem Sprachmodell, nach dem eine (im Kern) feste Wort/Ding-Relation bestehe. Es wird von einem repräsentationistischen Verhältnis zwischen Sprache und Welt ausgegangen, und unter dieser Perspektive braucht man nur die damalige Welt zu kennen, um die Verweisungsrelationen von Texten aus der Vergangenheit zu verstehen. Aus der Perspektive der hier vorgeschlagenen Kommunikationstheorie ist dem entgegenzuhalten, daß Sprache immer eine *emergente* Realität behandelt. Texte sind als historisch-konkrete Selektionen aus einem Kontext zu sehen, der als solcher erst durch die jeweilige Selektion selbst konstituiert wird. Erst über diese zeitpunktfixierte Negationsleistung organisiert ein Text seinen Verweisungszusammenhang und gewinnt er semantische Kontur. Um dies etwas vereinfachend zu verdeutlichen: Zum Verständnis eines Textes, der stürmisch die französische Revolution des Jahres 1830 feiert (bzw. dem Wortlaut nach zu feiern scheint), reichen Kenntnisse der Pariser Juli-Revolution keineswegs aus, weil der Text nicht unmittelbar, sondern über eine Differenz zu gleichzeitigen anderen Positionen auf diese Revolution verweist. Diese Negativfolie gilt es zu ermitteln, will man die inhaltliche Pointe des Textes nicht mißverstehen. Wohlgemerkt, diese Aufgabe darf nicht mit der Forderung verwechselt werden, man müßte das ganze Spektrum der Reaktionen auf die Juli-Revolution kennen, um eine bestimmte Reaktion richtig einstufen zu können. Es geht hier nicht um Einstufung, nicht um einen Vergleich mit anderen Reaktionen, sondern um die Frage nach der Bedeutungskonstituierung. Es geht darum aufzudecken, *welche die anderen Reaktionen sind*, in Absetzung von denen die Botschaft des Textes überhaupt erst ins Relief tritt. Um diesen wichtigen Punkt noch einmal mit anderen Worten zu markieren: Die hier kritisierten Anthologien behandeln Texte als der Pragmatik entzogene Größen. Doch ebenso wie andere Kommunikationen existieren auch Texte als bedeutungsvolle Einheiten nur in pragmatischen Situationen. Bedeutung liegt nicht in einer gegebenen inhaltlichen Qualität sprachlicher Zeichen begründet, sondern konstituiert sich über eine erst in einer pragmatisch-konkreten Situation selegierte Gegenüberstellung, und dieselben Wörter und Formulierungen nehmen durch unterschiedliche Gegenüberstellungen unterschiedliche Bedeutungen an. Eine historische Kontextuierung anthologisierter Texte reicht also keineswegs hin, sie verständlich zu machen, weil auch innerhalb desselben historischen Kontextes identische oder parallele Formulierungen regelrecht Entgegengesetztes bedeuten können.

2.1. Text und Subjekt

Die Einsicht, daß es keine Bedeutungen an sich, sondern nur sinnhafte Bedeutungen - d.h. Bedeutungen nach Maßgabe von Differenzen - geben kann, erfordert eine Neufassung der Beziehung zwischen Text und Autor. Es kann nämlich ein Text unter diesem Vorzeichen nicht unmittelbar seinem Autor zugerechnet werden. Damit sind wir bei dem Punkt angelangt, der für viele Kritiker der Systemtheorie das Hauptangriffsziel abgibt. Menschen (Individuen, Subjekte), so lautet der immer wieder erhobene Vorwurf, seien es doch, die kommunizierten, und da Luhmann dieses elementare Faktum verkenne, sei seine Theorie als reduktionistisch zurückzuweisen. Die folgenden Überlegungen zum Verhältnis von Text und Autor nun dienen auch dazu, diesem Einwand zu begegnen.

Zunächst: Natürlich wird nicht geleugnet, daß Kommunikation ohne Menschen nicht möglich ist, daß sie m.a.W. handelnde Subjekte impliziert. Kommunikation und Handlung sind "in der Tat nicht zu trennen" (Luhmann 1984: 193). Die Preisfrage lautet denn auch weniger 'Kommunikation oder

Handlung?' als vielmehr 'Wo setzt man theoretisch an?'.[14] Und die Antwort der Systemtheorie ist, daß man sich in unlösbare Probleme verstrickt, wenn man beim handelnden Subjekt ansetzt. Deshalb faßt die Systemtheorie Kommunikation als autonomen Prozeß, den man zur Beobachtung zwar als Handlungssystem ausflaggen muß (vgl. a.a.O.: 193), dessen Bedeutung jedoch primär als das Resultat einer Differenz zu betrachten ist und nicht schlankweg auf die Handlung einer Person abgebucht werden kann. Bedeutung läßt sich nicht auf individuelle Bewußtseinsleistungen zurückführen, und das impliziert, daß jeder handlungstheoretische Ansatz, der Bedeutung erklären möchte, zur Annahme eines überindividuellen, allgemein gültigen und vom Subjekt internalisierten linguistischen Codes (eines Sets von Regeln, die bestimmte Bedeutungsträger an bestimmte Bedeutungen koppeln) gezwungen ist. Die Annahme eines Codes, der feste (Kern-)Bedeutungen garantiert, bringt jedoch *eo ipso* die Vertauschung der eigentlichen Bedeutung von Texten mit einer kommunikationsenthobenen Buchstäblichkeit mit sich. Oder anders gewendet: Ein Code vermag nie das Problem zu lösen, was eine Kommunikation - sagen wir: ein Text - nun eigentlich thematisiert bzw. worauf sie abzielt. Die Pointe von Texten bleibt somit unerklärt. Auch die radikal-konstruktivistische Kommunikationstheorie[15] kann von dieser Kritik nicht ausgenommen werden. Sie verwirft zwar das traditionelle Kommunikationsmodell, nach dem sich Sender und Empfänger aufgrund eines gemeinsamen Codes verständigen könnten, zugunsten eines Ansatzes, der Bedeutung als Konstruktion individueller Subjekte faßt. Sie muß aber auf Konventionen zurückgreifen, um erklären zu können, wie denn Kommunikation trotz der selbstreferentiellen Geschlossenheit von Subjekten (bzw. deren Gehirnen) möglich ist.[16] Damit hat der Radikale Konstruktivismus nach einem langen erkenntnistheoretischen Umweg zu einer traditionellen Position zurückgefunden. Besonders augenfällig ist dies bei der radikal-konstruktivistischen Literaturwissenschaft (S.J. Schmidt, G. Rusch, H. Hauptmeier u.a.). Sie weist die Interpretation literarischer Texte als unwissenschaftlich zurück und stellt statt dessen auf die Analyse der diesen Texten durch Rezipienten zugewiesenen Bedeu-

14 In allgemeiner und vielleicht etwas überpointierter Formulierung könnte man auch sagen: Es geht in der Wissenschaft nicht um die Frage, wie man der Wirklichkeit am ehesten gerecht zu werden vermag, sondern um die Frage, wie man sie am fruchtbarsten analysieren kann.

15 Siehe stellvertretend für andere Schmidt (Hg.) 1987.

16 Auch Derrida vermag sich trotz einer Kritik am Code nicht vom Begriff der Konventionalität zu lösen. Er postuliert zuerst die Existenz von Konventionen als unabdingbare Voraussetzung für Bedeutung, um sodann durch Dekonstruktion die Unmöglichkeit einer absoluten Bedeutungsdeterminierung durch Konventionen aufzuzeigen. So bleibt er in negativer Abhängigkeit an den Begriff der Konventionalität gebunden. Siehe Derrida 1988 (insbes. S. 60-64 und 114-131).

tungen, auf die Analyse von Rezeptionsdokumenten also, ab. Bedeutung stecke ja nicht im Text, sondern werde erst durch handelnde Subjekte anhand von während ihrer Sozialisation internalisierten sozialen, sprachlichen, literarischen usw. Konventionen konstruiert. Unterschiedliche Bedeutungskonkretisationen werden dann als Folge unterschiedlicher Sozialisationsprozesse (Ausbildung, Erziehung, persönlicher Erfahrungen u.dgl.) der Subjekte erklärt. Gegenüber naiven hermeneutischen Ansätzen ist dieses Verfahren gewiß ein Fortschritt, doch fällt bei solcher unmittelbaren Kopplung der Rezeptionsdokumente an ihren Autor gerade der Abhebungskontext der jeweiligen Dokumente aus der Analyse heraus. Die Negativfolie eines Textes läßt sich nicht im Rückgriff auf seinen Autor und dessen Eigenschaften aufdecken und muß deshalb so lange ein blinder Fleck bleiben, als man zu analysierende Texte kurzerhand aus dem Subjekt erklärt. Aus diesem Grund hebt die Systemtheorie primär auf die *von der Kommunikation, vom Text intendierten* (im auf S. 34 erläuterten Sinne) Differenzen ab. Dies und nichts anderes ist die systemtheoretische 'Eliminierung des Subjekts', die denn auch keineswegs so spektakulär ist, wie man aufgrund mancher Kritiken der Systemtheorie meinen könnte.

Bevor das Gemeinte mit einem Beispiel verdeutlicht werden soll, sei ein kurzer Exkurs eingeschaltet. Er betrifft die von radikal-konstruktivistischen und anderen empirischen Literaturwissenschaftlern postulierte Unwissenschaftlichkeit der Interpretation literarischer Texte. Mir scheint, daß der Fokus auf den Differenzwert von Texten eine wissenschaftliche Erfassung auch literarischer Texte ermöglicht. Das 'Text-Kontext-Differenz-Modell' erlaubt es dem Wissenschaftler, den Text in sein kommunikatives Beziehungsgefüge zu placieren. Der Wissenschaftler rekurriert auf historisches Datenmaterial und (re-)konstruiert anhand dieser Daten die kommunikative Bedeutung des Textes. Textinterpretation stellt sich infolgedessen als eine theoriegeleitete Konstruktion dar. Indem dergestalt die Subjekt/Objekt-Konfundierung zugunsten eines Beobachterstandpunkts aufgegeben und die *interpretive strategy* (Fish) explizitiert wird, wird eine intersubjektiv überprüfbare Interpretation auch literarischer Werke möglich.

Wenden wir uns nun dem oben versprochenen Beispiel zu. Die systemtheoretische Umstellung vom Beobachten des Beobachters (d.h. des Subjekts und seiner Persönlichkeit) aufs Beobachten des Beobachtens (d.h. der kommunikativ prozessierten Differenz) läßt sich wohl am besten in der Anwendung auf die Rezeptionsforschung erläutern. Den meisten rezeptionsgeschichtlichen Untersuchungen präsentieren sich die Aussagen eines Rezipienten lediglich als ebensoviele Manifestationen seiner Meinung. Zum Beispiel wird jede Aussage Gutzkows zu Goethe als Ausdruck seiner Auffassung von Goethe, als Manifestation seines Goethe-Bildes begriffen. Konkret impliziert dies, daß man bei der Ermittlung von Gutzkows Meinung über Goethe zuerst all dessen Aussagen zu Goethe sammelt, um sodann aus dieser Sammlung das Gutzkowsche Goethe-Bild zu destillieren.[17] Solche Sammlung von Aussagen wird naturgemäß nur selten ein an sich völlig kohärentes Bild ergeben. Um nun die Aussagen eines Rezipienten trotz ihrer Verschiedenheit als Manifestationen von dessen Meinung begreifen zu können, stellt man meistens auf den gemeinsamen Nenner der Aussagen ab. Es werden dann die Aussagen eines Rezipienten, die kompatibel scheinen, als dessen 'eigentliche' Meinung deklariert, wogegen die restlichen Aussagen als belanglos oder unwesentlich zu betrachten seien. Die zweite Möglichkeit, heterogene Bemerkungen auf ein Gesamtbild hin zu trimmen, besteht in der Annahme einer Entwicklung des Rezipienten. Schließlich bietet sich drittens die Möglichkeit, dem Rezipienten die Ungleichartigkeit seiner Aussagen als selbstverschuldete Inkonsequenz anzulasten. An diesem hier sicherlich vereinfachend und vielleicht sogar karikierend, aber doch, wie ich meine, im Kern zutreffend umrissenen traditionellen rezeptionsanalytischen Argumentationsmuster zeigt sich, wie problematisch die unmittelbare Verknüpfung von Texten mit ihrem Autor ist. Solche Rezeptionsanalyse, die Texte (Aussagen, Rezeptionen) auf deren *auctor intellectualis* abbucht, neutralisiert nämlich die entstehungsdistinktive Schärfe der jeweiligen Texte. Die unmittelbare Kopplung von Texten über Goethe an das eine, quasi hinter der Kommunikation liegende Goethe-Bild ihres Urhebers verfehlt die kommunikative Dimension dieser Texte, die darin besteht, daß sie sich innerhalb eines ganz spezifischen historisch-konkreten Kontextes bewähren müssen. Jede Kommunikation resultiert aus einer Positionssuche innerhalb eines einmaligen Kontextes, und gewinnt ihre Bedeutung erst dadurch, daß sie sich zu anderen Positionen in diesem Kontext different verhält. Bedeutung läßt sich also nicht aus dem Autor erklären, sondern ist das Ergebnis einer Position innerhalb eines nur momenthaft konstituierten Spannungsverhältnisses kommunikativer Zusammenhänge. Die These, die Aussagen Gutzkows zu Goethe seien Ausdruck seiner Meinung von Goethe, ist danach nicht verfehlt, aber greift kommunikationstheoretisch zu kurz, weil in der Allgemeinheit dieser These die Unverwechselbarkeit der jeweiligen Differenzen, die in den unterschiedlichen Kontexten thematisiert wurden, unterschlagen wird. Um demselben Punkt eine andere Drehung zu geben: Die hier zur Diskussion stehende Rezeptionsanalyse reduziert die Komplexität von Kommunikationsprozessen, da sie alle Aussagen über Goethe (um bei diesem Beispiel zu bleiben) auf ein angeblich perennierendes Thema - eben die Goethe-Rezeption *per se* - hin projiziert. Dergestalt wird verdeckt, daß die Aussagen zu Goethe in

17 Indiziert wird solches Verfahren bereits durch den Gebrauch von Wörtern wie *schon*, *bereits* oder *noch* ('Bereits 1828 beurteilte Heine Goethe als ...', 'Schon 1832 fand Gutzkow ..., und noch 1838 meinte er ...'), mit deren Hilfe die verschiedenen Aussagen zu Goethe zu Ausdrücken eines einzigen Goethe-Bildes transformiert werden.

ganz unterschiedlichen Diskussionssituationen gemacht wurden, mithin Beiträge zu ganz unterschiedlichen Themen waren. Doch die Bedeutung der verschiedenen Aussagen ist nun einmal in der Relation zu den jeweiligen Problemen bzw. Fragen aufgehoben, auf die sie als Antworten gemeint waren, weil die Aussagen nur durch den Ausschluß anderer Antworten bzw. Positionen in diesen historisch-einmaligen Diskursen 'Sinn' haben. Kurz, es wird an der traditionellen Rezeptionsforschung kritisiert, daß sie Texte, die divergierenden Diskursen angehören, zu ein und derselben Pointe zusammenfaßt und so den kommunikativen Einmaligkeitscharakter dieser Texte zum Verschwinden bringt.

2.2. Schlußbemerkungen zur Interpretationspraxis

Ziehen wir Bilanz. Jeder Text konstituiert seine Bedeutung erst über eine historisch-konkrete Negation anderer Möglichkeiten. Das zeitigt die Notwendigkeit einer radikalen Temporalisierung der Semantik: Texte müssen in semantischer Hinsicht als zeitlich bestandslos betrachtet werden, weil ihre Bedeutung in einer zeitpunktfixierten Text/Kontext-Differenz aufgeht. Die Annahme Luhmanns und anderer, daß ein literarischer Text (bzw. ein Kunstwerk allgemein) "seinen eigenen Kontext" (Luhmann 1986b: 630) bilde, kann also nicht zutreffen, da auch literarische Texte ohne Abhebungskontext bedeutungslos blieben. Auch literarische Texte basieren auf dem Prinzip der Selektion bzw. Negation. Für die Interpretationspraxis bedeutet dies, daß literarische Texte genausowenig wie andere Texte aus sich selbst oder aus ihrem Kontext oder aus ihrem Autor oder auch aus einer Kombination dieser drei Größen erklärt werden können. Dem Literaturwissenschaftler obliegt es vielmehr, das einmalige Spannungsverhältnis zwischen einem Text und dessen Kontext sichtbar zu machen. Er muß die Selektionsleistung des Textes rekonstruieren, um so die ursprünglichen kommunikativen Beziehungen dieses Textes ans Licht zu rücken. Interpretation ist mithin in erster Linie als Rekonstruktion der jeweiligen Negativfolie zu begreifen, gegenüber der Texte ihre Bedeutung erlangen. Solche Interpretation ist möglich durch eine Analyse aller verfügbaren einschlägigen Dokumente: des Textes selbst, von Äußerungen des Autors sowie von Rezeptionen des Textes. Dabei sind Äußerungen des Autors sowie Rezeptionen ausschließlich als heuristische Mittel zur Eruierung der Textbedeutung zu betrachten, nicht jedoch als deren Determinanten. Sie können also keinesfalls immer und direkt an den Text rückgekoppelt werden.

Selbstverständlich können Rezipienten einem literarischen Text prinzipiell jede Bedeutung zuordnen, und tatsächlich weisen faktisch vorliegende Rezeptionen gleich welchen literarischen Textes eine fast unüberschaubare Diversität auf. Solche 'Deutungen' sagen jedoch wenig oder nichts über den Text. Die Bedeutung des Textes läßt sich ausschließlich eruieren, wenn man den Text nicht aus seinem rhetorischen Zusammenhang herauslöst, und dies erfordert die Beantwortung der Frage, welche ein- und damaligen Möglichkeiten der Text in Frage stellt bzw. negiert. Nur über eine Rekonstruktion ihrer jeweiligen Selektionsleistungen vermag man Texten als kommunikativ bedeutungsvollen Größen gerecht zu werden.

Literatur

de Berg, Henk (1991): Text - Kontext - Differenz. Ein Vorschlag zur Anwendung der Luhmannschen Systemtheorie in der Literaturwissenschaft, in: *SPIEL 10 (2)*, S. 191-206.

Derrida, Jacques (1988): *Limited Inc*, Evanston.

Disselbeck, Klaus (1987): *Geschmack und Kunst. Eine systemtheoretische Untersuchung zu Schillers Briefen 'Über die ästhetische Erziehung des Menschen'*, Opladen.

Fritz, Horst (1986): Systemtheoretische Überlegungen zur Aufklärungskomödie, in: *Kontroversen, alte und neue. Akten des VII. Internationalen Germanistenkongresses Bd. 9*, hg. von Albrecht Schöne, Tübingen, S. 3-10.

Giesecke, Michael (1987): Die 'Grundfragen der Allgemeinen Sprachwissenschaft' und die alternativen Antworten einer systemischen Kommunikationstheorie, in: *Theorie als Passion. Niklas Luhmann zum 60. Geburtstag*, hg. von Dirk Baecker et al., Frankfurt/M., S. 269-297.

Hoogeveen, Jos/Würzner, Hans (Hg.) (1986): *Ideologie und Literatur(wissenschaft)*, Amsterdam (= Amsterdamer Publikationen zur Sprache und Literatur 71).

Kneer, Georg/Nassehi, Armin (1991): Verstehen des Verstehens. Eine systemtheoretische Revision der Hermeneutik, in: *Zeitschrift für Soziologie 20 (5)*, S. 341-356.

Kraft, Volker (1989): *Systemtheorie des Verstehens*, Frankfurt/M.

Lübbe, Hermann (1972): Der Streit um Worte. Sprache und Politik, in: H.L.: *Bewußtsein in Geschichten. Studien zur Phänomenologie der Subjektivität. Mach - Husserl - Schapp - Wittgenstein*, Freiburg, S. 132-167.

Luhmann, Niklas (1971): Sinn als Grundbegriff der Soziologie, in: Jürgen Habermas/N.L.: *Theorie der Gesellschaft oder Sozialtechnologie - Was leistet die Systemforschung ?* Frankfurt/M., S. 25-100.

Luhmann, Niklas (1981a): Die Unwahrscheinlichkeit der Kommunikation, in: N.L.: *Soziologische Aufklärung 3*, Opladen, S. 25-34.

Luhmann, Niklas (1981b): Über die Funktion der Negation in sinnkonstituierenden Systemen, in: N.L.: *Soziologische Aufklärung 3*, Opladen, S. 35-49.

Luhmann, Niklas (1981c): Der politische Code. 'Konservativ' und 'progressiv' in systemtheoretischer Sicht, in: N.L.: *Soziologische Aufklärung 3*, Opladen, S. 267-286.

Luhmann, Niklas (1984): *Soziale Systeme. Grundriß einer allgemeinen Theorie*, Frankfurt/M.

Luhmann, Niklas (1986a): Systeme verstehen Systeme, in: *Zwischen Intransparenz und Verstehen. Fragen an die Pädagogik*, hg. von N.L. und Karl Eberhard Schorr, Frankfurt/M., S. 72-117.

Luhmann, Niklas (1986b): Das Kunstwerk und die Selbstreproduktion der Kunst, in: *Stil. Geschichten und Funktionen eines kulturwissenschaftlichen Diskurselements*, hg. von Hans

Ulrich Gumbrecht und K. Ludwig Pfeiffer, Frankfurt/M., S. 620-672.

Luhmann, Niklas (1987): Was ist Kommunikation ?, in: *Information Philosophie 1*, S. 4-16.

Luhmann, Niklas (1990): *Die Wissenschaft der Gesellschaft*, Frankfurt/M.

Ruesch, Jurgen/Bateson, Gregory (1951): *Communication. The Social Matrix of Psychiatry*, New York.

de Saussure, Ferdinand (1916): *Cours de linguistique générale*, hg. von Charles Bally und Albert Sechehaye, Paris 1960 (zuerst ersch. 1916).

Schmidt, Siegfried J. (Hg.) (1987): *Der Diskurs des Radikalen Konstruktivismus*, Frankfurt/M.

Schmidt, Siegfried J. (1989): *Die Selbstorganisation des Sozialsystems Literatur im 18. Jahrhundert*, Frankfurt/M.

Schwanitz, Dietrich (1987): Systems Theory and the Environment of Theory, in: *The Current in Criticism. Essays on the Present and Future of Literary Theory*, hg. von Clayton Koelb and Virgil Lokke, West Lafayette, S. 265-294.

Schwanitz, Dietrich (1990): *Systemtheorie und Literatur. Ein neues Paradigma*, Opladen.

Stanitzek, Georg (1989): *Blödigkeit: Beschreibungen des Individuums im 18. Jahrhundert*, Tübingen (= Hermaea: Germanistische Forschungen, Neue Folge Bd. 60).

Stanitzek, Georg (1990): Rezension zu Niklas Luhmann/Peter Fuchs: Reden und Schweigen, Frankfurt/M. 1989, in: *Arbitrium 8 (3)*, S. 278-283.

Topitsch, Ernst (1960): Über Leerformeln. Zur Pragmatik des Sprachgebrauchs in Philosophie und politischer Theorie, in: *Probleme der Wissenschaftstheorie. Festschrift für V. Kraft*, hg. von E.T., Wien, S. 233-264.

Watzlawick, Paul/Beavin, Janet H./Jackson, Don D. (1967): *Pragmatics of Human Communication. A Study of Interactional Patterns, Pathologies, and Paradoxes*, New York.

Kunstgeschichte der modernen Kunst: Periodisierung oder Codierung?*

Kitty Zijlmans

I

Läßt sich heute, da wir im letzten Jahrzehnt des zwanzigsten Jahrhunderts angelangt sind, erneut von einem fin-de-siècle-Gefühl sprechen? Am Ende eines Jahrhunderts jedenfalls verspürt so mancher den Drang, das gesamte Jahrhundert noch einmal zu überblicken und sich die Frage zu stellen, worin denn nun eigentlich es sich von früheren unterscheide. Wie künstlich unsere Zeiteinteilung auch sein mag (schließlich ist kaum zu erwarten, daß das Weltgeschehen sich um die nahende Jahrhundertwende schert), man ist zumal am Ende und Beginn von Jahrhunderten geneigt, in abgerundeten Zeitaltern zu denken: dem Jahrhundert der Kreuzzüge, dem Mittelalter, dem Jahrhundert der Aufklärung, der Periode der Romantik usw. Solch Gefühl verstärkt sich noch, wo wir, wie nun der Fall, vor dem Abschluß gar eines Jahrtausends stehen.

Es ist auffällig, daß bei einem derartigen Einteilungsverfahren mit scharf markiertem Beginn und Ende immer von *einem* dominanten Sachverhalt ausgegangen wird, der als größter gemeinsamer Nenner einer Periode aufgefaßt wird. So wird z.B. das 18. Jahrhundert als das Jahrhundert der Aufklärung bezeichnet, weil aufgeklärtes Denken für jenes Jahrhundert als so typisch betrachtet wird, daß Konsens darüber besteht, das gesamte Jahrhundert nach ihm zu benennen. Abgesehen einmal davon, daß derartige Qualifikationen immer erst im nachhinein und nie vom jeweiligen Zeitalter selber ersonnen werden, bedingt solche einwertige Codierung an sich bereits, daß eine Zeit zu einer Einheit zusammenschmilzt, die sich eben aufgrund dieses Periodencodes von anderen Zeiten abhebt.

In der Kunstgeschichte ist dies die gängige Praxis. Betrachtet man kunsthistorische Übersichtsdarstellungen, so wird - ganz allgemein und ohne Rücksicht auf selbstverständlich vorhandene Akzentunterschiede gesprochen - die Geschichte der Kunst in mehr oder weniger deutlich abgegrenzte

* Dieser Beitrag wurde von Matthias Prangel aus dem Niederländischen übertragen.

Perioden, gewissermaßen in 'blockbusters' gegliedert: Klassisches Altertum, Ottonische Kunst, Romanik, Gotik, Renaissance, Manierismus, Barock, Klassizismus, Rokoko, Neuklassizismus, Romantik etc. Innerhalb solcher stilhistorischen Einteilung werden dann Differenzierungen in Frühperiode, Blüteperiode und Spätperiode vorgenommen, innerhalb welcher schließlich noch weiterreichende Nuancen angebracht werden. Von der Romantik an werden die Dinge zwar komplizierter, da die Strömungen sich in immer höherem Tempo ablösen. Wie pluriform die Kunst aber auch von der zweiten Hälfte des 19. Jahrhunderts an wird, immer ist es *ein* bestimmter Stil, der als für eine Zeit typisch angesehen wird: Impressionismus, Expressionismus, Surrealismus, Abstrakter Expressionismus, um nur etliche zu nennen. Es werden diese Stile an eine bestimmte Zeit gekoppelt und häufig sogar mit ihr identifiziert, was dann beispielsweise dazu führt, daß der Begriff Impressionismus sowohl zur Stilandeutung wie auch zur Periodenandeutung herhalten muß, Stil und Periode also zusammenfallen. Die Perioden werden mittels fester Zeit- und Stilzäsuren abgegrenzt, die gewissermaßen als Eichpunkte auf der Zeitkoordinate eingraviert werden.

Es ist der Kunsthistoriker, der in dem Versuch, die Entwicklung der Kunst in den Griff zu bekommen, Perioden unterscheidet. Da er die Geschichte niemals von innen her, als deren Teilnehmer also erzählen kann (was der Künstler mit seiner Kunst eben wohl tut), sondern die Geschehnisse und Entwicklungen auf dem Gebiet der bildenden Kunst in Vergangenheit und Gegenwart immer von außen, von der Position des kunsthistorischen Beobachters her beschreibt, kommt er notwendigerweise nicht ohne Beschreibungskategorien aus. Genau an dieser Stelle entsteht das Problem der Periodisierung, da sich mit dem Projekt der Untersuchung und Beschreibung einer kunsthistorischen Periode eben unausweichlich die Frage nach der zu wählenden Periodisierungskategorie stellt: Wie grenzt man Perioden ein, und ist es überhaupt statthaft, in Perioden zu denken?

Dies ist ein theoretisches Problem der Kunstgeschichtsschreibung, kein Problem hingegen des Systems der Kunst selber.[1] Die Kunstgeschichtsschreibung als wissenschaftliche Disziplin kümmert sich um die Analyse der Entwicklungen innerhalb des Systems Kunst. Für die Kunst selber aber gilt,

---

1 Diese Einsicht stammt von Niklas Luhmann, der in seinem Aufsatz 'Das Kunstwerk und die Selbstreproduktion der Kunst' das Problem des 'Stils' und des Zusammenhangs von Kunstwerken dadurch zu lösen versucht, daß er den Stilbegriff *funktional* definiert: "Mit unserer funktionalen Bestimmung des Stilbegriffs umgehen wir auch die viel diskutierte Frage: ob Stile eine ganze Epoche beherrschen müssen, um ihren historischen Auftrag zu erfüllen, oder ob dies weder nötig noch zu wünschen sei. Dies ist mehr ein Problem für die Kunstgeschichtsschreibung und weniger ein Problem für die Kunst selbst" (Luhmann 1986: 632-633).

daß sie zu jedem Zeitpunkt ihrer Geschichte immer weitaus komplexer[2] war, als die Kunstgeschichtsschreibung sie von der Position ihrer theoriegeleiteten Selektivität her zu beschreiben vermag. Beide Systeme laufen zudem in unterschiedlichem Tempo ab, jedes seiner eigenen Entwicklung und seinem eigenen Rhytmus gehorchend. Beide vermögen sich gegenseitig zu beschreiben, fallen aber ebensowenig zusammen wie etwa die Geschichte der Kunst mit der Vergangenheit. Dementsprechend wird die Kunst im vorliegenden Beitrag denn auch nicht vom System Kunst her (d.h. nicht unter der Perspektive schön/häßlich) betrachtet, sondern aus der Perspektive des Systems Wissenschaft. In der Wissenschaft wird unter dem Vorzeichen 'theoriegeleiteter Wahrnehmung' über soziale Wirklichkeit kommuniziert, zu der auch die Kunst gehört. Die Kunstgeschichtsschreibung ist dann als Teil des Funktionssystems Wissenschaft zu betrachten.

Diese systemanalytischen Gedanken basieren auf dem umfangreichen Theoriegebäude Niklas Luhmanns, der die westliche Gesellschaft als ein komplexes Gebilde auffaßt, das sich aus funktional ausdifferenzierten Teilsystemen wie Ökonomie, Recht, Politik, Kunst etc. zusammensetzt. Diese Funktionssysteme der Gesamtgesellschaft werden durch Kommunikationen erzeugt. Für das System Kunst bedeutet das, daß dieses nicht durch die Summe aller Kunstwerke konstituiert wird, sondern durch die Summe aller Kommunikationen über Kunst. Kunst hat danach nicht als ontologische Gegebenheit zu gelten, sondern als Kommunikationskategorie: Etwas wird Kunst durch die besondere Art, in der über es kommuniziert wird, durch eine Kommunikation nämlich, die sich aufgrund ihrer funktionalen Leitdifferenz schön/häßlich von anderen Kommunikationen in anderen Systemen unterscheidet. Erst durch Kommunikation wird aus Kunst soziale Wirklichkeit.

Für die Kunstgeschichtsschreibung bedeutet dies, daß man vom System Wissenschaft her die Ausfüllung dieses Codes (= Leitdifferenz) in seiner spezifischen spatio-temporalen Kontextbindung zu analysieren hat, wobei jeweils von mindestens zwei Positionen auszugehen ist: der einen Position in Differenz zu einer anderen.[3] Diese Einsicht kann schon für das hier thematisierte kunsthistorische Geschäft der Periodisierung nicht ohne Folgen bleiben, bedeutet aber darüber hinaus für die gesamte Kunstgeschichte die

2 Einen guten Einblick in die Komplexität einer Periode gibt Thomas Nipperdey in seinem Aufsatz '1933 und die Kontinuität der deutschen Geschichte', in dem er verdeutlicht, daß die diskontinuierliche Beschreibung einer Periode den verwickelten Zusammenhängen verschiedenster Entwicklungslinien mehr Recht widerfahren läßt als der Versuch, die bewußte Periode auf Kontinuitäten festzulegen. Auch für die Kunstgeschichte könnte dieses Modell, wie mir scheint, äußerst fruchtbar sein. Siehe Nipperdey 1986: 186-206.

3 Vgl. in puncto allgemeiner Theoriebildung Luhmann 1984, in puncto spezifisch kunsthistorischer Problematik Luhmann 1986 und Hoogeveen 1986, in puncto kunsthistorischer Anwendung der Luhmannschen Theorie Zijlmans 1990.

Herausforderung, ihr Material neu zu ordnen. Soll eine Kunstäußerung in ihrer Identität sichtbar gemacht werden, so ist grundsätzlich immer auch deren kontemporärer Oppositionsbegriff im Auge zu behalten.

Der in der Kunstgeschichte üblichen Periodisierungspraxis aufgrund einwertiger Periodencodes und Kunstauffassungen will ich hier also eine Periodisierungspraxis aufgrund binärer Periodencodes entgegenstellen und untersuchen, inwieweit es auf solcher Basis möglich ist, in der Kunstgeschichte 'abgegrenzte Zeitabschnitte' zu unterscheiden. Daneben soll untersucht werden, ob sich möglicherweise gar eine Konkretisierung des Codes schön/häßlich aufzeigen läßt, die geeignet wäre, das gesamte zwanzigste Jahrhundert von allen vorangegangenen abzugrenzen.

Bevor ich mich diesem Problem zuwende, will ich jedoch zunächst auf die gängige kunsthistorische Periodisierungspraxis eingehen (II und III), in der eine traditionelle Auffassung von der Entwicklung der Kunst reflektiert wird. Diese Praxis fußt auf einem traditionsreichen stilgeschichtlichen Konzept[4], das bis auf den heutigen Tag virulent geblieben ist. Anschließend will ich diese traditionelle Auffassung vor dem Hintergrund des oben skizzierten systemtheoretischen Konzepts problematisieren (IV). Dieses Konzept ist noch relativ jung und geht von Erkenntnissen aus, die von der Kybernetik und Informationstheorie gewonnen wurden. Die folgenden Ausführungen sind denn auch eher als ein erster Versuch zu werten, das Denken in traditionellen Stileinheiten im Rahmen der Kunstgeschichte zugunsten eines auf dem Differenzprinzip basierenden Ansatzes zu überwinden.

II

Die kunsthistorische Literatur zum zwanzigsten Jahrhundert steht überwiegend im Zeichen der modernen Kunst. Das Jahrhundert wird da als ein solches beschrieben, in dem sich die moderne Kunst zu einem weit gefächerten Spektrum von Äußerungsmöglichkeiten entwickelt hat, die sich in einer fast unüberschaubaren Vielfalt der Stile und 'Ismen' manifestieren.[5]

---

4 Stilgeschichte als kunsthistorische Methode geht auf Heinrich Wölfflin zurück, der zur Unterscheidung von Stilen aufgrund formaler Merkmale gelangte (Wölfflin 1915). Stilgeschichte als kunsthistorische Methode hat noch heute wenig von ihrer Popularität eingebüßt. Vgl. auch Halbertsma 1991.

5 Dies gelangt sowohl in Einzelstudien als auch in Übersichtsdarstellungen zum Ausdruck. Um nur etliche viel verwendete kunsthistorische Übersichtsdarstellungen zu nennen: Honour/Fleming 1991, Janson 1986, Arnason 1986, Hamilton 1972, Thomas 1988, Elsen 1981, Wagner (Hg.) 1991, Wheeler 1991.
Natürlich finden sich auch Ausnahmen. Als eine solche hat etwa zu gelten: Varnedoe 1990. Varnedoe behandelt in dieser Arbeit die moderne Kunst (global vom Impressionismus bis zur

Es will scheinen, als habe man in diesem Jahrhundert intensiver als je zuvor nach neuen Materialien, Wegen und Möglichkeiten der Kunst gesucht. Vornehmlich an diesem Sachverhalt orientiert sich die Kunstgeschichtsschreibung denn auch. Wer immer sich mit der Kunst des Westens auseinandersetzt, richtet sein Interesse fast ausschließlich auf die Entwicklung der 'Ismen', auf das, was sich änderte, nicht aber auf das, was blieb. Das bedeutet, daß die moderne Kunst als ein zu immer größerer Pluriformität voranschreitender Komplex erscheint. Einerseits unterscheiden sich all jene Stile und Richtungen voneinander mehr oder weniger durch ihre Suche nach formaler, materialer oder inhaltlicher Innovation, andererseits ist es auch genau diese Innovation, die sie verbindet. Es stiftet also der Innovationsdrang gleichermaßen Unterschied wie Gemeinsamkeit.

Im Grunde geht es diesen traditionellen Beschreibungsmodellen um nur marginale Unterschiede. Wie stark oder geringfügig sich die Strömungen, Tendenzen, Stile auch voneinander unterscheiden mögen, es geht ihnen letztlich immer um eine andere Ausfüllung dessen, was jeweils als modern bezeichnet wird. Das zwanzigste Jahrhundert wird also in der Kunstgeschichte im wesentlichen nicht nur unter dem Gesichtspunkt der Entwicklung der modernen Kunst, sondern schlechthin als das Jahrhundert der modernen Kunst beschrieben: Moderne als Stilbezeichnung und Periodencode des Jahrhunderts. Läßt sich das Zeitalter nun aufgrund solcher Etikettierung vom vorangegangenen abgrenzen und zwischen beiden eine Zäsur ansetzen?

III

Ein Denken in Perioden impliziert notwendigerweise die Bezeichnung von Bruchstellen. Wenn das zwanzigste Jahrhundert aber nun als Jahrhundert der modernen Kunst oder kurz als Moderne gefaßt wird, wo und worin, so wäre zu fragen, läge dann der Bruch mit der Vergangenheit? Wann zuerst manifestierte sich in der Kunst eine Form, die nicht mehr mit den Kriterien der bis dahin geltenden Kunstauffassung beschrieben werden kann und für die statt dessen ganz neue Maßstäbe galten? In der oben genannten Literatur wird häufig auf die Mitte des neunzehnten Jahrhunderts verwiesen, eine Zeit, zu welcher, nach der Blüte der Neostile (Historismus), eine realistische, zeitgemäße Kunst aufkommt, die nicht länger an den Stilen verflossener Epochen orientiert ist, sondern ausdrücklich am hic et nunc mit

---

Gegenwart), versucht sich jedoch von einem Denken in Stilbegriffen zu lösen, indem er die moderne Kunst um vier Themen gruppiert (near and far; fragmentation and repetition; primitivism; the flight of the mind).

seinen ureigensten Themen und Ausdrucksbedürfnissen.[6] Der Realismus wird da als schroffer Bruch mit der Vergangenheit betrachtet, als Abschluß von Romantik und Historismus und als Beginn der modernen Kunst. In ihm, so vernimmt man, habe man die Wurzeln der Moderne zu suchen.

Dem stilhistorischen Einteilungsverfahren entsprechend läßt sich dann folgende Entwicklungslinie zeichnen: Die Moderne setzt in der zweiten Hälfte des neunzehnten Jahrhunderts mit dem Realismus und dem sich unmittelbar anschließenden Impressionismus (Früh-Moderne) ein, gelangt unter immer weiter reichender Verfeinerung des modernen Kunststils im Laufe des zwanzigsten Jahrhunderts zu voller Entfaltung und Konsolidierung (Hoch-Moderne zwischen 1900 und 1920), erlebt nach dem Zweiten Weltkrieg eine erneute Blüte (Spät-Moderne) und erreicht in den letzten Jahrzehnten des Jahrhunderts ihr Ende. Es ist dies eine stilgeschichtliche Gliederung, der das zwanzigste Jahrhundert genauso als das Jahrhundert der Moderne erscheint wie etwa das fünfzehnte Jahrhundert als das der Renaissance, das siebzehnte als das des Barock und das neunzehnte als das von Romantik und Historismus samt ersten Anzeichen der Moderne. Kurz, die Moderne als Einheit von Stil- und Periodencode umfaßt nach diesem Einteilungsverfahren global betrachtet die Zeit von 1850-1990.

Auch wenn natürlich auf die Unterschiede zwischen den diversen Strömungen hingewiesen wird, so läßt sich in der kunsthistorischen Literatur über jene Zeit doch erhebliche Übereinstimmung hinsichtlich Art und Ausmaß der Innovationstendenzen in der modernen Kunst auf formaler wie inhaltlicher Ebene feststellen. Was aber meist übersehen wird, das sind die kontemporären Oppositonen, gegen deren Hintergrund sich die Moderne profilierte oder zu profilieren suchte. Der Triumph der Innovation ist für die gängige Kunstgeschichtsschreibung das wesentliche, alle Stile verbindende Merkmal der Moderne. Das jedoch führt zu einer einseitigen Darstellung der Dinge, da sich das Augenmerk immer auf nur die eine Seite des binär codierten Kunstsystems richtet: auf jene künstlerischen Äußerungen eben, die sich als innovativ manifestieren. Gegen den Hintergrund welcher anderen Kunstäußerungen aber findet jene Profilierung statt?

Um ganz allgemein zu verdeutlichen, daß die zahlreichen Strömungen der Moderne sich in erster Instanz hinsichtlich ihres Gegenbegriffs voneinander unterscheiden, sei ein Beispiel gegeben (wobei unberücksichtigt bleibt, daß natürlich auch der Begriff 'modern' in sich variable Bedeutung besitzt): Die Innovation, wie sie sich im Realismus und Impressionismus des neunzehnten Jahrhunderts äußerte, war primär dissidenter Natur. Künstler wie Courbet, Manet und Pissarro agierten damals scharf gegen das Diktat der offiziellen Akademien und Salons und forderten für sich das Recht, sich nach eigenem Gusto zu artikulieren. Das hatte zur Folge, daß ihre Werke

---

6 Vgl. u.a. Nochlin 1971.

für die jährlichen Ausstellungen der offiziellen Salons in Paris abgelehnt und demzufolge weder ausgestellt noch verkauft wurden. 1863 war die Menge der abgelehnten Werke derartig angeschwollen, daß es auf Anregung von Napoleon III. einmalig zu einem Salon des Refusés kam. Hier wurde die 'alternative' Kunst erstmals der Öffentlichkeit vorgestellt, das heißt, ihre Existenz wurde, wenn auch außerhalb des offiziellen Salons, zugegeben. Letztlich aber ging es natürlich um mehr, nämlich um Aufnahme und Anerkennung auch auf offizieller Ebene[7]. Als diese ausblieb, begannen die Künstler im Laufe der sechziger und siebziger Jahre ihre eigenen Ausstellungen zu organisieren und entwickelte sich langsam ein alternativer Bereich, innerhalb dessen man sich gegenseitig bewundern konnte, dem aber von Seiten des Salons, der Akademie und der (offiziellen) Kunstkritik nichts als Spott zuteil wurde. Dennoch wuchs dieser Bereich und war schließlich als feste Größe nicht in, sondern neben den offiziellen Institutionen nicht mehr wegzudenken. Dabei behielt er seinen dissidenten Charakter, während Akademie und Salon auch weiterhin die tonangebenden Kräfte blieben.

Es ist auffällig, daß diese scharf oppositionelle Konstellation in der heute dominanten Kunstgeschichtsschreibung unsichtbar geworden ist und die zweite Hälfte des neunzehnten Jahrhunderts überwiegend als eine Periode des aufkommenden und hernach triumphierenden Realismus, Impressionismus und sonstiger Ismen (als Phänomen also der Moderne) beschrieben wird und kaum jemals umgekehrt als Blütezeit der Historienmalerei und Akademiekunst, die nur gelegentlich von einigen Neuerern gestört wurde. Für diese Darstellung ist zweifellos eine kunsthistorische Forschung verantwortlich, die moderne Kunstentwicklungen auf Kosten der Tradition einseitig in den Mittelpunkt rückte.[8]

Diese einseitige Akzentuierung der modernen Kunst findet sich in der Kunstgeschichtsschreibung über das zwanzigste Jahrhundert in nur noch verschärfter Form. Die Kunst des zwanzigsten Jahrhunderts wird dort so gut wie ausschließlich unter den Stichwörtern von Moderne und Avantgarde abgehandelt. Die Begriffe Avantgarde und Moderne sollen hier nicht weiter

7 Siehe u.a. Denvir (Hg.) 1987. Bei der Entwicklung des alternativen Kunstbereichs spielte erstmals der Kunsthandel eine große Rolle. Ohne den Kunsthändler Paul Durand-Ruel wäre es für die Impressionisten sehr viel schwieriger gewesen, (internationale) Bekanntheit zu erlangen. Der Kunsthandel als wichtige Vermittlungsinstanz zwischen Künstler und Sammler (privat ebenso wie institutionalisiert) nimmt von hier seinen Ausgang.

8 Diese besondere Betonung der modernen Entwicklungen scheint sich in der Verlängerung der positivistischen Auffassung des neunzehnten Jahrhunderts zu bewegen, daß Veränderung und Fortschritt als spiralförmig emporsteigend zu begreifen seien.

zur Diskussion gestellt werden[9]. Worum es mir vorrangig geht, das ist die sich bei Durchsicht der kunsthistorischen Literatur ergebende Beobachtung, daß es der Drang nach Innovation war, der das Bild von der bildenden Kunst des zwanzigsten Jahrhunderts bestimmte. Immanent wird die moderne Kunst zwar in aller Ausführlichkeit beschrieben. Gegen welchen Kunstbegriff sich die moderne Kunst wendete bzw. in welcher Bedeutung der Begriff 'modern' eingesetzt wurde, das indessen bleibt häufig genug unklar. Denn wo von einem einwertigen Periodencode ausgegangen wird, kann es nicht ausbleiben, daß immer nur die eine Seite der historischen Bruchstellen in Augenschein genommen wird.

Bevor ich diese einwertige Periodisierungspraxis in Abschnitt IV durch das Konzept einer binären Codierung ersetze, soll zunächst kurz auf die möglichen Ursachen dieser einseitigen Akzentuierung der Kunst des zwanzigsten Jahrhunderts eingegangen werden.

Die Auffassung von der Moderne als dem konstituierenden Faktor der Kunst des zwanzigsten Jahrhunderts ist nicht nur das Ergebnis gewisser kunsthistorischer Vorstellungen von der Entwicklung der Kunst, wie sie das zwanzigste Jahrhundert selber entwickelt hat, sondern hängt entschieden auch mit der Institutionalisierung der Kunst zusammen. Unverkennbar haben Kunsthandel, Museum und Mammutausstellungen im zwanzigsten Jahrhundert großen Einfluß auf die Begründung eines Kunstbegriffs gehabt, in dessen Mittelpunkt der Aspekt der Moderne steht. Bereits seit der zweiten Hälfte des neunzehnten Jahrhunderts begann der Kunsthandel bei der Verbreitung zeitgenössischer (dissidenter) Kunst eine Rolle zu spielen. Zwar war das Phänomen des Kunsthandels als solches längst bekannt. Der Handel mit nicht etablierter Kunst setzte aber erst um 1850 ein. Da man die vom allgemeinen Kunstkonsens abweichende Kunst über die offiziellen Kanäle nicht an den Mann bringen konnte, waren es die Kunsthändler, die diese Aufgabe auf sich nahmen. Paul Durand-Ruel wurde in diesem Zusammenhang bereits als wichtiger Vermittler der Impressionisten genannt (s. Anmerkung 7), und es setzte sich dieser Trend in den nächsten Jahrzehnten fort. Aus dem zwanzigsten Jahrhundert ist der Kunsthandel dann nicht mehr wegzudenken. Bis lange nach dem Zweiten Weltkrieg hat er die Funktion gehabt, neues Talent und neue Wege in der Kunst aufzuspüren und vorzustellen, eine Funktion, die heute vielfach von den Museen für moderne Kunst übernommen zu sein scheint. Der Kunsthandel indessen ist keine

9 Der Begriff der Avantgarde (und im Zusammenhang damit jener der Moderne) ist bereits seit langer Zeit ein Diskussionsthema der Kunstwissenschaft, und der Begriff wird denn auch auf unterschiedlichste Weise definiert und verwendet. Siehe u.a. Crane 1987: 11-17. Ich verwende die Begriffe Avantgarde und Moderne hier nicht mit spezifischer Konnotierung, sondern als allgemeine Bezeichnung für künstlerische Strömungen und Tendenzen, die auf inhaltlicher oder formaler Ebene neue Einsichten und Konzepte angeboten haben. Siehe ferner im Hinblick auf die Begriffe Avantgarde und Moderne: Bürger 1974, Buchloh u.a. (Hg.) 1983.

ideelle Einrichtung, sondern eben ein Ort des Handels, und es darf das Vorstellen neuer Richtungen denn auch niemals unabhängig vom ökonomischen Aspekt gesehen werden.

Systemtheoretisch gesehen ist damit ein ebenso kompliziertes wie interessantes Problem berührt, das im Rahmen dieses Beitrags nur angedeutet werden kann: Ist der Kunsthandel Teil des Systems Kunst, weil man sich mittels des Kunstcodes schön/häßlich über Kunst verständigt, oder ist er Teil des Systems Wirtschaft, weil es in ihm primär um die Abwicklung von Zahlungen geht? Man erwirbt das Kunstwerk durch Bezahlung, und es ist jener kommunikative Akt demnach Bestandteil des Wirtschaftssystems. Andererseits wird im Rahmen des Kunsthandels sehr wohl auch das Gespräch über den künstlerischen Gehalt der Kunst geführt. Es hat den Anschein, als gehöre der Kunsthandel weder eindeutig zum einen, noch zum anderen System, sondern, abhängig vom Diskurs, in dem das jeweilige Kunstwerk seine Rolle spielt, bald zu diesem, bald zu jenem. Die Art der Kommunikation über das Kunstwerk also bildet den springenden Punkt.

War der Kunsthandel, der die avanciertesten Trends vorstellte, anfänglich Bestandteil des inoffiziellen, dissidenten Bereichs, so änderte sich die Situation im Laufe des zwanzigsten Jahrhunderts derart, daß er sich neben dem Museum als ganz obligate Institution etablierte. Man orientierte sich nun aneinander, und wer in den Kollektionen der tonangebenden Galerien zu sehen war, fand schließlich seinen Platz auch im Museum für moderne Kunst.

Überhaupt stellt die Konservierung (immer jüngerer) zeitgenössischer Kunst in den Museen in unserem Jahrhundert ein ganz neues Phänomen dar[10], das in den letzten Jahren die vieldiskutierte Frage nach der äußersten Aktualitätsgrenze von Museumskunst aufgeworfen hat. Ist das Museum der geeignete Ort zur Konservierung auch der allerjüngsten Kunstentwicklung? Denn Kunst, die fast unmittelbar nach ihrem Entstehen, gewissermaßen noch naß, bereits Aufnahme in die Museen findet, wird per definitionem schon allein durch diesen Umstand mit den 'Großen der Kunstgeschichte' auf eine Stufe gestellt und kann hinfort kaum noch unabhängig von diesem Kontext rezipiert werden.

Das Museum für moderne Kunst begleitet demnach mit seiner Ankaufs- und Ausstellungspraxis nicht nur sämtliche neuen Entwicklungen, sondern spielt darüber hinaus bei der Konstituierung eines an der Moderne orientierten Kunstbegriffs selber eine entschiedene Rolle. Denn im Ankauf durchs Museum drückt sich nun einmal unabdingbar eine Wertung aus: Was vom Museum erworben wird, ist offensichtlich von entsprechendem künstlerischem Wert. Gelangt vergleichbare Kunst sodann in die Galerien, so wird ihr ökonomischer Wert maßgeblich vom zuvor durch das Museum

10 Vgl. zu diesem Trend zur Musealisierung Lübbe 1982, 1983.

fixierten künstlerischen Wert mitbestimmt.

Ein dritter Faktor, der zur Stabilisierung des modernen Kunstbegriffs beigetragen haben dürfte, ist der der öffentlichen Reflexion über Kunst. Durch Ausstellung und Ankauf nämlich erlangt die moderne Kunst auch für die Kunstkritik Aktualitätswert und findet Eingang in die aktuelle Diskussion über die jüngsten Entwicklungen der Kunst. Mit diesen Diskussionen wird die Kunstgeschichtsschreibung hernach konfrontiert, wenn sie sich bemüht, die seinerzeit aktuellen Themen der Diskussion über Kunst herauszuarbeiten und die Frontlinien der dort eingenommenen Positionen nachzuzeichnen.

Schließlich wird die Konstituierung eines modernen Kunstbegriffs durch die lange Reihe jener Mammutausstellungen unterstützt, die seit den sechziger Jahren zu immer jüngeren Kunstkomplexen organisiert werden. Sie gehen zu einem großen Teil aus der musealen Sphäre hervor und stehen häufig unter der Leitung eigens zu diesem Zweck herangezogener Gastkonservatoren oder Museumsdirektoren. Neben Austellungen wie z.B. 'Zeitgeist' (Berlin 1982), 'Bilderstreit' (Köln 1989), 'Magiciens de la Terre' (Paris 1989) oder in allerletzter Zeit 'Metropolis' (Berlin 1991) stehen die Biennale von Venedig und die Documenta in Kassel als inzwischen nicht nur wichtige, sondern vor allem richtungweisende Institutionen. Wie Reaktionen belegen, wird diesen Ausstellungen und den ihnen zugrundeliegenden Konzepten außergewöhnliche Bedeutung beigemessen. Ja, es hat den Anschein, als würden diese Ausstellungen nicht in erster Instanz als Präsentation nur *einer* möglichen Perspektive auf die Entwicklung der Kunst unter anderen aufgefaßt, sondern als Präsentation der Entwicklung der Kunst schlechthin, mit welcher neue Entwicklungstrends im voraus festgelegt werden.

Zusammenfassend läßt sich also festhalten, daß die Geschichte der Kunst des zwanzigsten Jahrhunderts so gut wie ausschließlich unter dem Blickwinkel der Moderne geschrieben wird: als Abfolge einwertig codierter moderner Mikroströmungen, die zusammengenommen die Moderne ausmachen.

IV

Welche Folgen, so ist zu fragen, ergeben sich nun für die kunsthistorische Aufgabe der Periodisierung, wenn man nicht von solcher einwertigen, sondern einer zweiwertigen Codierung der Kunst ausgeht? Oder um die eingangs gestellte Frage noch einmal zu wiederholen: Lassen sich in der Kunstgeschichte aufgrund eines binären Codes Perioden markieren, bzw. läßt sich ein Binärcode ausmachen, der als Leitdifferenz der Kunst dieses Jahrhunderts aufzufassen wäre?

Kunst, so hatten wir gesagt, wird im Rahmen der Luhmannschen Systemtheorie nicht als die Summe aller Kunstgegenstände, sondern als die

Gesamtheit der Kommunikationen über Kunst definiert. Dabei weicht der von Luhmann angesetzte Kommunikationsbegriff weit vom üblichen Übertragungsmodell ab, das davon ausgeht, daß dem Empfänger vom Sender eine Nachricht übermittelt wird, die als ein von beiden Parteien mit der gleichen bedeutungsmäßigen Identität zu versehendes Informationspaket zu gelten habe. Information, so führt Luhmann aus, ist indessen keineswegs ein eindeutiger Sachverhalt, sondern impliziert notwendigerweise immer eine Differenz. Diese neue Einsicht, daß Kommunikation sich über Differenzen konstituiert, hat ihre Wurzel in der Informationstheorie und Kybernetik. Gregory Bateson umschrieb das Differenzdenken 1969 in einem Beitrag zum Symposion über 'double bind' folgendermaßen: "The explanatory world of *substance* can evoke no differences and no ideas but only forces and impacts. And, per contra, the world of *form* and communication invokes no things, forces, or impacts but only differences and ideas. (A difference which makes a difference *is* an idea. It is a 'bit', a unit of information.)"[11] Das bedeutet nichts anderes, als daß etwas seine Identität immer nur aufgrund seiner Differenz zu einem anderen hat, erst diesem Unterschied seine Identität verdankt.[12] Mit anderen Worten: Auch Begriffe haben keine festumrissene, stabile Bedeutung (andernfalls sie als normative Definitionen fungierten), sondern erhalten Bedeutung erst in konkreten kommunikativen Situationen, was wiederum bedeutet, daß in laufenden Auseinandersetzungen Positionen eingenommen werden, die sich gegen andere Positionen abgrenzen. Solche Besetzung des Kunstcodes ist räumlich und zeitlich strikt einmalig, d.h., sie besitzt Gültigkeit immer nur für jene *eine* Kommunikationssituation. Für Kommunikation im System der Kunst folgert daraus, daß jedwede Äußerung immer *eine* der beiden Seiten der Leitdifferenz schön/häßlich besetzt. Oder: Was der eine als schön rezipiert, wird vom anderen als häßlich empfunden. Diese Frontlinien in historischen Diskursen über Kunst ohne Parteinahme zu rekonstruieren und so neben der Besetzung der einen auch die Besetzung der anderen Seite des Kunstcodes sichtbar zu machen, das ist die Aufgabe der Kunstgeschichte.

Es dürfte klar geworden sein, daß der Code schön/häßlich nicht etwa ein ontologisches Begriffspaar meint, vielmehr als Metapher für die Basisdifferenz steht, über welche im Kunstsystem Kommunikation generiert wird. Diese abstrakte Basisdifferenz, dieser Systemcode hat im Laufe unseres Jahrhunderts zahllose ganz konkrete Besetzungen erfahren. Die Frage, die hier zu beantworten wäre, hätte demnach zu lauten, ob sich *eine* konkrete Codebesetzung ausmachen läßt, die sich als für die Kunst des zwanzigsten Jahrhunderts wichtiger als alle anderen herausgeschält hat und von welcher her aus diesem Grunde eine sinnvolle Periodenabgrenzung vorgenommen

11 Bateson 1972: 271-272.

12 Vgl. dazu auch Baecker 1985: 76-88.

werden kann. Wir hatten bereits darauf hingewiesen, daß die Kunst des zwanzigsten Jahrhunderts in der maßgeblichen kunsthistorischen Literatur vornehmlich über einen stilhistorischen Moderne-Begriff beschrieben wird. Geht man hingegen vom in der Systemtheorie zur Anwendung gelangenden Spezialcode des Systems Kunst (schön/häßlich also) aus, so ist es unvermeidlich, daß der Begriff der Moderne in Opposition zu seinem Gegenbegriff gesehen werden muß. Der Begriff der Moderne allein stellt sozusagen erst die halbe Rechnung, nämlich nur die Besetzung der einen Hälfte des Kunstcodes dar. So kann die Opposition beispielsweise die Begriffe modern/traditionell umfassen, da eine Kunst als modern nur im Hinblick auf eine eben nicht moderne oder nicht mehr moderne, also traditionelle Kunst einstufbar ist. Nur mittels einer derartigen Unterscheidung ist es sinnvoll, eine bestimmte Art von Kunst unter der Flagge der Moderne fahren zu lassen.

Ist es, da die moderne Kunst in der Kunstwelt des zwanzigsten Jahrhunderts eine doch ganz offensichtlich so hervorragende Rolle spielt, eine unsinnige Annahme, daß der abstrakte Kunstcode schön/häßlich in unserem Jahrhundert dominant mit der Differenz Innovation/Tradition besetzt sei? Das heißt, hat man in unserem Jahrhundert über Kunst vornehmlich mittels der Kategorien modern versus traditionell kommuniziert, und darf diese Codefüllung als die für die Kunst dieses Jahrhunderts konstituierende Differenz angenommen werden? Schließlich ließe sich, so darf man wohl sagen, moderne Kunst nicht als moderne Kunst rezipieren, wenn sie sich nicht von anderer, offenbar als nicht modern qualifizierter Kunst unterschiede. Stilhistorisch gesehen mag die Moderne sich von Romantik und Historismus abheben und aus dieser Abhebung ihre Identität beziehen. Da wir indessen auch auf synchroner Ebene von einer binären Codierung auszugehen haben, muß es möglich sein, auch einen kontemporänen Gegenbegriff zu markieren.

Betrachtet man die Kunst des zwanzigsten Jahrhunderts unter dieser Perspektive, so ist unverkennbar, daß es neben einer modernen immer auch eine traditionelle Kunst gegeben haben muß. Trägt man diese Einsicht aber an die Kunst des zwanzigsten Jahrhunderts heran, so stellt sich heraus, daß der Code Innovation/Tradition (modern/traditionell) zwar eine wichtige Differenz bezeichnet, die beiden Pole jedoch alles andere als stabil besetzt sind. Was nämlich je als innovativ oder traditionell aufgefaßt wird und was unter dem Begriff der modernen Kunst zu verstehen sei, das liegt nicht fest, sondern schwankt von Diskurs zu Diskurs. Der Kunsthistoriker, der die Kunst eines Zeitalters zu analysieren hat, wird sich also auf die unterschiedlichen Konkretisierungen der Positionen einlassen müssen, wenn es ihm darum geht zu eruieren, welche divergierenden Auffassungen über Kunst virulent waren und was man je vor Augen hatte, wo man von moderner Kunst sprach.

Hinzu kommt, daß man bei der Rekonstruktion einer historischen

Kunstdiskussion nicht einfach von der Kongruenz des Codes schön/häßlich mit der Differenz Innovation/Tradition wird ausgehen können. In Abhängigkeit vom je eingenommenen Standpunkt innerhalb der Auseinandersetzung kann 'Innovation' mit 'schön' zusammenfallen und damit die Tradition als unbrauchbar oder unerwünscht zurückgewiesen werden. Umgekehrt aber kann 'Innovation' auch mit 'häßlich' zusammenfallen, wenn neue Kunst zugunsten der traditionellen abgelehnt wird.

Geht man von einem binären Code aus, so verbietet es sich also, von festen Periodenbegriffen zu sprechen. Jeder Begriff ist vielmehr unlösbar an seine räumlich und zeitlich einmalige Füllung gebunden. Er repräsentiert eine Einheit durch Differenz in dem Sinne, daß die eine Seite des Codes immer nur dank der anderen überhaupt existieren kann. Die Markierung von *Perioden* hingegen setzt erstens relative Homogenität voraus, da von irgend etwas jene Einheit stiftende Wirkung schließlich ausgehen muß, die dazu berechtigt, von Perioden zu sprechen. Und sie setzt zweitens die Existenz von Bruchstellen voraus, mittels deren es möglich ist, Anfang und Ende von Perioden zu bezeichnen. Weder zur Ansetzung des einen (Homogenität), noch zur Ansetzung des anderen (Bruchstellen) eröffnet das der Komplexität von Geschichte einzig angemessene Operieren mit binären Codes aber einen Weg. Daher ist es unter den hier geltenden theoretischen Vorzeichen unangebracht, noch länger von festumrissenen, unter einen statischen Kunstbegriff subsumierten Perioden zu reden.

Diese Schlußfolgerung birgt, wie sich leicht ersehen läßt, erhebliche Konsequenzen für die Kunstgeschichtsschreibung in sich. Denn wie überhaupt kann Kunstgeschichte noch geschrieben werden, wenn es nicht mehr möglich sein soll, Perioden mehr oder weniger fest zu umreißen? Wie überhaupt kann es noch gelingen, Entwicklungen in den Griff zu bekommen? Wichtig scheint zunächst zu sein, daß man sich von der Illusion der 'umfassenden Übersichtsdarstellung' trennt, da eine Kunstgeschichtsschreibung, die die Kunst in starre, einseitig bestimmte Stileinheiten gliedert, die komplexe und kontingente Entwicklung der Kunst zur Karikatur verkommen läßt.[13] Demgegenüber wäre ein flexibler Periodenbegriff zu empfehlen, der die Möglichkeit eröffnet, gerade die ganz unterschiedlichen Besetzungen der je zur Diskussion stehenden Variante des Kunstcodes herauszuarbeiten.

'Perioden' ließen sich so über spezifische oppositionelle Begriffspaare

13 Die Begriffe Kontingenz und Kausalität verhalten sich im Rahmen des systemtheoretischen Denkansatzes diametral entgegengesetzt zueinander. Kontingenz weist darauf hin, daß eine gewisse faktisch so oder so verlaufene Entwicklung genausogut auch anders hätte verlaufen können. Im Lichte dieses Auch-anders-möglich-seins und nicht als unausweichliche kausale Bedingtheit von B durch A sind historische Ereignisse zu beschreiben. Das Kausalitätsprinzip reiht historische Ereignisse in zeitlicher Folge linear auf. Das Kontingenzprinzip hingegen versucht der Heterochronizität der Ereignisse gerecht zu werden.

erfassen, die vom Kunsthistoriker für den Zeitraum ihrer Gültigkeit einer historisch-semantischen Analyse zu unterziehen sind. Der allgemeine Kunstcode schön/häßlich hat seine Realisierung in diesem Jahrhundert in zahlreichen solchen Oppositionspaaren erfahren, von denen Innovation/Tradition (bzw. modern/nicht modern) nur eines darstellt. Andere wären z.B.: hohe Kunst/niedere Kunst, zivilisierte Kunst/primitive Kunst, figurativ/nonfigurativ, konkret/abstrakt, organisch/geometrisch, bildende Kunst/dekorative Kunst, Kunst/Kitsch, experimentell/konservativ und art brut/art culturel.

Entscheidend hierbei ist, daß nie die Frage aus dem Auge verloren wird, welcher der beiden Pole des Kunstcodes je mit welchem Begriff besetzt ist. Um ein Beispiel zu nennen: Im Kunstverständnis des amerikanischen Kritikers Clement Greenberg, der maßgeblichen Anteil an der Konstituierung des Bildes der Nachkriegskunst hat, steht nonfigurativ immer für den Pol 'schön' des Kunstcodes, während figurative Kunst als nicht-absolute, nicht-wahre Kunst und demzufolge als 'häßlich' abgelehnt wird.[14] Ein Beispiel genau umgekehrter Besetzung des Kunstcodes dagegen stellt der deutsche Kunsthistoriker Hans Sedlmayr dar, für den 'schön' in jedem Falle figurativ heißt, während non-figurative Kunst genauso grundsätzlich als chaotisch und seelenlos abqualifiziert wird.[15] Untersucht man die Diskussion um die bildende Kunst, wie sie unmittelbar nach dem Zweiten Weltkrieg in den Vereinigten Staaten und in Deutschland stattfand, so sieht man sich allenthalben auf eben diese Opposition figurativ/nonfigurativ verwiesen. Was aber im einzelnen unter den oppositionellen Begriffen verstanden wurde und ob diese negative oder positive Konnotationen erhielten, dazu sind uniforme Aussagen unmöglich zu machen. Ebensowenig darf angenommen werden, daß ein einziges Oppositionspaar ausreicht, um einen Zeitabschnitt angemessen abzudecken, worauf sodann von einer anderen Opposition ein neuer Abschnitt eingeläutet wird. Das tatsächliche Bild zeigt vielmehr ein Nebeneinander unterschiedlichster Konkretisierungen des Kunstcodes, die nur in ihrer Gesamtheit die historische Aktualität einer Zeit einzufangen vermögen.

Es gibt wohl nur zwei Möglichkeiten, trotz der jeder Zeit eigenen überwältigenden Komplexität dennoch zur Unterscheidung von Perioden zu gelangen. Die erste läge darin, daß man sich entschließt, den unterschiedlichen Besetzungen nur *einer* Konkretisierung des Kunstcodes (z.B. abstrakt/konkret oder high/low) eine gewisse Zeitlang zu folgen. Als 'Periode' ließe sich dann jener Zeitraum ansprechen, in dem die betreffende Opposition aktuell ist. Die zweite Möglichkeit läge darin, daß man aus rein praktischen Gründen der Beschränkung des Untersuchungsfeldes einfach ein Zeitsegment (z.B. 1950-1960) herausgreift, für welches sodann sämtliche

14 Vgl. Frascina (Hg.) 1985.

15 Vgl. Sedlmayr 1948.

Konkretisierungen des Kunstcodes einschließlich ihrer jeweiligen Besetzungen untersucht werden. Daß dieses Unterfangen außerordentlich komplexer Natur ist, versteht sich von selbst. Zudem führt es nicht zu einer Periodisierung im eigentlichen Wortverständnis, sondern lediglich zu einer willkürlichen Einteilung in Zeit- und Raumsegmente, innerhalb deren die Komplexität der Kunst demonstriert wird.

Wie der vorliegende Beitrag zeigt, bilden binäre Codierung einerseits und Periodisierung im üblichen Sinne andererseits zwei einander ausschließende, diametral entgegengesetzte Ansätze. Das gängige Einteilungsverfahren der Kunstgeschichte in stilgeschichtliche Perioden stellt eine kunsthistorische Konstruktion dar, die zu Beginn dieses Jahrhunderts aufkam und bis auf den heutigen Tag populär geblieben ist. Heute, da uns die Ergebnisse informationstheoretischer Forschung den binären Verlauf von Kommunikation offenbaren, läßt sich an solcher Einteilungspraxis guten Gewissens nicht mehr festhalten und wird sich auch die Kunstgeschichte zu einer an jenen Ergebnissen orientierten Arbeitsweise bequemen müssen.

Literatur

Arnason, H.H. (1986): *History of Modern Art. Painting, Sculpture, Architecture, Photography* (third edition, revised and updated), New York.

Baecker, D. (1985): Die Freiheit des Gegenstandes: von der Identität zur Differenz. Perspektivenwechsel in den Wissenschaften, in: *Delfin V*, S.76-88.

Bateson, G. (1972): *Steps to an Ecology of Mind*, New York.

Buchloh, B.H.D./Guilbaut, S./Solkin, D. (Hg.) (1983): *Modernism and Modernity. The Vancouver Conference Papers*, Halifax.

Bürger, P. (1974) (1982): *Theorie der Avantgarde.* (4. Aufl.), Frankfurt/M.

Crane, D. (1987): *The Transformation of the Avant-Garde. The New York Art World, 1940-1985,* Chicago & London.

Denvir, B. (Hg.) (1987): *The Impressionists at First Hand,* London.

Elsen, A. (1981): *Purposes of Art. An Introduction to the History and Appreciation of Art* (fourth edition), Fort Worth (etc.).

Frascina, F. (Hg.) (1985): *Pollock and After. The Critical Debate,* London.

Halbertsma, M. (1991): Johann Joachim Winckelmann and the History of Art as Deconstruction, in: *Kunst & Museumjournaal*, S.21-30.

Hamilton, G.H. (1972): *Painting and Sculpture in Europe 1880-1940* (revised edition), Harmondsworth.

Honour, H./Fleming, J. (1991): *A World History of Art* (revised edition), London.

Hoogeveen, J. (1986): Das Verhältnis von Sein, Zeit und Heißen als historiographische Herausforderung, in: *Ideologie und Literatur(wissenschaft)*, hg. von J. Hoogeveen und M.H. Würzner, Amsterdam (= Amsterdamer Publikationen zur Sprache und Literatur 71), S. 9-47.

Janson, H.W. (1986): *A History of Art* (third and revised edition), London.

Lübbe, H. (1982): *Der Fortschritt und das Museum. Über den Grund unseres Vergnügens an historischen Gegenständen*, London (The 1981 Bithell Memorial Lecture).

Lübbe, H. (1983): *Zeit-Verhältnisse. Zur Kulturphilosophie des Fortschritts*, Graz/Wien/Köln.

Luhmann, N. (1984): *Soziale Systeme. Grundriß einer allgemeinen Theorie*, Frankfurt/M.

Luhmann, N. (1986): Das Kunstwerk und die Selbstreproduktion der Kunst, in: *Stil. Geschichten und Funktionen eines kulturwissenschaftlichen Diskurselements*, hg. von H. U. Gumbrecht und K. L. Pfeiffer, Frankfurt/M., S. 620-672.

Nipperdey, Th. (1986): 1933 und die Kontinuität der deutschen Geschichte, in: Th.N., *Nachdenken über die deutsche Geschichte. Essays*, München, S. 186-206.

Nochlin, L. (1971): *Realism*, Harmondsworth.

Sedlmayr, H. (1948)(1985): *Verlust der Mitte. Die bildende Kunst des 19. und 20. Jahrhunderts als Symptom und Symbol der Zeit*, Frankfurt/M.

Thomas, K. (1988): *Bis Heute. Stilgeschichte der bildenden Kunst im 20. Jahrhundert* (8. erw. und überarb. Aufl.), Köln.

Varnedoe, K. (1990): *A Fine Disregard. What Makes Modern Art Modern*, New York.

Wagner, M. (Hg.) (1991): *Moderne Kunst. Das Funkkolleg zum Verständnis der Gegenwartskunst* (2. Bde.), Reinbek bei Hamburg.

Wheeler, D. (1991): *Art since Mid-Century. 1945 to the Present*, London.

Wölfflin, H. (1915): *Kunstgeschichtliche Grundbegriffe. Das Problem der Stilentwicklung in der neueren Kunst*, München.

Zijlmans, Kitty (1990): *Kunst, geschiedenis, kunstgeschiedenis. Methode en praktijk van een kunsthistorische aanpak op systeemtheoretische basis*, Leiden (= Leidener Beiträge zur theoriegeleiteten Literaturwissenschaft, Sprachwissenschaft, Geschichte und Kunstgeschichte 1).

Jenseits von Empirie und Hermeneutik

Systemtheorie, (Literatur-)Geschichtsschreibung und die Konvergenz von Geistes- und Naturwissenschaften

Jos Hoogeveen

I. Fragestellung

Trotz der noch immer zunehmenden Wirkung von Niklas Luhmanns Systemtheorie bleibt eine der wichtigsten Komponenten des Luhmannschen Ansatzes bislang unterbelichtet. Gemeint ist der kommunikationstheoretische Aspekt dieser Theorie. Das ist um so erstaunlicher, wenn man bedenkt, daß sie die heute wohl elaborierteste Ausarbeitung eines nicht-repräsentationistischen Kommunikationsmodells bildet und zahllose ungelöste Probleme in den Sozial- und Humanwissenschaften als Scheinprobleme entlarven könnte.

In diesem Aufsatz soll versucht werden, die Folgen dieses Desinteresses an textanalytischen Fragen anhand einer Reihe von Beispielen herauszustellen, die sich vor allem auf interdisziplinäre Kommunikation beziehen. Dabei handelt es sich sowohl um den interdisziplinären Verkehr innerhalb der Geisteswissenschaften wie auch den zwischen Geistes- und Naturwissenschaften.

Zunächst wird kurz dargestellt, daß systemtheoretische Ausgangspunkte einen neuen Kommunikationsbegriff einschließen (II). Ähnliche Einsichten, wie sie sich in der neuesten historiographischen Diskussion zeigen, werden sodann mit wirkungsgeschichtlichen Positionen kontrastiert (III). Schließlich wird die Frage behandelt, wie man sich sowohl innerhalb der Geisteswissenschaften als auch in der Orientierung an Entwicklungen in der jüngeren Geschichte der Naturwissenschaften den Zugang zur Interdisziplinarität verbaut hat (IV).

II. Systemtheorie und Kommunikation

Werfen wir zunächst einen Blick auf die Luhmannsche Systemtheorie. Nach Luhmann wird die moderne Gesellschaft durch eine Ausdifferenzierung von autopoietischen Funktionssystemen gekennzeichnet. Ihr Entstehen markiert den Übergang vom stratifikatorischen zum funktionalen Gesellschaftstyp. Systeme wie das Recht, die Wissenschaft, die Kunst und die Religion regeln ihre Kommunikation über einen systemspezifischen Code. Anders gesagt, sie verarbeiten Informationen aus der Umwelt nach systemeigener, binärer Codierung. So wird im Kunstsystem über den Code schön/häßlich kommuniziert, im Wissenschaftssystem über den Code wahr/nicht-wahr. Systeme operieren also geschlossen.

In Systemen werden Kommunikationen produziert. So wird im Wissenschaftssystem ständig über die Frage komplexerer Wirklichkeitsannahmen gestritten. Nicht anders verhält es sich im Kunstsystem. Neue Kunst zeichnet sich aus durch immer andere Rekombinationsversuche der Elemente, aus denen das System besteht.

Aufgrund der Geschlossenheit und binären Codierung von Systemen ist alle Kommunikation als emergente Realität zu betrachten. D.h., aus systemtheoretischer Sicht setzt Kommunikation kein ikonisches Verhältnis zwischen Sprache und Welt voraus. Das versuchen auch Maturana und Varela in ihrem "Baum der Erkenntnis" (Maturana/Varela 1987) zu verdeutlichen. Sie bringen dort mit kritischer Intention eine Abbildung von Fritz Kahn, mit der dieser den Vorgang der Wahrnehmung und dessen sprachliche Verarbeitung illustriert.

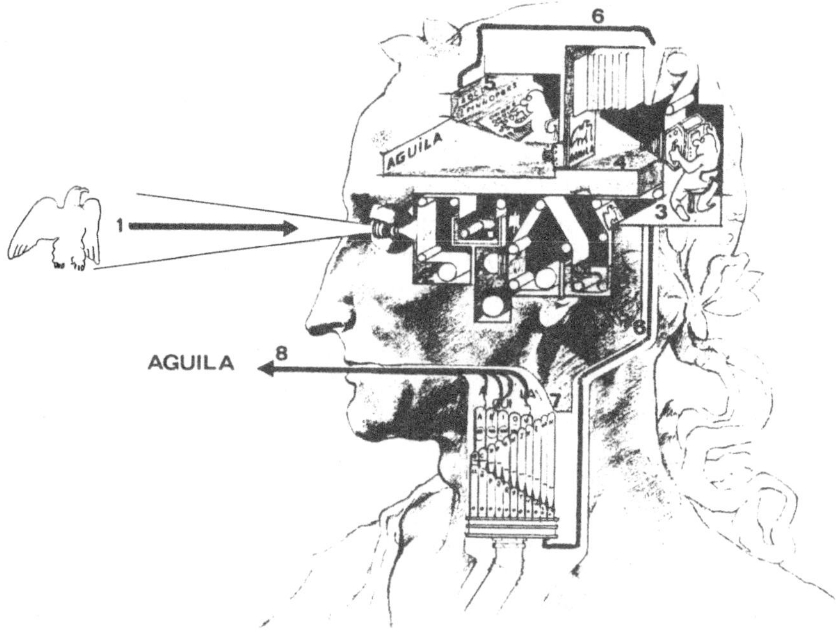

Diese Abbildung erfaßt das Nervensystem als Instrument zur passiven Registrierung der Welt sowie zu deren realitätsadäquater sprachlicher

Spiegelung. (Man wird an Woody Allens Film "Everything You Always Wanted to Know about Sex, But Were Afraid to Ask" erinnert, wo der Magen ganz plastisch als Deponie dargestellt wird.) Diese Kahnsche Auffassung von Sprache erweist sich ebenso wie das in weiten Teilen der Geisteswissenschaften noch immer gültige Sender/Empfänger-Modell heute als informationstheoretisch nicht komplex genug. Deswegen ist man in der neueren Kybernetik von einer repräsentationistischen Sprachvorstellung auf ein differenztheoretisches Modell umgestiegen:

> "Differenzen erlauben, etwas zu differenzieren, im Unterschied zu anderem. Dieser Unterschied zu anderem *ist* dann die Identität des Identifizierten. Identität ist nur durch Differenz zu sichern und das heißt: sie ist nur bi-stabil zu sichern. Identität verweist sich selbst auf Nicht-Identität, auf Differenz. Das impliziert dann auch Zeit. Und darum setzt Niklas Luhmann nicht mehr wie Hegel auf die Identität von Identität und Differenz, sondern auf die Differenz von Identität und Differenz: 'Am Anfang steht also nicht Identität, sondern Differenz'". (Baecker 1985: 84)

Oder in den Worten Gregory Batesons:

> "A 'bit' of information is definable as a difference which makes a difference". (Bateson 1972: 315)

Das wirft ein neues Licht auf die Frage des (Miß-)Verstehens von Texten, auch von sog. wissenschaftstheoretischen Texten. Zunächst mag es erscheinen, als wäre die Geschichte der Philosophie bzw. der Wissenschaftstheorie eine Reihe von Fußnoten zu den Klassikern der abendländischen Denktradition.[1] Geht man jedoch davon aus, daß Kommunikation auf Differenz basiert, so entfällt die Idee überzeitlicher Formulierungen. Philosophische bzw. wissenschaftstheoretische Texte sind dann nämlich nicht mehr als Beiträge zu immer gleichen Themen, sondern zu ganz spezifischen, einmaligen Diskursen zu sehen. Die Annahme normalsprachlicher oder wissenschaftlicher Unzweideutigkeit erweist sich somit als naiv. Die Prämisse vom Sonderstatus literarischer Kommunikation hat lange die Notwendigkeit theoriegeleiteter Wahrnehmung auch von wissenschaftstheoretischen wie überhaupt pragmatischen Texten verdeckt. Das ist um so merkwürdiger, als man in den vergangenen Jahrzehnten die sozialhistorischen Aspekte der Literaturgeschichte hervorgehoben hat und also allerhand nicht-literarische Texte berücksichtigen mußte. Den Ausgangspunkt bildeten dabei die wirkungsgeschichtlichen Annahmen, die an Gadamer anknüpften und zwischen Intersubjektivität und Wissenschaftlichkeit schwankten. Mit dem Dekonstruktionismus und Postmodernismus, denen zufolge der Mensch in der Sprache gefangen sei, kulminiert dieser wissen-

---

1 Vgl. die Bemerkung Hermann Lübbes: "Der Satz, die europäische Philosophiegeschichte sei eine Folge von Fußnoten zu Platon, ist eine schöne Huldigung an die Adresse Platons, aber keine brauchbare Theorie der Philosophiegeschichte" (Lübbe 1985: 17).

schaftsfeindliche Trend. Damit wird die grundsätzliche Subjektivität der Geisteswissenschaften gleichsam neubegründet. So kommt es zu Differenzen von Gegenwart und Vergangenheit, ohne daß entstehungsgeschichtliche Differenzen eine Rolle spielen. Historische Andersartigkeit zeigt sich aber primär in der Identitätssuche gegenüber anderen Selektionen. Historische Einmaligkeit sollte man denn auch nicht als zeitspezifischen Code betrachten. Ereignisse besitzen ihre eigenen Vor- und Nachherdifferenzen.[2] So heißt es zum Beispiel bei Gottfried Benn: "Es hat sich allmählich herumgesprochen, daß der Gegensatz von Kunst nicht Natur ist, sondern gut gemeint". (Benn 1968: 1333f.) Meistens werden Benns Worte heute auf die Formel Kunst vs. Kitsch reduziert und man zitiert: Der Gegensatz von Kunst ist gut gemeint. Offensichtlich kann man also mißverstehen, ohne die Rezeptionsschwierigkeiten zu bemerken, welche in diesem Falle in der spezifischen Bedeutung des Gutgemeintseins liegen, die damals geläufig war. Gutgemeint meinte nämlich eine Ablehnung aller Kunst, die sich in den Dienst politischer oder sonstiger Ideologien stellte.

Ein zweites Beispiel findet sich in den ersten Zeilen des Herausgeberwortes von Kurt Pinthus zu seiner "Menschheitsdämmerung". Unter dem Titel "Zuvor" (Berlin, Herbst 1919) heißt es da auf den ersten Blick ziemlich paradox: "Der Herausgeber dieses Buches ist ein Gegner von Anthologien; - deshalb gibt er diese Sammlung heraus". Nimmt man diesen ersten Satz gesondert und bleibt die weitere Erklärung außer Betracht, so scheint hier ein Gemeinplatz[3] vorzuliegen. Liest man jedoch weiter, so wird die gemeinte Differenz deutlich:

> "Nicht werden hier - nach bisherigem Brauch der Anthologien viele Dichter, die zufällig zur selben Zeit leben, in alphabetischer Folge je mit ein paar Gedichten aneinandergereiht. Auch nicht sollen Gedichte zusammengestellt werden, die alle ein gemeinschaftliches Thema bindet (etwa Liebesgedichte oder Revolutions-Lyrik). Dies Buch hat nicht den pädagogischen Ehrgeiz, Musterbeispiele guter Poesie zu bieten; es flicht nicht nach der Mode biederer Großväterzeit Blüten der Lyrik, noch Perlen der Dichtung zum Kranz. Sondern: Dies Buch nennt sich nicht nur 'eine Sammlung'. Es *ist* Sammlung!: Sammlung der Erschütterungen und Leidenschaften, Sammlung von Sehnsucht, Glück und Qual einer Epoche - unserer Epoche. Es ist gesammelte Projektion menschlicher Bewegung aus der Zeit in die Zeit. Es soll nicht Skelette von Dichtern zeigen, sondern die schäumende, chaotische, berstende Totalität unserer Zeit". (Pinthus (Hg.) 1969: 22)

Der Punkt, um den es sich hier handelt, ist die Ablösung einer Tradition

---

2 Vgl. Luhmann 1985.

3 Vgl. Steinmetz 1977: 185-186: "Das ganze Vorwort (zu den *Stich-Worten* -J.H.) ist mehr oder weniger ein einziger Versuch, die *Stich-Worte* als Nicht-Brevier, als Anti-Anthologie zu präsentieren. Genau das gehört allerdings zur guten Tradition des Anthologievorwortes. Erinnert sei hier nur an den ersten Satz in der vielleicht berühmtesten Anthologie des 20. Jahrhunderts, Kurt Pinthus' *Menschheitsdämmerung*: 'Der Herausgeber dieses Buches ist ein Gegner von Anthologien; - deswegen gibt er diese Sammlung heraus.'"

diachron geordneter Anthologien durch eine 'Sammlung' zeitgenössischer Gedichte, deren große Variationsbreite noch besonders unterstrichen wird. Hier, wie bei jeder kommunikativen Äußerung, hat man es mit einer Aussage zu tun, die ihren eigenen Differenzwert besitzt.

III. Geschichtsschreibung: von der Kontinuität zur Kontingenz

Die oben dargelegten Einsichten haben auch in der neueren Historiographiediskussion an Aufmerksamkeit gewonnen. Danach sind Ereignisse nicht etwa programmiert, sondern die Geschichte verläuft kontingent. Somit entfällt auch die Notwendigkeit einer kausalen Erklärung des Geschichtsverlaufs. Statt dessen rückt die Andersartigkeit der Vergangenheit in den Vordergrund. Um das mit einem Zitat Thomas Nipperdeys zu verdeutlichen:

> "[Die] neue Kontinuitätstheorie ist heute vielfach verbunden mit dem sogenannten 'kritischen' Ansatz, d.h. einem Ansatz, der die Vergangenheit an Werten und an sogenannten Aufgaben, die sie zu erfüllen hatte (zum Beispiel der Aufgabe, Deutschland zu einer friedlichen, fortschrittlichen Demokratie zu machen) mißt und von daher kritisiert. Wer sich der Vergangenheit gegenüber nicht in diesem Sinne verhält, sei, so meint man, affirmativ und damit apologetisch. Die kritische Theorie verfährt gegenüber der Vergangenheit nach der Art eines Prozesses, in dem der Historiker als Staatsanwalt fungiert, am Ende freilich auch die Rolle des Richters (ja eigentlich auch die des Gesetzgebers) übernimmt. Und in diesem Prozeß wird dann Schuld, allenfalls mit mildernden Umständen, zugeteilt: Nach Junkern und Militärs sind heute das angepaßte Bürgertum und die sozialdemokratische Führung besonders beliebte Schuldige. Begleitet wird solche kritische, anklagende und richtende Geschichte von einer Art implizierten Gegengeschichte, einer Konstruktion der Wünschbarkeiten, des Wie-es-hätte-sein-sollen. Doch will ich mich auf die prozessual-moralistische und die konjunktivistische Komponente der kritischen Historie nicht weiter einlassen, sondern auf das Kontinuitätsproblem konzentrieren. [Absatz - JH] Meine These ist nun: Die kritische Kontinuitätstheorie, die das Frühere vom Späteren her erklärt, ist nicht sachgerecht." (Nipperdey 1986: 198f.)

Das Kontinuitätsproblem ist aber nicht nur typisch für die kritische Historie. Im Gegenteil. Betrachtet man die Empfehlungen eines anderen Kritikers der von Nipperdey gemeinten Historiker, Reinhart Kosellecks, so fällt auf, daß dieses Übel tiefe Wurzeln hat und letztlich darauf zurückzuführen ist, daß Historiker kaum an Theoriebildung in semantischen Fragen interessiert sind.

Was das im einzelnen heißt, kann mit einer Kritik der methodologischen Überlegungen verdeutlicht werden, die Brunner, Conze und Koselleck vor Augen gestanden haben, als sie ihr Lexikon "Geschichtliche Grundbegriffe" konzipierten. Ihr Ausgangspunkt ist der einer sozialgeschichtlichen Orientierung, womit sie den "naiven Zirkelschluß vom Wort auf die Sache und zurück" (Koselleck 1984: 121), der in der Auffassung einer "Identität von Zeitgeist und Ereigniszusammenhang" (ibid.) vorherrscht, durchbrechen wollen. Ob ihnen das gelingt und sie sich nicht eher in die Gefahren einer historischen Wortsemantik verstricken, ist schon durch das besonders aufschlußreiche Fragezeichen im folgenden Koselleck-Zitat indiziert:

> "[Die] Begriffsgeschichte muß ebenso die Vielzahl der Benennungen für (identische?) Sachverhalte registrieren, um Auskunft darüber geben zu können, wie etwas auf seinen Begriff gebracht wurde." (a.a.O.)

Gegenüber einer bestimmten historiographischen Praxis mag das ein Schritt vorwärts sein, andererseits führt eine solche Begriffsgeschichte unweigerlich in die Sackgasse der Buchstäblichkeit von Begriffen, ohne daß ihre normrelative Besetzung und ihr argumentativer Einsatz befragt wird. Nach Koselleck ist der Traditionszusammenhang von Worten und Begriffen begründet in einer Synonymität historischer Andersartigkeit. Der Einmaligkeit von Wortgebrauch und Ereigniszusammenhang stellt er die Kontinuierlichkeit einer semantischen Andersartigkeit gegenüber, die nicht über die historische Einheit von geschichtlichen Prozeßabläufen hinwegtäuschen soll. Das ist an sich richtig, erfordert jedoch weit reflektiertere Annahmen über das Verhältnis von semantischer Bestimmtheit und historischer Andersartigkeit, das eben das Movens aller Kommunikation bildet. Ohne solche Reflexion kann man nicht erklären, was die Sonderprobleme diachroner Kommunikation sind. Es hieße deshalb eine Simplifizierung zu meinen, daß historisches Bewußtsein in der Wiedererkennung kongenialer Andersartigkeit aufginge. Zu welchen Fehlschlüssen das führt, läßt sich leicht an Riedels Beitrag zu diesem Lexikon ablesen, der den Begriff Nihilismus behandelt. Ihm ist nicht nur zu entnehmen, daß Nietzsche sich von Kant hätte eines Besseren belehren lassen müssen. Damit sind auch die Weichen gestellt, die spätere Diskussionen in Sachen Nihilismus im 20. Jahrhundert außer Betracht lassen, als gäbe es eine Grundbedeutung, die mit dem Wortkörper verbunden ist und über deren unterschiedliche Besetzungen sich die Historiographen streiten müssen. Darum ist Kosellecks Positivismuskritik eine Halbwahrheit:

> "Streng genommen kann uns eine Quelle nie sagen, was wir sagen sollen. Wohl aber hindert sie uns, Aussagen zu machen, die wir nicht machen dürfen. Die Quellen haben ein Vetorecht. Sie verbieten uns, Deutungen zu wagen oder zuzulassen, die aufgrund eines Quellenbefundes schlichtweg als falsch oder als nicht zulässig durchschaut werden können. Falsche Daten, falsche Zahlenreihen, falsche Motiverklärungen: all das und vieles mehr läßt sich durch Quellenkritik aufdecken. Quellen schützen uns vor Irrtümern, nicht aber sagen sie uns, was wir sagen sollen. Das, was eine Geschichte zur Geschichte macht, ist nie allein aus den Quellen ableitbar: es bedarf einer Theorie möglicher Geschichten, um Quellen überhaupt erst zum Sprechen zu bringen. [Absatz - JH] Parteilichkeit und Objektivität verschränken sich dann auf neue Weise im Spannungsfeld von Theoriebildung und Quellenexegese. Das eine ohne das andere ist für die Forschung umsonst". (Koselleck 1984: 206f.)

Sein Textverstehen verneint damit grundsätzlich die historische Einmaligkeit der Text/Kontext-Differenz, die ein Historiograph zu respektieren hat. Verneint er die Andersartigkeit geschichtlicher Kommunikationsverhältnisse, so verlieren die Quellen ihr Vetorecht und wird jede Quellenkritik gegenstandslos. Für die Bedeutungsbestimmung eines Textes ist sein Gegenüber wichtiger als die historische Bewährung in Kontextsituationen, an die ein Text sich nicht richten konnte. Erst auf der Basis einer solchen Kontextdifferenzierung ist Quellenkritik überhaupt möglich und braucht sie nicht in einen Relativismus ständig wechselnder Rezeptionsperspektiven leerzulaufen. Zwar hört sich die These rezeptionsgeschichtlich wechselnder Einfallswinkel sehr plausibel an, im Grunde aber begibt man sich damit der Historizität eines Textes, da man seine Bedeutung und Bewertung immer wieder in Normverhältnisse transponiert, deren Geschichtlichkeit unbefragt bleibt. Das ist die Sackgasse, in welche die Immanenzkritik sich begeben hat, als sie zu erklären versuchte, warum wir trotz allem das Vergangene verstehen können. Um Mißverständnissen vorzubeugen: Damit ist die Möglichkeit von Rezeptionskritik nicht ausgeschlossen, sondern erst verfügbar geworden. Mit der Infragestellung wirkungsgeschichtlicher Perspektiven reißt der sprachliche Faden als traditionsvermittelnde Instanz nicht ab, sondern wird die Diskontinuierlichkeit historischer Prozesse um so deutlicher.

Der englische Historiker und Politologe Quentin Skinner hat erheblich dazu beigetragen, von Naivannahmen über das Verstehen historischer Kommunikation abzubringen, indem er die Wahrheitsfrage durch die Frage nach der Kontextdifferenz ersetzt. Damit verlagert sich die Interpretationsfrage von kontextueller Bestimmtheit auf entstehungsgeschichtliche Differenz. Nur so kann die Idee wirkungsgeschichtlicher Tradition oder kontextueller Bestimmtheit durchbrochen werden.

In der Nachfolge Collingwoods und Austins löste Skinners erster großer Aufsatz "Meaning and Understanding in the History of Ideas" eine lebhafte Diskussion aus, welche nun bereits mehr als zwanzig Jahre andauert. Skinners Argumentation setzt die Möglichkeit einer Trennung von Beschreibung und Bewertung voraus. Texte sind danach nicht auf einen späteren Wahrheitsgehalt zu prüfen, vielmehr als Beiträge zu einer Diskussion zu betrachten, an der der Historiker nicht teilnimmt. Textanalytischer Fortschritt ist für Skinner keine inhaltlich bedingte Kategorie, sondern eine Frage informationstheoretischer Orientierung:

> "Consider the fact that so great a political philosopher as Jean Bodin believed there to be witches in league with the devil. Or the fact that so great an empirical scientist as Aristotle believed that bodies change quality whenever they change place. Living in the late twentieth century, we are likely to feel, and unlikely to be able to repress the feeling, that these claims are simply false. But we are also likely to find our interest quickened by the discovery that such eminent authorities, capable of saying so many things that seem straightforwardly true, were also capable of entertaining such apparent absurdities. If we begin by focusing on such beliefs, we shall provide ourselves with the best possible starting-point for investigating the structure of Aristotle's or Bodin's thought. For here at least we come upon something that cries out to be explained. We shall also provide ourselves with the best possible means of ensuring that our eventual explanation takes a sympathetic and non-anachronistic form. For whatever account we provide will have to include that such admittedly bizarre beliefs nevertheless commended themselves to such unquestionably

distinguished minds". (Tully (Hg.) 1988: 236)

Es kommt Skinner darauf an, die Andersartigkeit der Vergangenheit zu betonen. Texte sind demnach nicht länger als Realitätsbeschreibungen zu betrachten, sondern vielmehr als Beiträge zu einer zeitlich begrenzten Diskussion, an der der Historiker nicht teilnehmen kann, weil der Ausgang solcher Debatten inzwischen irreversibel geworden ist. Dem Historiker fällt vielmehr die Aufgabe zu, zu beobachten, wie man damals beobachtet hat. Systemtheoretisch reformuliert, Kommunikationen behandeln emergente Realität. Will man die Vergangenheit verstehen, so genügt es nicht, einfach die Dokumente zu lesen und sie vom heutigen (eigenen) Standpunkt aus zu kommentieren.

IV. Die Konvergenz von Geistes- und Naturwissenschaften

Die Annahme sprachlicher Kontinuierlichkeit, die auf den ersten Blick den Zugang zur Vergangenheit zu sichern scheint, produziert allenfalls Klagen über definitorische Unklarheit und übersieht die Komplexität semantischer Verhältnisse und die Notwendigkeit von Theoriebildung bzw. interdisziplinärer Orientierung. Solche Theoriebildung beginnt mit der Infragestellung eigener, intuitiver Annahmen. Das hat, um Luhmann zu zitieren, wissenschaftsgeschichtliche Gründe:

> "Es gibt einen Unterschied zwischen Theorien, die asymmetrisch, und Theorien, die zirkulär angelegt sind. Eine universelle Theorie betrachtet ihre Gegenstände innerhalb eines selbstreferentiellen Bezugs. Ich denke, daß diese Figur der Selbstreferenz, das heißt der Einschluß des Beobachters und der Beobachtungsinstrumente in die Beobachtungsgegenstände selbst, eine spezifische Eigenschaft universeller Theorie ist, die man in der alteuropäischen Tradition nicht gesehen hat. In letzterer handelt es sich immer um eine Beschreibung von außen, ab extra, zum Beispiel durch die Verrmittlung eines Subjekts. Ich will sagen: die klassische Logik oder die klassische Ontologie haben immer einen externen Beobachter unterstellt, der in der Lage war, falsch oder richtig, das heißt zweiwertig, zu beobachten; aber sie haben nicht bedacht, daß dieser Beobachter, um die Wirklichkeit beobachten zu können, auch sich selbst beobachten muß. In diesem Sinne breche ich mit der alteuropäischen Tradition. Dennoch teile ich die Forderung nach einer Fragmentierung der Zusammenhänge, der Horizonte, der Paradigmen, der Untersuchungs und Beschreibungsinstrumente nicht, die man gegenüber dem Einheitsideal des Wissens in der europäischen Moderne erhoben hat, denn dann verliert man das Problem des Zusammenhangs und der Einheit völlig aus den Augen. Andererseits kann selbstverständlich jede universelle Theorie beobachtet und gegebenenfalls durch Alternativentwürfe ergänzt oder ersetzt werden". (Baecker/Stanitzek (Hg.) 1989: 164f.)

Theoriebildung in Sachen Kommunikation ist danach notwendig, weil auch das Wissenschaftssystem seine Geschichte hat. Solche Geschichte hat keinen akkumulativen Aufbau, sondern selektiven Charakter. Das resultiert in einer zunehmenden Abstraktion von Wirklichkeitsansichten. Oder: Die moderne

Wissenschaftsgeschichte zeigt, daß sich die abstrakteren, komplexeren Vorstellungen durchsetzen, weil ihr Problemauflösungsvermögen größer ist.

Vor diesem Hintergrund überrascht die Renaissance empirischer Methoden in den Geisteswissenschaften. Das Zauberwort der Empiriker heißt Überprüfbarkeit. Doch ist man sich offensichtlich kaum dessen bewußt, daß diese Station in den Naturwissenschaften schon längst aufgegeben ist. Das ontologische Ideal der Quantifizierbarkeit wurde dort vor mehr als fünfzig Jahren von der Frage abgelöst, *was* man eigentlich messen wollte. (Casimir 1983: 160f.) Anders formuliert: Die Wirklichkeit enthält keine Indizien zu ihrer Beschreibung, und das zeitigt die Notwendigkeit von Theoriebildung.

Mit der Entdeckung, daß die Wirklichkeit keine Indizien zu ihrer Beschreibung enthält, wird nicht automatisch eine hermeneutische Tradition subjektiver Erkenntnisprinzipien bestätigt. Das wäre allzu einfach. Um den Umbruch innerhalb der Naturwissenschaften zu begreifen, ist vielmehr eine elaborierte Semantiktheorie erforderlich. Innovationen lassen sich nämlich nicht über das Sender-Empfänger-Modell realisieren, andernfalls sie nur als Störung wahrgenommen werden könnten. Das zwingt zu der Schlußfolgerung, daß die Sprache Möglichkeiten haben muß, die Wirklichkeit zu duplizieren. So betrachtet können Begriffe keine festen Gegenbegriffe haben. Jeder Begriff muß auch negativ gesetzt werden können, will ein System seine Autopoiesis fortsetzen können. Genau das ist gemeint, wenn von Diskontinuität gesprochen wird. In Auffassungen, die von Kontinuitätskonzepten ausgehen, wird ein Traditionsbezug positiver bzw. negativer Werte vorausgesetzt, die je eigene Tradition haben. Geschichtliche Veränderungen werden jedoch in der Vergangenheit selber vollzogen und sind nicht etwa das Produkt historiographischer Forschung, wie man lange gemeint hat.

Solche Weichenstellungen findet man auch in der Geschichte des Wissenschaftssystems. Wer z.B. hinter dem Titel von Richard von Mises' "Kleines Lehrbuch des Positivismus" einen Katechismus der Ontologie vermutet, wird bei der Lektüre feststellen, daß der Begriff des Positivismus damals anders als heute besetzt war. Von Mises benutzt den Begriff, um sich vom "Negativismus" (von Mises 1939: 46ff.) zu distanzieren.[4] Es handelt sich also um das Herausfinden der richtigen Differenz und nicht um das Verstehen der einzelnen Elemente, aus denen sich die Differenz aufbaut. Eine Beobachtung Niklas Luhmanns mag dies verdeutlichen:

> "Jeder, der unpräpariert schwierige, sagen wir: philosophische, Texte liest, wird den Lehrer vermissen. Es geht dabei nicht darum, eine Bestätigung dafür zu erhalten, daß der Text etwas Richtiges mitteilt, und es geht auch nicht um die oft verlangte Wiederholung mit anderen, leichter faßlichen Worten. Sondern es geht um das Begreifen der Information, das heißt um das Mitsehen der naheliegenden Möglichkeiten, die durch den Text

4 Auf die sog. Carnap-Heidegger-Kontroverse, zu der von Mises mehrere Beiträge geliefert hat, kann hier nicht weiter eingegangen werden.

ausgeschlossen werden". (Luhmann 1986: 100)

Erst Differenzen konstituieren also Bedeutung(en), was die Annahme von synchronen semantischen Welten impliziert. Auch innerhalb der Geisteswissenschaften gibt es unterschiedliche semantische Kulturen; auch da, wo man auf den ersten Blick zeitliche Kongenialität vermuten könnte. Dies soll im folgenden am Beispiel der Austin- und Collingwood-Rezeption verdeutlicht werden.

Es wurde oben darauf hingewiesen, daß Skinners historiographischer Ansatz wichtige Anregungen von Austin und Collingwood verarbeitet. Assoziiert man diese beiden Namen jedoch mit der Rezeption, wie sie in der Sprachhandlungstheorie und der Rezeptionsästhetik stattgefunden hat, so fragt sich, ob man hier von einem gelungenen 'Begreifen der Information' reden kann. Austin ging es darum, die Bedeutung von Sprechakten als eine sich erst in konkreten Kommunikationssituationen konstituierende Größe zu erfassen. Eike von Savigny, über den die deutsche Austin-Rezeption gelaufen ist, fällt demgegenüber in ein ontologisches Kommunikationsmodell zurück, indem er Bedeutungskategorien postuliert, die konkreten Kommunikationen vorgängig sind.

Anders liegt es im Falle der Collingwood-Rezeption der Konstanzer Schule. Bei von Savigny heißt es:

> "Die Wahrscheinlichkeit der Fehlinterpretation ist bei diesem Verfahren natürlich enorm gesteigert, da es nicht mehr auf die Beherrschung des Englischen, sondern nur noch auf die Beherrschung der philososophischen Theorie ankommt, die dargestellt wird". (von Savigny 1972: 4)

Hat von Savigny also noch Zweifel, ob er Austin richtig verstanden hat, so zeigen sich die Konstanzer Rezeptionsästhetiker als wahre Vertreter einer applikativen Hermeneutik. Collingwoods Logik von Frage und Antwort wird bei ihnen einfach umgekehrt.[5] Bei Collingwood steht das Problem im Vordergrund, auf welche Frage eine Antwort gegeben wird. Iser und Jauß dagegen nehmen das Schema von Frage und Antwort auf, um ihre wirkungsgeschichtlichen Thesen zu verteidigen. Ihnen geht es darum zu zeigen, daß sich bei veränderten Fragen andere Antworten ergeben. Damit gelingt es der Rezeptionsästhetik zwar, den autonomen Status des Kunstwerks zu überwinden und statt dessen seinen polyvalenten Charakter zu postulieren, doch geht das mit einer simplifizierten Vorstellung von normalsprachlichen, nicht-literarischen Kommunikationsverhältnissen einher.[6]

---

5 Vgl. Jauß 1970: 185ff und Iser 1976: 123.

6 So umschreibt Wolfgang Iser die Funktion von Literatur als die Bilanzierung von epochalen Defiziten. (Iser 1976: 143) Man wird schnell erkennen können, daß dieser Definitionsversuch nicht hinreicht, wenn man sich überlegt, daß er dann auch die Wahlprogramme politischer Parteien und

Ein Verhinderungsgrund fruchtbarer Interdisziplinarität innerhalb der Geisteswissenschaften ist immer die falsche Annahme gewesen, als bauten sich die Naturwissenschaften kumulativ auf. Oder anders gesagt, man suchte sich, soweit man überhaupt an Theoriebildung interessiert war, interdisziplinäre Bestätigung des eigenen Tuns und Lassens und verhielt sich somit indifferent gegenüber umwälzenden Erneuerungen in den Naturwissenschaften. Will man sich wirklich interdisziplinär orientieren, so ist eine Theorie semantischer Differenzierung unerläßlich, um nicht erst die alten Irrwege gehen zu müssen. Es hat wenig Sinn, in den Geisteswissenschaften noch einmal das auszuprobieren, was in anderen Wissenschaftszweigen längst enzyklopädiefähig geworden ist. Der Theoriebegriff ist in den Geisteswissenschaften jedoch fast zur Leerformel geworden, hat jedenfalls an Distinktivität verloren. Durch eine methodenpluralistische Tradition kann jede Ideologie oder Methode in den Rang einer Theorie versetzt werden. Mit der Explizität der gewählten Methode immunisiert man gleichsam jede Kritikmöglichkeit, weil auf innere Konsistenz der Erklärung gesetzt wird. Man ist (war) Marxist und setzt(e) sich gegen bürgerliche Interpretationen ab. Oder umgekehrt. Solche weltanschaulichen Vorentscheidungen kümmern sich wenig um den inhaltlichen Umgang mit Texten. Es steht dann Ideologie gegen Ideologie, und die Texte bzw. ihre Rezipienten werden auf ihr falsches Bewußtsein hin abgeklopft. Die Rezeptionsästhetik hat sicherlich dazu beigetragen, den Status des literarischen Textes komplexer zu betrachten, doch definiert sie Literarizität von einem normalsprachlichen Modell her und kann deshalb auch nicht über wirkungsgeschichtliche Annahmen hinauskommen.[7]

In der (konstruktivistischen) empirischen Literaturwissenschaft spielt das Interesse an Theoriebildung zwar eine beachtliche Rolle. Diese geht davon aus, daß alles Wissen von der Wirklichkeit eine subjektdependente Konstruktion ist. Die Möglichkeit von Kommunikation erkläre sich aus Sozialisationsprozessen und dem Streben nach Konsens. Dem Wissenschaftler obliege es, das Zustandekommen der konzeptuellen Strukturen individueller Subjekte samt den sich daraus ergebenden Wirklichkeitskonstrukten empirisch zu untersuchen. Solch empirisches Verfahren sei freilich nicht im Sinne einer Empirie alten Stils mißzuverstehen, sondern habe als in kognitiven Referenzrahmen aufgehoben zu gelten. Unter systemtheoretischer Perspektive ist an diesem Modell folgende Kritik anzumelden:

1. Das Insistieren auf der Subjektabhängigkeit aller Wirklichkeitskonstruktion

---

Manifeste künstlerischer Gruppen umfaßt.

7 In diesem Zusammenhang ist es bemerkenswert, daß die Abschiedsvorlesung von Hans Robert Jauß (Jauß 1987) folgenden Titel trägt: Die Theorie der Rezeption - Rückschau auf ihre unerkannte Vorgeschichte.

unterstreicht im Endeffekt die hermeneutische Position subjektiver Rezeptionsprävalenzen. Damit verbaut man sich den Zugang zur Theoriebildung in Fragen der Textanalyse.

2. Empirie mag sich zwar unter anderer Flagge präsentieren, das darf aber nicht darüber hinwegtäuschen, daß auch hier nur alte Quantifizierungsverfahren zur Anwendung gelangen.

3. Der Konstruktivismus postuliert zwar auch einen Systembegriff. Da dieser aber auf Konsens statt Differenz abzielt, vermag er Entwicklungen im System, auch in dem der Literatur bzw. Kunst, nicht zu beschreiben und erklären.

Der Radikale Konstruktivismus ist demnach nicht geeignet, eine wirkliche Neuorientierung in den Geisteswissenschaften zu bewerkstelligen. Demgegenüber wäre zu prüfen, ob die Systemtheorie nicht die Aporien, in die Empirie und Hermeneutik die Geisteswissenschaften immer noch führen, überwinden könnte.

Literatur

Baecker, D. (1985): Die Freiheit des Gegenstandes: von der Identität zur Differenz, in: *Delfin V*, S. 76-88.

Baecker, D./Stanitzek, G. (Hg.) (1987): *Niklas Luhmann, Archimedes und wir. Interviews*, Berlin.

Bateson, G. (1972): *Steps to an Ecology of Mind. Collected Essays in Anthropology, Psychiatry, Evolution and Epistemology*, San Francisco.

Benn, G. (1968): Roman des Phänotyp, in: *Gesammelte Werke*, hg. von D. Wellershoff, Wiesbaden, Bd. 5, S. 1324-1376.

Casimir, H.B.G. (1986): *Haphazard Reality. Half a Century of Science*, New York.

Hoogeveen, J./Würzner, H. (Hg.) (1986): *Ideologie und Literatur(wissenschaft)*, Amsterdam (= Amsterdamer Publikationen zur Sprache und Literatur 71).

Iser, W. (1976): *Der Akt des Lesens. Theorie ästhetischer Wirkung*, München.

Jauß, H.R. (1970): *Literaturgeschichte als Provokation*, Frankfurt/M.

Jauß, H.R. (1987): *Die Theorie der Rezeption - Rückschau auf ihre unerkannte Vorgeschichte*, Konstanz (= Konstanzer Universitätsreden 166).

Kahn, F. (1939): *Het leven van de mens*, Amsterdam.

Koselleck, R. (1984): *Vergangene Zukunft. Zur Semantik geschichtlicher Zeiten*, Frankfurt/M. (2. Aufl.).

Lübbe, H. (1985): Historisierung und Ästhetisierung. Über Unverbindlichkeiten im Fortschritt, in: *Zeitschrift für Ästhetik und allgemeine Kunstwissenschaft 30*, S. 5-22.

Lübbe, H. (1981): *Die Einheit von Naturgeschichte und Kulturgeschichte. Bemerkungen zum Geschichtsbegriff*, Mainz (= Abhandlungen der Geistes- und Sozialwissenschaftlichen Klasse der Akademie der Wissenschaften und der Literatur in Mainz 10).

Lübbe, H. (1990): *Religion nach der Aufklärung*, Graz/Wien/Köln (2. Aufl.).

Luhmann, N. (1984): *Soziale Systeme. Grundriß einer allgemeinen Theorie*, Frankfurt/M.

Luhmann, N. (1985): Das Problem der Epochenbildung und die Evolutionstheorie, in: *Epochenschwellen und Epochenstrukturen der Literatur- und Sprachhistorie*, hg. von H.U. Gumbrecht und U. Link-Heer, Frankfurt/M., S. 11-33.

Luhmann, N. (1986): Systeme verstehen Systeme, in: *Zwischen Intransparenz und Verstehen. Fragen an die Pädagogik*, hg. von N.L. und K.E. Schorr, Frankfurt/M., S. 72-117.

Luhmann, N. (1990a): *Die Wissenschaft der Gesellschaft*, Frankfurt/M.

Luhmann, N. (1990b): Das Erkenntnisprogramm des Konstruktivismus und die unbekannt bleibende Realität, in: N.L., *Soziologische Aufklärung 5*, Opladen, S. 31-58.

Maturana, H.R./Varela, F.J. (1987): *Der Baum der Erkenntnis*, Bern/München/Wien (3. Aufl.).

Mises, R. von (1939): *Kleines Lehrbuch des Positivismus. Einführung in die empirische Wissenschaftsauffassung*, Den Haag.

Nipperdey, Th. (1986): *Nachdenken über die deutsche Geschichte. Essays*, München.

Pinthus, K. (Hg.) (1969): *Menschheitsdämmerung. Ein Dokument des Expressionismus*, Hamburg (zuerst ersch. 1919).

Rusch, G. (1986): *Theorie der Geschichte, Historiographie und Diachronologie*, Siegen (= LUMIS-Schriften 11).

Savigny, E. von (1972): *John Langshaw Austin. Zur Theorie der Sprechakte (How to do Things with Words). Deutsche Bearbeitung von Eike von Savingy*, Stuttgart.

Schmidt, S.J. (Hg.) (1987): *Der Diskurs des Radikalen Konstruktivismus*, Frankfurt/M.

Skinner, Q. (1969): Meaning and Understanding in the History of Ideas, in: *History and Theory 8*, S. 3-53.

Steinmetz, H. (1977): Auf dem Wege zum Klassiker? Oder wie Verlag und Kollege einem Autor in den Rücken fallen. Zu Uwe Johnson Max Frisch. Stich-Worte, in: *Frisch. Beiträge zum 65. Geburtstag*, hg. von Manfred Jurgensen, Bern/München, S. 181-200.

Tully, J. (Hg.) (1988): *Meaning and Context. Quentin Skinner and his Critics*, Oxford.

Zijlmans, K./Hoogeveen, J. (1988): *Kommunikation über Kunst. Eine Fallstudie zur Entstehungs- und Rezeptionsgeschichte des 'Blauen Reiters' und von Wilhelm Worringers 'Abstraktion und Einfühlung'*, Leiden.

Ästhetische Debatten im Literatursystem der Nachkriegszeit

Hetty Burgers

In den folgenden Überlegungen soll mit Hilfe systemtheoretischer Erkenntnisse ein neues Licht auf die literaturästhetischen Debatten der Nachkriegszeit geworfen werden. Im ersten Kapitel wird die bisher gängige Frage nach der Adäquatheit historischer Selbsteinschätzungen als wissenschaftliche Epochenbeschreibung ('Stunde Null', 'tabula rasa') kritisiert. Kern meiner Kritik ist dabei, daß sie 1. die selektive Bedeutung historischer Begriffe negiert und 2. eine zu einfache Vorstellung vom Verlauf geschichtlicher Prozesse voraussetzt. Die Fruchtbarkeit einiger kurz angedeuteter systemtheoretischer Ausgangspunkte wird in Abschnitt zwei und drei anhand einer Analyse der kontroversen Standpunkte in der literaturästhetischen Debatte der ersten Nachkriegsjahre gezeigt. Inhalt des vierten Abschnitts ist der Nachweis, daß die Bedeutung des seit 1948 immer öfter auftauchenden Konzepts einer Littérature engagée innerhalb des in Abschnitt zwei und drei dargestellten Rahmens zu sehen ist. Dabei erweist sich die Kritik der siebziger Jahre - 'Littérature engagée' als mißlungener Versuch politisch engagierter Literatur - als ahistorisch. Im abschließenden fünften Abschnitt werden aus systemtheoretischer Perspektive einige Gedanken zum Problem 'Nachkriegsliteratur als Epochenkategorie' formuliert, indem auf die sich seit dem Ende der vierziger Jahre abzeichnende Veränderung des bis dahin aktuellen literarischen Codes in den literaturästhetischen Debatten hingewiesen wird.

I

Die Forschung zur Literatur und Literaturtheorie der Nachkriegszeit konzentrierte sich bisher auf die Frage, ob die Nachkriegszeit bzw. deren Literatur mit den (angeblich)[1] zeitgenössischen Begriffen 'Stunde Null', 'Bruch' oder 'Neu-

1 Die in der Forschung vielfach anzutreffende Bemerkung, die Autoren der späten vierziger Jahre hätten die Nullpunktthese für ihr eigenes Schaffen in Anspruch genommen, beruht insofern auf einer Stilisierung der Nachkriegszeit, als der Begriff 'Nullpunkt' in der zeitgenössischen Diskussion nicht auftaucht. Diese Metapher wurde wahrscheinlich aus Hans Egons Holthusens 1951 gehaltenem Vortrag *Die Überwindung des Nullpunkts. Aspekte der Literatur seit 1945* (Holthusen

anfang' adäquat zu charakterisieren sei. Die Diskussion hierüber in den fünfziger und sechziger Jahren erbrachte eher eine Bestätigung des 'Nullpunkt'-Anspruchs der Nachkriegsjahre[2], seit den siebziger Jahren wurde dieser Anspruch vor allem kritisiert[3].

Aus systemtheoretischer Perspektive ist die Frage nach der Angemessenheit zeitgenössischer Begriffe zur Epochenbeschreibung als typisch hermeneutisch zu bezeichnen, da sie das Wort für das Ding nimmt, d.h. eine feststehende, offensichtlich für sich sprechende Bedeutung von Begriffen voraussetzt, deren Gebrauch dann in einem nächsten Schritt als der historischen Situation angemessen oder unangemessen gelobt bzw. kritisiert wird. Diese Verfahrensweise wird hier deswegen abgelehnt, weil sie übersieht, daß die Bedeutung von Begriffen, Aussagen oder Texten weder für sich spricht noch historisch festliegt, sondern sich aus dem Diskussionskontext ergibt, in dem sie eine Rolle spielen. Bei historischen Untersuchungen gilt es deswegen zunächst, der historisch aktuellen Bedeutung des Gesagten auf die Spur zu kommen. Dies mag nicht neu klingen, da Ähnliches vielerorts, vor allem in der sozialgeschichtlich orientierten Interpretationspraxis und Historiographie, versucht wurde. Von diesen Ansätzen unterscheidet sich jedoch der systemtheoretische, da dieser nicht-ontologisch ist; d.h. daß er weder Begriffe mit historischer Wirklichkeit verrechnet - bzw. deren Bedeutung aus ihr ableitet - noch von einem festen semantischen Begriffskern ausgeht, der historisch variiert wird. Der grundsätzliche Unterschied von Niklas Luhmanns Systemtheorie - deren Konsequenzen für die Textinterpretation vor allem von Jos Hoogeveen[4] erarbeitet wurden - zu herkömmlichen Interpretationstheorien ist die Umstellung von Identität auf Differenz[5]. Daß Wirklichkeit als soziales Phänomen nur als Kommunikation existiert, impliziert, daß jede Kommunikation sich - mittelbar oder unmittelbar - immer nur durch ihren Bezug auf andere Kommunikationen auf Wirklichkeit beziehen kann und ihre Identität dieser Differenz verdankt. Für die Textinterpretation heißt dies, daß es gilt, die Identität sprachlicher Äußerungen durch die Analyse ihres spezifischen Bezugs auf ihren jeweiligen Kontext zu ermitteln. Um die selektive Bedeutung eines Textes zu analysieren, ist es also notwendig, seinen *sprachlichen* Kontext zu rekonstruieren. "Kommunikationsanalyse ist [...] primär zu verstehen als die

---

1952) übernommen.

2 Richter 1962, Soergel/Hohoff 1963 (z.B. S. 818f.), Pross (Hg.) 1965, Weber 1968 (v.a. S. 2).

3 Zum Beispiel Kurz 1988: 13, Vormweg 1971, Trommler 1970. Aus DDR-Perspektive: Haase 1974. Für Österreich: Scheichl 1986.

4 Vgl. v.a. Hoogeveen 1986 und in diesem Band die Beiträge von de Berg, Hoogeveen und Prangel.

5 "Differenzen organisieren unser Bild von der Welt, Differenzen motivieren die Fragen der Wissenschaften. Was keinen Unterschied macht, bleibt unerkennbar" (Baecker 1985:76).

Frage nach der Negativfolie, gegenüber der ein Text seinen Sinn entfaltet" heißt es bei Hoogeveen (1986: 22). Die historische Bedeutung von Texten ist also die spezifische Selektivität gegenüber diesem historischen Kontext.

Geht man systemtheoretisch vor, so kann die einer Untersuchung zugrundeliegende Fragestellung also nicht die der Angemessenheit historischer Selbstetikettierungen als wissenschaftliche Epochenbeschreibung sein. Es würde dann nämlich übersehen, daß die selektive Bedeutung dieser Selbstetikettierungen in ihrem historischen Kontext eine andere gewesen sein kann, als ihnen aus heutiger Perspektive unterstellt wird. Deswegen sollte vielmehr analysiert werden, welche Differenz mit dem Gebrauch der jeweiligen Begriffe in ihrer historischen Situation artikuliert wurde. Geht man so vor, und hütet man sich vor einer unreflektierten Identifikation historischer Begriffe mit aktuellen Bedeutungszuweisungen, so scheint z.B. die Kritik an der angeblich unberechtigten Charakterisierung der Nachkriegszeit mit Begriffen wie Stunde Null, Neuanfang, tabula rasa und Kahlschlag schon aus diesem Grund unangebracht. Schaut man sich den Gebrauch dieser Begriffe nämlich näher an, so stellt sich heraus, daß mit ihnen in erster Linie eine Distanzierung von der *nationalsozialistischen* Vergangenheit intendiert wurde und kein bedingungsloser Neuanfang überhaupt. Wenn z.B. 1948 Alfred Andersch in *Deutsche Literatur in der Entscheidung* der jüngeren Generation bescheinigt, "sie stünde vor einer tabula rasa, vor der Notwendigkeit, in einem originalen Schöpfungsakt eine Erneuerung des deutschen geistigen Lebens zu vollbringen" (Andersch 1948: 24), so heißt dies nicht, daß er für einen bedingungslosen Neuanfang plädiert. Im Gegenteil. Andersch hält es für unumgänglich, daß eine neue Literatur "aus dem Vergleich mit fremden Literaturen Maßstäbe gewinnt" (ibid.: 26), daß sie sich ausländischen Einflüssen öffne, um aus ihrer provinziellen Enge herauszutreten. 'Neuanfang' und 'Bruch'[6] waren als Ablehnung des Dritten Reichs zwar radikal gedacht[7], meinten aber keineswegs die Ablehnung der deutschen Vergangenheit und einen traditionslosen Neuanfang überhaupt. Im Gegenteil: Hinweise auf die Überlegenheit der als vorbildhaft und nachahmenswert betrachteten Literaturtheorie sollten das eigene literarische Konzept legitimieren helfen.

---

6 Bei solchen Aufforderungen zur persönlichen und geistigen Erneuerung ist auch der Einfluß des französischen Existentialismus zu beachten. Vgl. z.B. Wehdeking 1988: 158.

7 Selbstverständlich soll dies nicht heißen, daß diese Begriffe keine anderen Gegenpositionen haben können. In einem Interview benutzt z.B. Wolfdietrich Schnurre den Begriff tabula rasa nicht als Abgrenzung gegenüber dem Nationalsozialismus, sondern gegenüber der klassischen deutschen Literatur: "Man [die junge literarische Generation -HB] brauchte kein Narkotikum, man brauchte die Wahrheit. Daß dabei zunächst Tabula rasa gemacht worden ist, liegt in der Natur der Sache. Man hat damals lieber *Die Pest* von Camus oder Hemingsways stories gelesen, als wieder zu Goethes *Wahlverwandtschaften* gegriffen" (Sandmeyer 1977: 198). Diese Distanzierung von der klassischen deutschen Literatur bedeutete übrigens auch bei Schnurre keinen bedingungslosen Neuanfang. Wie Andersch hebt auch Schnurre die beispielhafte Funktion ausländischer Literatur hervor.

Von systemtheoretischen Ausgangspunkten ausgehend, erscheint aber die Fragestellung, ob das Jahr 1945 einen Epocheneinschnitt darstelle, überhaupt wenig sinnvoll. Angesichts der Einsicht, daß jede Kommunikation erst als Profilierung gegenüber anderem Identität gewinnt, weicht das Bild einer einheitlichen Epoche dem einer Vielzahl konkurrierender Normgruppen. Deswegen können bei der Beschreibung der Entwicklung eines jeden gesellschaftlichen Funktionssystems entweder jeweils traditionelle oder aber innovative Momente betont werden, so daß die unterschiedlichen Forschungsergebnisse über den Epochencharakter der ersten Nachkriegsjahre nicht verwundern. Der sich in den letzten Jahrzehnten in der Forschung abzeichnende Konsens darüber[8], daß angesichts der vielfältigen Traditionslinien der Nachkriegsliteratur die These einer mit dem Jahre 1945 einsetzenden neuen (Literatur-)Epoche nicht vertretbar sei, bestätigt lediglich die systemtheoretische Erkenntnis, daß jedes System mit dem Rücken zur Zukunft operiert. Obwohl die jeweiligen Akteure in einem gesellschaftlichen Funktionssystem dazu neigen mögen, den innovativen Charakter ihres Handelns zu betonen, ist gleichzeitig unvermeidlich, daß auch Innovationen nur im Rückgriff auf und über die Ablehnung von bereits Vorhandenem möglich sind. Nach Luhmann ist das eigentlich Interessante an Epocheneinteilungen denn auch nicht die Angemessenheit solcher "gesellschaftliche[n] Selbstbeschreibungen" (Luhmann 1985: 25) in bezug auf die historische Realität. Als "Selbstsimplifikation" des Systems - "denn kein System kann eine vollständige Beschreibung seiner selbst in sich selbst aufstellen" - erfüllten sie vielmehr den Zweck, "die Identität des Systems als eine besondere Art von Differenz" (ibid.) zu markieren. Luhmann verlegt den Akzent also von der Richtigkeit auf die Funktion von Epocheneinteilungen als Artikulation einer Differenz. Man könne ihnen zwar den Realitätsbezug nicht absprechen, "muß ihn aber hochstilisieren, damit er für Prozesse der Selbstverständigung in der modernen Gesellschaft etwas besagt" (ibid.: 26):

> "Man könnte demnach Geschichtsverlaufsdarstellungen und Epocheneinteilungen als eine Art Volksglauben der Intellektuellen abtun, der sich bei näherem Zusehen in Nebel auflöst. Damit wäre jedoch das Faktum des weitreichenden morphogenetischen Strukturwandels übersehen, der Geschichtserfahrung als Differenzerfahrung aufzwingt; und es wäre verkannt, in welchem Maße solche Selbstbeschreibungen, die Differenzerfahrungen artikulieren und überartikulieren, als Fakten in den Geschichtsverlauf eingehen und in ihm weiterwirken. Selbstbeschreibungen sind weder nach Vollzug oder Unterlassung noch nach Inhalten frei wählbar, und eben das gibt ihnen ihre soziale Funktion. Sie haben Verstärkereffekte im Kommunikationsprozeß, die auf der Differenz beruhen, die sie artikulieren" (ibid.).

Diese Sichtweise der Epochenproblematik ermöglicht eine wesentlich fruchtbarere Beschäftigung mit den "gesellschaftlichen Selbstbeschreibungen" der

---

8 Diesem Konsens widersetzen sich allerdings Helmut Kreuzer 1971 und David Robert 1981.

Nachkriegszeit als bisher. Daß die Stunde Null - wortwörtlich interpretiert - "sich bei näherem Zusehen in Nebel auflöst", hat die literaturwissenschaftliche Forschung selbst inzwischen hinlänglich nachgewiesen. Daß mit der Behauptung einer Stunde Null eine ganz bestimmte Differenzerfahrung artikuliert wird, welche die selektive Bedeutung dieses Begriffs ausmacht, hat man jedoch übersehen. In der Nachkriegszeit aktuelle Begriffe wie Neuanfang, tabula rasa, Bruch, mögen dann zwar keinen neuen Epochenanfang artikulieren: sie besagen aber wohl etwas über das Ausmaß, in dem die Zeitgenossen sich von der nationalsozialistischen Vergangenheit zu distanzieren wünschten. Das Interesse der Forschung, diese "historischen Selbstbeschreibungen" zu bestätigen oder zu widerlegen, besagt ebenfalls etwas über ihre Vorstellungen von und Ansprüche an eine 'adäquate' Vergangenheitsbewältigung[9].

II

Für eine Analyse der (selektiven) Bedeutung literaturtheoretischer Stellungnahmen in der Nachkriegszeit ist also der Versuch, die historische Diskussionssituation zu rekonstruieren, unumgänglich. Hierbei ist zunächst zu beachten, daß die Angehörigen der sogenannten älteren - also schon während der Weimarer Republik publizistisch tätigen - Generation in den literaturästhetischen Debatten der Nachkriegszeit, sowie in der politisch-kulturellen Öffentlichkeit überhaupt, eine große Rolle spielten. Von einer 'Stunde Null' in wortwörtlichem Sinne konnte also schon allein aus diesem Grund keine Rede sein. Die Überrepräsentation der älteren Generation legt es eher nahe zu vermuten, es hätte nach 1945 eine Wiederholung bzw. Fortsetzung der Debatten der Weimarer Zeit gegeben. Bestimmte in den zwanziger und dreißiger Jahren diskutierte Themen und Positionen waren in der Nachkriegszeit tatsächlich

---

9 Als Beispiel für eine Interpretationspraxis, in der die eigenen bzw. die in den siebziger Jahren gesellschaftlich-politisch opportunen Vorstellungen über Vergangenheitsbewältigung Maßstab für Analyse und Bewertung des Untersuchungsgegenstandes sind, sei hier kurz auf zwei Arbeiten eingegangen. Jost Hermand analysiert in einem Artikel mit dem schon aufschlußreichen Titel *Unbewältigte Vergangenheit. Westdeutsche Utopien nach 1945* (1982) sämtliche von ihm analysierten Werke auf das 'richtige' Faschismus-Verständnis hin, um zu dem vernichtenden Urteil zu gelangen: "Und so kommt es nirgends zu einer durchgreifenden Bewältigung der faschistischen Vergangenheit, die erst in den frühen sechziger Jahren einsetzt, geschweige denn einer vernünftigen Sinngebung der eigenen Gegenwart. Nirgends werden irgendwelche Vorstellungen entwickelt, welche Sozialordnung denn das neue Deutschland haben soll. Nirgends wird auf die immer dringlicher werdende Schuldfrage eingegangen. Nirgends wird wirklich Buße geübt" (S. 104). Trommler 1971 kritisiert ähnlich: "Man [die junge Generation -HB] versäumte die soziale Definition des Geschehenen und blieb abstrakt im Begriff der Freiheit (bis hin zu ANDERSCH' *Die Kirschen der Freiheit*, 1952). Man betrieb die Fetischisierung der jungen Generation als der allein würdigen Trägerin der Zukunft, ohne dies in politischen Kategorien abzusichern, ohne es im Sinne des sozialen Protests etwa der italienischen Autoren und Regisseure gegen das vorhandene und wieder zum Leben erweckte System zu profilieren" (S. 15-16).

nach wie vor aktuell[10]. So klangen die in der Weimarer Republik zwischen den linksbürgerlichen und völkisch-traditionellen Schriftstellern ausgefochtenen Kämpfe (Würzner 1985) über eine zeitgebunden-zivilisatorische oder überzeitlich-ländliche Literatur in der Nachkriegszeit unter anderem im Gebrauch der Begriffe 'Literat/Schriftsteller' und 'Dichter' immer wieder an[11]. Die sich im literarischen System der ersten Nachkriegsjahre manifestierende Opposition 'Literatur der Innerlichkeit'/'Realismus' ist trotzdem nicht mit dieser Opposition gleichzusetzen. Zwar pflegten sich nach 1945 die Vertreter einer Literatur der Innerlichkeit als 'Dichter' von den 'zeitgemäßen Literaten' oder 'Schriftstellern' abzuheben. Der andere Pol der dreißiger-Jahre-Opposition - die sich als 'Schriftsteller' bezeichnenden avantgardistischen und linksbürgerlichen 'Literaten' der Weimarer Zeit - fehlte jedoch weitgehend im Nachkriegsdeutschland. Sie waren entweder emigriert oder nicht mehr am Leben, so daß schon aus rein personalen Gründen eine Fortsetzung der Diskussionssituation der Weimarer Republik unmöglich geworden war. Auch die progressiveren 'Realisten' nach 1945 gehörten deswegen oft zum konservativen Lager der Weimarer Republik. So zum Beispiel Ernst Kreuder, dessen konservative Einstellung aus seiner Modernekritik hervorgeht[12], der aber als späteres Mitglied der Gruppe 47 dem progressiveren Lager der Nachkriegszeit zuzurechnen ist. Daß der 'Realist' Kreuder jedoch gleichzeitig den in der Vorkriegszeit konservativ besetzten Begriff 'Dichter' positiv für sich in Anspruch nimmt, weist darauf hin, daß in der Weimarer Republik aktuelle Positionen sich jetzt eher als Relikte einer vergangenen Diskussion in den verschiedenen Normgruppen wiederfinden und dort von beiden Seiten negativ oder positiv besetzt werden können.

Die Überrepräsentation der älteren Generation im Literatursystem der Nachkriegszeit wurde damals signalisiert und reflektiert[13]. Auch die literatur-

---

10 Die sich in der Modernediskussion der Weimarer Republik manifestierenden Oppositionen spielten selbstverständlich auch in der nationalsozialistischen Literaturkritik eine große Rolle, mit dem Unterschied, daß dort die positiv/negative Besetzung der jeweiligen Pole festlag. Dies soll übrigens nicht heißen, daß die Literaturkritik im Nationalsozialismus als völlig gleichgeschaltet betrachtet werden sollte. Die Differenzen lassen sich aus heutiger Perspektive nur wesentlich schwerer feststellen, und ihre Analyse bedürfte einer eigenen Untersuchung. Zum Thema der Analyse der Literaturkritik innerhalb eines diktatorialen Systems mit Pressezensur s. Burgers 1986.

11 Aufschlußreich für die literarischen Auseinandersetzungen während der Weimarer Republik ist die Beilage zum *Marbacher Magazin* 35 (1985) *Aufstand der Landschaft gegen Berlin*.

12 Vgl. den Briefwechsel zwischen Ernst Kreuder und Horst Lange (Kreuder 1977), z.B. Brief vom 12. XI.45, 14. XII.45, 2. II.46.

13 Illustrativ hierzu ist zum Beispiel Walter Heists satirische Glosse über die Bedingungen für die Gründung einer Zeitschrift in *Der Skorpion* 1 (1948), die in einem fiktiven Gespräch zwischen Mann und Frau folgendermaßen erörtert werden:
"'Schön', sagte ich, 'auf eine lumpige Zeitung soll es mir nicht ankommen dabei. Also gründen wir. Aber wie macht man das'? 'Man braucht einen Mann, der das Geld gibt und einen Literaten',

theoretischen Debatten wurden zu einem großen Teil unter dem Nenner der Opposition ältere/jüngere Generation geführt[14]. Im Unterschied zu der im Rahmen der Schulddiskussion erfolgenden Thematisierung der Generationsproblematik, in der Schuld am Dritten Reich und Alter direkt aneinander gekoppelt wurden, verweist die Thematisierung dieser Opposition im Literatursystem jedoch nicht ohne weiteres auf tatsächliche Generationsunterschiede:

> **"Die jüngere Generation - das ist durchaus kein Altersbegriff, vielmehr die Sammelbezeichnung für diejenigen Menschen, die nicht nur aus Bescheidenheit, sondern in bewußtem Verhalten ihre Kräfte schonen, sie einer besseren Zukunft widmen möchten und darum die große Reserve des deutschen Volkes darstellen, die noch niemand anzusprechen vermochte, auf die es aber in Zukunft ankommen wird - diese jüngere Generation ist aller Doktrinen und jedweden Systems von Kadern so überdrüssig, daß man sie kurzerhand als individualistisch bezeichnen könnte" (Bechtoldt 1948: 17).**

Der sich als 'junge Generation' präsentierenden Autorengruppe gehören also auch Autoren an, die altersmäßig einer älteren Generation zuzurechnen wären[15]. Innerhalb der Opposition jung/alt wird der Begriff 'jung' meistens positiv besetzt und dieses Schema wird im Literatursystem im Rahmen einer Diskussion benutzt, innerhalb deren sich die 'junge Generation' von einem ganz bestimmten Typ Literatur abzuheben wünscht. Ihr Negationskontext sind die Literatur und die literaturtheoretischen Beiträge in der Tradition der 'inneren Emigration'. Sie bestand zum größten Teil aus Repräsentanten der, wie Döblin es ausdrückte, "konservativen Gruppe", "die altfeudalistische, aristokratische und großbürgerliche Züge trägt [...]. Sie schwimmen als Prosaisten im Fahrwasser etwa des alten Goethe oder des Novellisten Heinrich von Kleist oder österreichischen Erzählers Stifter" (Döblin 1938: 6). Diese inneren Emigranten huldigten einem überzeitlichen, mystischen, auf die

---

sagte meine Frau. Ich sagte: 'Der Literat bin ich'. 'Du bist ein schöner Literat', sagte meine Frau. 'Du kannst doch bloß schreiben. Damit macht man doch keine Literatur. Man muß vor 1933 einen Namen gehabt haben, dann muß man innerlich emigriert gewesen sein, und dann muß man alt sein. Bist du alt?' 'Nein', sagte ich, 'aber ich war innerlich emigriert. Du weißt doch selbst, wie oft ich Bauchschmerzen hatte im Krieg. Innerliche Widerstände. Auch Makkaroni habe ich nicht essen können. Du kannst es bezeugen.' 'Literaten sind mindestens achtzig Jahre alt. Nur die Alten haben Aussicht im Zeitungswesen'" (S. 4f.).

14 Die Opposition jung /alt stammt übrigens schon aus den zwanziger Jahren. Der Begriff junge Generation löste dabei den bis in den Krieg hinein benutzten Begriff Jugend ab. Vgl. Kurz 1988: 312.

15 Von der sich als 'junge Generation' charakterisierenden Gruppe 47 hatten z.B. Hans Georg Brenner, Wolfdietrich Schnurre, Wolfgang Weyrauch bereits vor 1933 publiziert. Nicht publizistisch tätig, aber aktiv in der Arbeiterbewegung der dreißiger Jahre waren Alfred Andersch, Hans Werner Richter, Walter Kolbenhoff, Wolfgang Mannzen. Dem 'Kolonne-Kreis' der dreißiger Jahre gehörte Günther Eich an, usw. Auch dem Geburtsjahr nach der jungen Generation zugehörig sind nur: Hans Georg Brenner (1925), Wolfdietrich Schnurre (1920) und Heinrich Böll (1917).

Darstellung heimatlicher, christlicher, ewig menschlicher Werte hin orientierten Literaturbegriff, der es ihnen meistens ermöglichte, während des Dritten Reichs auch dann weiterzuschreiben und zu publizieren, wenn sie das politische System ablehnten[16]. Dieser Literaturbegriff stieß in der Nachkriegszeit sofort auf Kritik und wurde vor allem seit den sechziger Jahren auch aus politisch-wissenschaftlicher Perspektive scharf kritisiert. Die inneren Emigranten wurden hier fast durchweg als typische - für Emigration oder Widerstand zu feige - Mitläufer des Systems kritisiert, ihre Literatur als "eine pseudo-idealistische, für die gesellschaftlichen Bedingungen von Literatur und das Ausmaß der überstandenen Katastrophe blinde" (Vormweg 1971: 14) abqualifiziert[17].

Aus systemtheoretischer Perspektive ist eine solche Kritik jedoch nicht haltbar, da sie den Negationskontext dieser ästhetischen Position negiert und sie statt dessen aufgrund von Stellungnahmen aus einer späteren Diskussionssituation bewertet. Die inneren Emigranten selber schätzten ihr aus der Weimarer Zeit stammendes Literaturkonzept denn auch völlig anders ein. Rudolf Bach bewertet z.B. die Bedeutung von und das Interesse an Literatur als etwas "Organisches, Gewachsenes, Naturhaftes" als "instinktiven Gegenschlag gegen die Überfüllung, Überfütterung mit 'Öffentlichem'" (Bach 1946: 9). Nach der "Repräsentationssucht" der Literatur während der Hitlerzeit hofft Dr. Helmut Müller:

> "Möge es unserem Kunstraum für die Zukunft beschieden sein, schlicht und nach innen gewandt zum Wesentlichen seiner selbst zurückzufinden und ihn zum unantastbaren Gut aller zu machen" (Müller 1946: 22).

Dieses Konzept einer zeitenthobenen, innerlichen Literatur als Gegenmodell zur politisierten und daher als negativ qualifizierten Realität und Literatur wird heutzutage meistens seiner Gegenposition beraubt und als eine gesellschaftlich und politisch ohnmächtige, dem Faschismus in die Hand spielende Literatur kritisiert. Für die Beteiligten sah die Realität jedoch völlig anders aus. Sie betrachteten die 'Modernisierung'[18] der Gesellschaft, den als 'Nihilismus' qualifizierten Abfall von zeitlosen Werten und die damit einhergehende Ideologisierung und Politisierung des Lebens und 'Verzeitlichung' der Literatur während der Weimarer Republik als eine der Ursachen der Entstehung des Nationalsozialismus. Ohne die Ermittlung dieses Negationskontextes läßt sich also die selektive Bedeutung dieser aus heutiger Sicht gesellschaftlich verantwortungslos oder schlicht sonderbar anmutenden Theorien nicht verstehen.

---

16 Allgemein zu diesem Problem Grimm 1976 und Schäfer 1976.

17 Zum Beispiel Schonauer 1961:148.

18 Siehe v.a. Nipperdey 1986: 44f. und Burgers 1991: 273ff.

Hat man diesen ursprünglichen Diskussionskontext rekonstruiert, so fällt auf, daß die avantgardistischen literarischen Strömungen der Zwischenkriegszeit wie Expressionismus, Symbolismus und Dadaismus, die wegen ihrer Verpönung im Dritten Reich heutzutage das Image des Demokratischen und Antifaschistischen haben, in der unmittelbaren Nachkriegszeit von - auch antinationalsozialistischen - Vertretern einer Literatur der Innerlichkeit sogar als eine der Ursachen für die Entstehung des Nationalsozialismus beschworen wurden! Ein ähnliches Phänomen läßt sich in bezug auf die in der Nachkriegszeit modernen Literaturkonzepte wie den 'magischen' Realismus oder den Existentialismus beobachten. Auch sie werden heutzutage als jene Literatur, die sich zumindest mit der Vergangenheit auseinanderzusetzen versuchte, positiv bewertet. Ihre zeitgenössischen Kontrahenten stellten sie jedoch als Ismus-Künste[19] in die Verlängerung von Vorkriegsströmungen wie Expressionismus, Surrealismus oder Dadaismus und deuteten sie damit im Kontext der Moderne-Diskussion als Zeichen des Zerfalls ewiger Werte und der 'Erkrankung' deutschen Geistes. Die heutige Verkennung der damaligen Diskussionssituation besteht in einer Negierung des Negationskontextes und damit der selektiven Bedeutung dieser Theorien. Was jetzt als Versagen gegenüber einer bestimmten politischen Situation erscheint, war ganz bewußt als Rezept gegen eben diese politische Situation intendiert. Werden heutzutage also die Vertreter der konservativen Werte in der Weimarer Republik dafür verantwortlich gemacht, daß sie durch ihre auf zeitlose, nicht politische Werte abhebende Dichtung dem Nationalsozialismus den Weg geebnet hätten, so sahen diese gerade in der Tatsache, daß das oppositionelle Lager diesen ewigen Werten abschwor, die Ursache für den Nationalsozialismus. Diejenigen, die in der Weimarer Republik die Pole der damals typischen Oppositionen Großstadt/Landschaft, Zivilisation/Kultur, Intellekt/Gemüt, Asphalt/Scholle, wurzellos/bodenständig u.a. besetzten, hielten sich nach dem Krieg also gegenseitig vor, für die Entstehung des Nationalsozialismus verantwortlich gewesen zu sein[20]. Da die Verfolgung der 'Progressiven' im Dritten Reich jedoch dazu geführt hatte, daß diese durch Tod und Verbannung im Nachkriegsdeutschland kaum noch eine Rolle spielten, ist die 'konservative'

---

19 "Einer der schlimmsten Schädlinge, die am kranken Leib der Zeit schmarotzen, ist der Bazillus, der auf den Namen 'Ismus' hört" (Schröder 1947: 866).

20 Selbstverständlich gilt dies nur für die Gegner des Nationalsozialismus in diesen Gruppen. Die Nationalsozialisten spielten allerdings im Literatursystem der Nachkriegszeit kaum eine Rolle. Außerdem ist in diesem Rahmen zu beachten, daß sich aus ästhetischen nicht automatisch auf politische Sympathien schließen läßt und umgekehrt, wie in der Forschung so oft suggeriert wird. Die Ausdifferenzierung der Systeme Politik und Literatur mit ihren jeweils unterschiedlichen Codes und Themen bringt mit sich, daß die Grenze zwischen denen, deren Anschauungen als progressiv oder konservativ bezeichnet werden, in den unterschiedlichen Funktionssystemen auch anders verlaufen kann. So leistete der konservative Schriftsteller Ernst Wiechert Widerstand, hatte Joseph Goebbels expressionistische Sympathien, usw.

Gruppe der Weimarer Republik im Nachkriegsdeutschland überrepräsentiert[21].

III

Der eine Pol des literarischen Codes der Nachkriegszeit wurde also von den Vertretern einer 'Literatur der Innerlichkeit' besetzt. Diese wurden von ihren Gegnern in der Regel als 'Kalligraphen' (Hocke 1946: 9), 'Ästheten' (Richter 1947: 10) oder 'Elfenbeinturmliteraten' (Kolbenhoff 1948: 43) abqualifiziert. Die 'Antikalligraphen' selber bezeichneten sich als 'Realisten', sind aber keineswegs als einheitliche Gruppe aufzufassen. Es lassen sich innerhalb des realistischen Lagers die 'magischen' Realisten[22] oder 'Surrealisten' (Hans Werner Richter, Ernst Kreuder, Wolfdietrich Schnurre), die 'Objektivisten' (Wolfgang Kahnert, Wolfgang Weyrauch, Walter Kolbenhoff) sowie die Vertreter einer politisch engagierten Literatur (Johannes R.Becher, Anna Seghers, Stephan Hermlin, Alfred Kantorowicz) unterscheiden. Die Surrealisten, magischen Realisten und Objektivisten finden sich dabei im großen und ganzen in der Gruppe 47 zusammen[23]. Gemeinsam ist ihnen die Ablehnung einer kalligraphistischen, verinnerlichten, aber auch einer politisch ideologischen Literatur sowie die Suche nach einer ideologiefreien und sich vom 'Sprachverfall' des Dritten Reiches abhebenden neuen wirklichkeitsgerechten Sprache.

---

21 Dies gilt nicht nur für die Literatur. Der Leidener Kunsthistoriker Peter Henkes zeigt in seiner Examensarbeit (1990), daß die Verfolgung der modernen Kunst im Dritten Reich nicht automatisch zu einem Revival expressionistischer, surrealistischer oder dadaistischer Kunst im Nachkriegsdeutschland führte, wie landläufig angenommen wird. Dies hängt damit zusammen, daß in der Malerei und Bildhauerkunst ähnliche Diskussionen geführt wurden wie im Literatursystem und modernen Strömungen wie dem Expressionismus der "gleiche geistige Nährbodem" zugeschrieben wird wie dem, "aus dem schließlich die schlimmsten Blüten des Nazitums hervorwachsen konnten" (Adama van Scheltema 1946: 17).

22 Beklagt Volker Wehdeking (1990) sich über "Richters vage Begrifflichkeit im Postulat eines 'magischen Realismus'" (S.4), so ist auch hier zu berücksichtigen, daß solche Begriffe nicht als ontologische Definitionen, sondern selektiv zustande kommen. Wolfdietrich Schnurre erklärt in einem Interview (Sandmeyer 1977) die Entstehung des Begriffs "magischer Realismus" während des ersten Treffens der Gruppe 47 bezeichnenderweise so, daß man nach dem Vorlesen seiner Geschichte *Das Begräbnis* wahrscheinlich gefunden habe, der geschilderte Vorgang sei, weil nicht *kraß* realistisch, deshalb wohl *magisch* realistisch (S. 196).

23 Am ersten Treffen der Gruppe 47 in Bannwaldsee am 10.9.1947 nahmen Teil: Wolfgang Bächler, Maria und Heinz Friedrich, Walter Maria Guggenheimer, Isolde und Walter Kolbenhoff, Nicolaus Sombart, Toni und Hans Werner Richter, Wolfdietrich Schnurre, Freia von Wühlisch, Walter Hilsbecher, Friedrich Minssen, Franz Wischnewsky, Heinz Ulrich. (Nach Friedrich 1962: 20.) Am 2. Treffen am 8. und 9. November in Herrlingen beteiligten sich laut Angabe der *Neuen Zeitung* vom 7.11.1947 (zitiert nach Arnold 1980: 61) außer den schon Genannten u.a. Ernst Kreuder, Walter Mannzen, Günter Eich, Siegfried Heldwein, Wolfgang Lohmeyer, Dietrich Warsenius, Walter Heist.

Trotz dieser gemeinsamen Gegenpositionen sollte - wie es häufig geschieht[24] - die Einheitlichkeit innerhalb des Diskussionsforums Gruppe 47 nicht überbetont werden. Da die Gruppe 47 jedoch nicht über ein eigenes Publikationsorgan verfügte - ihre Gründung war ja die Folge der von alliierter Seite verweigerten Genehmigung für die als Nachfolge der verbotenen Zeitschrift *Ruf* zu gründende literarische Zeitschrift *Skorpion*[25] - finden sich für die Nachkriegszeit kaum Zeugnisse der Diskussionen und Auseinandersetzungen, die in ihrem Rahmen stattgefunden haben.

Die Breite der Standpunkte und Konfliktfreudigkeit innerhalb der Gruppe 47 belegt aber schon die einzig existierende Skorpionnummer, in der Wolfdietrich Schnurre und Walter Kolbenhoff sich über 'elfenbeinerne Turm-Dichtung' und 'Realismus' auseinandersetzen (Kolbenhoff 1948, Schnurre 1948). In diesem Briefwechsel bezeichnet Schnurre Kolbenhoff als reinen Realisten und krassen Wirklichkeitsfanatiker (Schnurre 1948: 46) und hebt seinen 'magischen' Realismus von Kolbenhoffs 'blankem', sich in die Tradition der amerikanischen young generation (Ernest Hemingway, Thomas Wolfe, William Faulkner) stellendem Realismus ab (ibid.). Schnurre plädiert anschließend für eine Literatur, in der auch das Heer "der unbewußten, teils im Triebhaften, teils im abgründig Seelischen wurzelnden Kräfte, die einander ständig bekämpfenden magischen Sphären des Geistigen und des Dämonischen" (ibid.) dargestellt werde. Auch Ernst Kreuders Briefwechsel mit Horst Lange und seine hier als "Versuch, der eingeschworenen penetranten Grabesdüsternis der jüngeren deutschen Literatur zu entgehen" charakterisierte "Gesellschaft vom Dachboden" (Kreuder 1977: 217) zeigt die unterschiedlichen Positionen, die innerhalb der Gruppe 47 vertreten wurden.

Im Felde der Realisten sind jene in der Minderzahl, die sich politisch-gesellschaftlich orientieren und einen Realismusbegriff in der Tradition des sozialistischen Realismus vertreten. Zu ihnen gehört z.B. Stephan Hermlin, der sich nicht nur von den Kalligraphen abgrenzt (Hermlin 1947: 311), sondern sich außerdem als "realitätsgerechter und "progressiver" Realist vom "vulgären Naturalismus" (ibid.: 312) und einer "anarchistischen" Literatur, wie sie seiner Meinung nach vom Ruf ("eine sogenannte 'unabhängige' Zeitung der jungen Generation" (ibid.)) vertreten wird, abhebt. Mit 'vulgärem Naturalismus' zielt Hermlin wohl auf die 'unmittelbaren Realisten' wie Walter Kolbenhoff. Mit der von ihm abgelehnten 'anarchistischen' Literatur wendet er sich gegen eine existentialistisch beeinflußte Literatur, um statt dessen für eine "vielschichtige, aber nicht anarchistische Literatur, eine Literatur ohne Simplificateurs und metaphysische Glanzlichtermaler, eine praktisch-politische Literatur im weitesten Sinne" (ibid.) zu plädieren.

Daß sowohl die Vertreter einer politisch engagierten Literatur als auch die

24 Zum Beispiel in Wehdeking 1990: v.a. 2.

25 Vgl. Arnold 1980: 11-61.

Objektivisten und die Befürworter des magischen Realismus bzw. Surrealismus den Begriff 'Realismus' für sich in Anspruch nehmen, sollte nochmals die Aufmerksamkeit auf die systemtheoretische Erkenntnis lenken, daß Begriffe keine feststehende Identität oder auch nur einen stabilen Kern besitzen, der historisch jeweils mit unterschiedlichen Varianten angereichert wird. Ihre Bedeutung ergibt sich vielmehr erst aus der Negation anderer Positionen. Begriffe artikulieren eine Differenz. So ist der Begriff Realismus in der Nachkriegszeit global aus seiner Differenz zu einer Literatur der Innerlichkeit heraus zu verstehen. Innerhalb des 'Realismus' zeigt sich allerdings eine ganze Bandbreite an Positionen, die sich alle bekämpfen und gleichzeitig das Prädikat 'realistisch' für sich in Anspruch nehmen[26]. Dieser Sachverhalt sollte allerdings nicht zu der Frage verleiten, welche Gruppe den Begriff 'realistisch' zu Recht oder zu Unrecht verwendet. Eine solche Frage würde nämlich ein ontologisches Sprachverständnis voraussetzen und wäre außerdem eine Stellungnahme innerhalb des Literatursystems. Als Wissenschaftler hat man an solchen literaturinternen Debatten nicht teilzunehmen, kann aber wohl feststellen, daß die positive Besetzung des Begriffs Realismus in mehr als nur einer Normgruppe dazu führte, daß sich die Realisten gegenseitig die Qualifikation 'realistisch' absprachen. Die Tatsache, daß auch die Vertreter einer Literatur der Innerlichkeit lieber andere Begriffe zur Disqualifizierung ihrer Gegner benutzten, weist außerdem auf eine grundsätzlich positive Besetzung des Begriffs Realismus in der Nachkriegszeit hin. Die Realisten in der Tradition Steinbecks und Hemingways werden von gegnerischer Seite meistens als Nihilisten, Pessimisten oder Naturalisten abqualifiziert. Den Vertretern eines politisch orientierten Realismusbegriffs gilt der Vorwurf der Tendenzliteratur. Eine ontologische Interpretation solcher Begriffe würde also nicht zu deren Verständnis führen, da ihre Bedeutung sich nur aus dem jeweiligen Negationskontext ergibt.

Da die jeweiligen Stellungnahmen immer in einer öffentlichen Diskussion stattfanden, wurde die entsprechende Kritik jedoch antizipiert und versuchte man sich in der Argumentation auf zweierlei Ebene zu profilieren bzw. abzusichern. Der 'Realist' grenzte sich also vom 'Elfenbeintürmler' ab, mußte aber gleichzeitig die Kritik des 'Nihilismus' oder der 'Tendenz' antizipieren. Die Vertreter eines verinnerlichten Literaturkonzepts wandten sich gegen die 'Tendenzkunst', antizipierten aber Vorwürfe der Funktions- oder Wirkungslosigkeit. Abhängig vom jeweiligen Standort des Autors wurden also unterschiedliche, mit jeweils positiver oder negativer Ladung versehene Begriffe benutzt, um die eigene Position zu immunisieren. So konnte der gleiche Begriff positiv und negativ eingesetzt bzw. der gleiche Sachverhalt je nach Standpunkt mit unterschiedlichen Begriffen charakterisiert werden. Dieses Jonglieren mit Begriffen ist typisch für sprachliche Kommunikation und belegt die systemtheoretische Erkenntnis, daß Kommunikation nur als "Prozessieren von

---

26 Das gleiche Phänomen in bezug auf die Zwischenkriegszeit erörtert Prangel 1986.

Selektionen" und nicht als ein Austausch von an Wörter gekoppelten Informationen oder Realitätsbeschreibungen zu verstehen ist. Ein aufschlußreiches Beispiel für dieses Jonglieren mit Begriffen bildet die Auseinandersetzung zwischen Günther Steinbrinker und Joachim G. Boeckh (Boeck 1947 und Steinbrinker 1947) über Hermann Hesse. In seinem Plädoyer für eine lehrhafte realistische Literatur als Gegenposition zu den "Luftgebilden, Seifenblasen und Schaumgebäck der Literatur der Innerlichkeit" (Boeck 1947: 13) spielt Boeckh den "Schriftsteller" positiv gegen den "Dichter" aus. Wenn Boeckh dann aber den "Schriftsteller" Hermann Hesse positiv seinem Literaturkonzept einverleibt, erregt er hiermit den Widerspruch Steinbrinkers, der als Gegner eines auf Erziehung ausgerichteten Literaturkonzepts Hesse ebenfalls für sich vereinnahmen möchte: dann jedoch nicht als Schriftsteller, sondern als Dichter.

IV

Seit 1948 taucht in den literaturästhetischen Debatten der Begriff 'Littérature engagée' immer häufiger auf. Dieser aus dem Diskurs des französischen Existentialismus in die Ästhetikdiskussion der Nachkriegszeit übertragene Begriff wurde in den sechziger Jahren in die politisch-literarische Diskussion eingebracht, die Politik und Engagement gleichsetzte. Aus dieser Perspektive wurde daraufhin die ästhetische Diskussion der Nachkriegsjahre bewertet, ohne die spezifisch selektive Bedeutung dieses Begriffs in der Nachkriegszeit zu berücksichtigen. Die implizite Identifikation historischer Begriffe mit jetzt aktuellen Inhalten prägt die ganze Sekundärliteratur zur engagierten Literatur im Nachkriegsdeutschland. Weder in Volker Wehdekings *Engagiertes Schreiben im besetzten Deutschland (1945-1949)* (1977) noch in Gerhard Hays *Von der Herkunft engagierter Literatur in Westdeutschland* (1981) findet sich eine historische Analyse der Bedeutung des Begriffs 'engagierte Literatur'. Die hermeneutische Interpretation im Sinne eines politischen Engagements erscheint als so selbstverständlich, daß sich derartige Fragestellungen zu erübrigen scheinen.

Sieht man sich den Gebrauch des Begriffs engagierte Literatur in der Nachkriegszeit jedoch genauer an, dann stellt sich heraus, daß hiermit keineswegs eine politisch engagierte Literatur intendiert wurde[27]. Im Gegenteil. Heinrich Bechtoldt siedelt die Littérature engagée "zwischen dem elfenbeinernen Turm, den jeder zu jeder Zeit und unter jedem Regime beziehen kann, und einer politisch oder ideologisch bestimmten Zweck-

27 Die deutsche Gebrauchsweise dieses Begriffs stimmt übrigens wohl im großen und ganzen mit der Sartreschen überein, der mit "engagement" keineswegs auf ein parteipolitisches Engagement zielte. Vgl. Sartre 1948: 28-44.

literatur" (Bechtoldt 1948: 19) an. Auch Kurt Marek hebt die engagierte Literatur explizit von "einem Dialektischen, einem Magischen, einem Metaphysischen Realismus" ab und kritisiert am sozialistischen Realismus den Versuch, "den unbeschriebenen dunklen Rest, der nach der Bestandsaufnahme übrigbleibt, mit den Laternen einer Ideologie einzufangen" (Marek 1948: 64f.). Engagierte Literatur stellt für ihn gerade jene Literatur dar, der es gelingt, "einen bedeutsamen Teil unserer ideologieverhangenen Wirklichkeit so sichtbar zu machen, daß wir in Bestürzung verfallen" (ibid.). Als beispielhaft für eine solche Literatur erwähnt er Kafka und Hermann Kasack (*Die Stadt hinter dem Strom*). Diese spezifisch historische Bedeutung von "Littérature engagée", die sich also eher mit dem Konzept des Magischen Realismus deckt, wurde von der Literaturwissenschaft jedoch übersehen. Sie verstand unter 'Engagement' nur gesellschaftlich-politisches Engagement, um dann den Befürwortern einer 'engagierten Literatur' in der Nachkriegszeit vorzuwerfen, es würde ihnen hieran fehlen.

V

Das Ende der Nachkriegsliteratur setzt die Forschung der historisch-politischen Situation entsprechend in der Regel am Ende der vierziger Jahre an. Als Indiz für das Entstehen einer neuen Literaturepoche werden das Ende der 'Kahlschlag'-Literatur und das Entstehen experimenteller Schreibweisen genannt. Auch bei dieser Epocheneinteilung kann man mit Luhmann von einer "Selbstsimplifikation des Systems" oder vom Hochstilisieren eines "Realitätsbezugs" sprechen. Sie wurde denn auch häufig angefochten und durch andere Vorschläge ersetzt. So ordnet Frank Trommler die Nachkriegsliteratur einer Literaturepoche zu, die den Zeitraum 1930-1960/65 umfaßt (Trommler 1977: 184). Hier soll allerdings nicht weiter auf diese Debatte eingegangen werden. Statt dessen wird abschließend versucht, aus systemtheoretischer Perspektive einige Gedanken zum Problem der Epocheneinteilung und ihre eventuellen Konsequenzen für eine Epoche Nachkriegsliteratur zu formulieren.

Luhmann selber führt als Kriterium für Epocheneinteilungen die Veränderung des gesellschaftlichen Differenzierungstypus an, was bei ihm zu der Unterscheidung von segmentärer, stratifikatorischer und funktionaler Gesellschaft führt. Eine solche aus makro-soziologischer Perspektive resultierende Epocheneinteilung hat für historisch feinmaschigere Untersuchungen jedoch weniger Bedeutung. Will man trotzdem auch aus systemtheoretischer Perspektive Epocheneinteilungen vornehmen, so läßt sich überlegen, ob nicht Veränderungen in der historischen Realisierung des jeweiligen systemspezifischen Codes als Epochenschwellen zu betrachten wären. Die Luhmannschen Codes - wie der kunstspezifische Code schön/häßlich - wären dabei als Abstraktion einer historisch jeweils konkret zu ermittelnden Opposition zu verstehen. Luhmann beobachtet im Kunstsystem z.B. die Veränderung des

Codes schön/häßlich zugunsten des Codes innovativ/nicht innovativ (Luhmann 1976). Überträgt man solche Gedanken auf den hier thematisierten Untersuchungsgegenstand, so läßt sich beobachten, daß sich im Jahre 1949 die Diskussionssituation im Literatursystem insoweit zu verändern scheint, als die bis dahin in der Nachkriegszeit allgemein verpönte und daher auch nicht weiter diskutierte formal avantgardistische Literatur wieder Diskussionsthema wird. Bis dahin spielte sie nur insofern eine Rolle, als sie sowohl von den Realisten als auch von den Vertretern einer Literatur der Innerlichkeit abgelehnt wurde. So hieß es auch bei den 'Jungen' 1946:

> "Es hat also mit der Zertrümmerung unseres materiellen Daseins eine Zertrümmerung unserer geistigen Existenz stattgefunden, eine Sinnzertrümmerung, eine Formzertrümmerung, der in der Kunst mit literarischen Formzertrümmerungen nicht begegnet werden kann" (Ihering 1946: 796).

Erst ab 1949 scheinen die Diskussionen im Literatursystem diese Dimension wieder zurückzugewinnen. So haben Walter Kolbenhoff und Hans Werner Richter in der *Frankfurter Rundschau* vom 14., 28. und 11. Juni mit ihrer sich auf die Unlesbarkeit der formal avantgardistischen Literatur für die 'Masse' begründenden Kritik an formal avantgardistischer Literatur eine Diskussion zu diesem Thema ausgelöst. Als negatives Beispiel gelten für sie Elisabeth Langgässers *Das unauslöschliche Siegel* und Ernst Kreuders *Die Unauffindbaren*[28]. U.a. Heinz Günther Oliass wendet sich vehement gegen ihre Kritik an diesen für ihn in der Tradition Joyces und Döblins stehenden Autoren und die Forderung der Allgemeinverständlichkeit für die Kunst:

> "Wo aber Dichtung sich neuer Mittel bedient und bedienen muß, um zu intensiver Aussage vom Menschen zu gelangen, und darum handelt es sich bei den gekennzeichneten Autoren, wird ihr der Gedanke, eine Mauer niederreißen zu müssen, um in besserer Form 'die Masse' zu gewinnen, herzlich gleichgültig sein" (Oliass 1949: 234).

1949 wird die Opposition Realismus/Innerlichkeitsliteratur mancherorts sogar als eine historische dargestellt. So eröffnet Paulheinz Quack seinen Artikel *Junge Generation in der Besinnung* mit den Worten:

> "Die Spiegelfechtereien literarischer Diskussionen sind im Abflauen. Es ist stiller geworden um die laut und oft gestellte Frage nach der 'Aufgabe des Schriftstellers in dieser Zeit'" (Quack 1949: 135).

Manifestierte sich die Realisierung des literaturspezifischen Codes in der Nachkriegszeit also als die Opposition Realismus/Innerlichkeitsliteratur, so läßt sich seit dem Ende der vierziger Jahre beobachten, daß diese Codierung durch eine andere ergänzt wird, die - soweit sich hier beobachten läßt - als die

---

28 Zitiert nach Olias 1949: 233.

Differenz Innovation/Realismus bzw. Verständlichkeit zu beschreiben wäre. Die Frage, ob sich durch diese Beobachtung ein Epochenkonzept 'Nachkriegsliteratur' aufrechterhalten läßt, soll hier nicht weiter erörtert werden. Auf jeden Fall sollen die zuletzt formulierten Gedanken nochmals zeigen, daß, soweit man aus systemtheoretischer Perspektive überhaupt von Epochen sprechen kann, diese nicht als uniforme Gebilde, sondern als Realisierung einer bestimmten Opposition zu betrachten sind, deren konkrete Manifestation sich nur historisch ermitteln läßt.

Literatur

Adama van Scheltema, F. (1946): Ist der Expressionismus noch "Junge Kunst"?, in: *Prisma 1 (2)*, S. 17-18.

Andersch A. (1948): *Deutsche Literatur in der Entscheidung. Ein Beitrag zur Analyse der literarischen Situation*, Karlsruhe.

Arnold, H.L. (1980): *Die Gruppe 47*, München (= Text & Kritik Sonderband 9).

Aufstand der Landschaft gegen Berlin. Beilage zum Marbacher Magazin 35 (1985).

Bach, R. (1946): Bekenntnis zur Lyrik, in: *Welt und Wort 1*, S. 9.

Baecker, D. (1985): Die Freiheit des Gegenstandes: von der Identität zur Differenz. Perspektivenwechsel in den Wissenschaften, in: *Delfin V*, S. 76-88.

Bechtoldt, H. (1948): Littérature engagée, in: *Literatur und Politik. 7 Vorträge zur heutigen Situation in Deutschland*, hg. von H. B., Konstanz, S. 9-26.

Boeckh, J.G. (1947): Die erzieherische Aufgabe der deutschen Literatur, in: *Karussell 2 (14)*, S. 13-21.

Born, N./Manthey, J. (Hg.) (1977): *Literaturmagazin 7. Nachkriegsliteratur*, Reinbek bei Hamburg.

Burgers, H. (1986): Die *Stellvertreter*-Rezeption in der DDR. Zur Rezeption der einen deutschen Literatur im anderen Deutschland, in: *Ideologie und Literatur(wissenschaft)*, hg. von J. Hoogeveen und H. Würzner 1986, Amsterdam (= Amsterdamer Publikationen zur Sprache und Literatur 71), S. 167-207.

Burgers, H. (1991): "An den Leser". Vorworte und Absichtserklärungen deutscher Zeitschriften der unmittelbaren Nachkriegszeit, in: *Interbellum und Exil. Liber Amicorum für Hans Würzner*, hg. von S. Onderdelinden, Amsterdam (= Amsterdamer Publikationen zur Sprache und Literatur 90), S. 267-289.

Deicke, G. (1987): Die jungen Autoren der vierziger Jahre, in: *Sinn und Form 39*, S. 640-646.

Döblin, A. (1938): *Die deutsche Literatur (im Ausland seit 1933)*, 1938.

Friedrich, H. (1962): Das Jahr 47, in: *Almanach der Gruppe 47. 1947-1962*, hg. von H. W. Richter, Reinbek bei Hamburg, S. 15-21.

Grimm, R. (1976): Im Dickicht der inneren Emigration, in: *Die deutsche Literatur im Dritten Reich. Themen - Traditionen -Wirkungen*, hg. von H. Denkler und K. Prümm, Stuttgart, S. 406-427.

Haase, H. (1974): Zur Bedeutung des Traditionsproblems in der deutschen Literatur 1945-1949, in: *Wissenschaftliche Zeitschrift der Friedrich-Schiller-Universität Jena 23*, S. 91-101.

Hay, G. (1981): Von der Herkunft engagierter Literatur in Westdeutschland, in: *DU 3*, S. 23-30.

Heist, W. (1948): [o.T.], in: *Der Skorpion 1 (1)*, S. 4-5.

Henkes, P. (1990): *Betekenissen van kunst in naoorlogse Duitse kunstgeschiedschrijving. Kunsthistorische recipiëring van moderne kunst in Duitsland 1945-1950 en nationaal-socialistische kunst 1945-1990*, Leiden (unveröffentlicht).

Hermand, J. (1982): Unbewältigte Vergangenheit. Westdeutsche Utopien nach 1945, in: *Nachkriegsliteratur in Westdeutschland 1945-49. Schreibweisen, Gattungen, Institutionen*, hg. von J.H.H. Peitsch und K.R. Scherpe, Berlin (= Argument-Sonderband 83 = Literatur im historischen Prozeß. Neue Folge 3), S. 103-128.

Hermlin, S. (1947): Wo bleibt die junge Dichtung?, in: *Welt und Wort 2*, S. 310-312.

Hocke, G.R. (1946): Deutsche Kalligraphie oder Glanz und Elend der modernen Literatur, in: *Ruf 1 (7)*, S. 9-10.

Holthusen, H.E. (1952): Die Überwindung des Nullpunkts, in: H.E.H.: *Der unbehauste Mensch*, München, S. 137-169.

Hoogeveen, J. (1986): Das Verhältnis von Sein, Zeit und Heißen als historiographische Herausforderung, in: *Ideologie und Literatur(wissenschaft)*, hg. von J. Hoogeveen und H. Würzner, Amsterdam (= Amsterdamer Publikationen zur Sprache und Literatur 71), S. 9-45.

Hoogeveen, J./Würzner, H. (Hg.) (1986): *Ideologie und Literatur(wissenschaft)*, Amsterdam (= Amsterdamer Publikationen zur Sprache und Literatur 71).

Hüppauf, B. (1981): Krise ohne Wandel. Die kulturelle Situation 1945-1949, in: *"Die Mühen der Ebenen". Kontinuität und Wandel in der deutschen Literatur und Gesellschaft 1945-1949*, hg. von B.H., Heidelberg, S. 47-69.

Hüppauf, B. (Hg.) (1981): *"Die Mühen der Ebenen". Kontinuität und Wandel in der deutschen Literatur und Gesellschaft 1945-1949*, Heidelberg.

Ihering, B. (1946): Theater der Völker 1946, in: *Aufbau 2 (8)*, S. 795-805.

Kolbenhoff, W. (1948): Gegen die Nebelrufler. Ein Brief an Wolfdietrich Schnurre, in: *Der Skorpion 1*, S. 42-43.

Kretschmer, M. (1979): Die Dichterrolle als Reflexionsmedium literarischer Praxis in Deutschland 1945-1950, in: *Poetica II (1/2)*, S. 207-232.

Kreuder, E. (1977): "Man schreibt nicht mehr wie früher". Briefe an Horst Lange. Briefwechsel zwischen 9.10.45 und 5.5.46, abgedruckt in: *Literaturmagazin 7. Nachkriegsliteratur*, hg. von N. Born und J. Manthey, Reinbek bei Hamburg, S. 209-231.

Kreuzer, H. (1971): Zur Periodisierung der 'modernen' deutschen Literatur, in: *Basis II*, S. 7-32.

Kurz, G. (1988): Nullpunkt, Kahlschlag, tabula rasa. Zum Zusammenhang von Existentialismus und Literatur in der Nachkriegszeit, in: *Philosophie und Poesie. Otto Pöggeler zum 60. Geburtstag Bd. 2*, hg. von A. Gethmann-Siefert, Stuttgart-Bad Canstatt, S. 309-331.

Luhmann, N. (1985): Das Problem der Epochenbildung und die Evolutionstheorie, in: *Epochenschwellen und Epochenstrukturen im Diskurs der Literatur- und Sprachhistorie*, hg. von H.U.Gumbrecht und U. Link-Heer, Frankfurt/M., S. 11-33.

Luhmann, N. (1976): Ist Kunst codierbar?, in: *"schön". Zur Diskussion eines umstrittenen Begriffs*, hg. von S.J. Schmidt, München, S. 60-95.

Marek, K. (1948): Der Schriftsteller und die Wirklichkeit, in: *Literatur und Politik. 7 Vorträge zur heutigen Situation in Deutschland*, hg. von H. Bechtoldt, Konstanz, S. 61-74.

Müller, H. (1946): Das Wesentliche in der Kunst, in: *Die Lücke 2*, S. 22.

Nipperdey, Th. (1986): Probleme der Modernisierung in Deutschland, in: Th. N.: *Nachdenken über die deutsche Geschichte. Essays*, München, S. 44-60.

Oliass, H.G. (1949): Mehr Leser durch Konzessionen, in: *Welt und Wort 4*, S. 233-234.

Prangel, M. (1986): Das Geschäft mit der Wahrheit. Zu einer zentralen Kategorie der Rezeption von Kriegsromanen in der Weimarer Republik, in: *Ideologie und Literatur(wissenschaft)*, hg. von J. Hoogeveen und H. Würzner, Amsterdam (= Amsterdamer Publikationen zur Sprache und Literatur 71), S. 47-78.

Pross, H. (Hg.) (1965): *Deutsche Presse seit 1945*, Bern/München.

Quack, P. (1949): Junge Generation in der Besinnung, in: *Welt und Wort 4*, S. 135-137.

Richter, H.W. (1962): *Bestandsaufnahme. Eine deutsche Bilanz 1962*, München.

Richter, H.W. (1947): Literatur im Interregnum, in: *Ruf 2 (6)*, S. 10.

Robert, D. (1981): Nach der Apokalypse. Kontinuität und Diskontinuität in der deutschen Literatur nach 1945, in: *"Die Mühen der Ebenen". Kontinuität und Wandel in der deutschen Literatur und Gesellschaft 1945-1949*, hg. von B. Hüppauf, Heidelberg, S. 21-45.

Sandmeyer, P. (1977): Schreiben nach 1945. Ein Interview mit Wolfdietrich Schnurre, in: *Literaturmagazin 7. Nachkriegsliteratur*, hg. von N. Born und J. Manthey, Reinbek bei Hamburg, S. 191-203.

Sartre, J.-P. (1948): *Qu'est-ce que la littérature?*, Paris.

Schäfer, H.D. (1976): Die nichtfaschistische Literatur der 'jungen Generation' im nationalsozialistischen Deutschland, in: *Die deutsche Literatur im Dritten Reich. Themen - Traditionen - Wirkungen*, hg.von H. Denkler und K. Prümm, Stuttgart, S. 409-504.

Scheichl, S.P. (1986): Weder Kahlschlag noch Stunde Null. Besonderheiten des Voraussetzungssystems der Literatur in Österreich zwischen 1945 und 1960, in: *Vier deutsche Literaturen?*, hg. von K. Pestalozzi, A. von Bormann und Th. Koebner, Tübingen, S. 37-51.

Schnurre, W. (1948): 'Für die Wahrhaftigkeit'. Eine Antwort an Walter Kolbenhoff, in: *Der Skorpion 1*, S. 42-46.

Schonauer, F. (1961): *Deutsche Literatur im Dritten Reich. Versuch einer Darstellung in polemisch-didaktischer Absicht*, Olten/Freiburg i.Br.

Schröder, R.A. (1947): Vom Beruf des Dichters in der Zeit, in: *Merkur 1*, S. 863-867.

Soergel, A./Hohoff, K. (1963): *Dichter und Dichtung der Zeit. Vom Nationalsozialismus bis zur Gegenwart Bd. 2*, Düsseldorf.

Steinbrinker, G. (1947): Ist der Dichter ein Erzieher?, in: *Karussell 2 (16)*, S. 26-31.

Trommler, F. (1970): Der 'Nullpunkt 1945' und seine Verbindlichkeit für die Literaturgeschichte, in: *Basis I. Jahrbuch für deutsche Gegenwartsliteratur*, hg. von R. Grimm und J. Hermand, Frankfurt/M., S. 9-25.

Trommler, F. (1971): Der zögernde Nachwuchs, in: *Tendenzen der deutschen Literatur seit 1945*, hg. von Th. Koebner, Stuttgart, S. 1-117.

Trommmler, F. (1977): Nachkriegsliteratur - eine neue deutsche Literatur, in: *Literaturmagazin 7. Nachkriegsliteratur*, hg. von N. Born und J. Manthey, Reinbek bei Hamburg, S. 167-186.

Vormweg, H. (1971): Deutsche Literatur 1945-1960: Keine Stunde Null, in: *Die deutsche Literatur der Gegenwart. Aspekte und Tendenzen*, hg. von M. Durzak, Stuttgart, S. 13-30.

Weber, D. (1968): Einleitung, in: *Deutsche Literatur seit 1945 in Einzeldarstellungen*, hg. von D.W., Stuttgart, S. 1-15.

Wehdeking, V. (1988): Engagiertes Schreiben im besetzten Deutschland (1945-1949), in: *Bestandsaufnahme Gegenwartsliteratur. Bundesrepublik Deutschland. Deutsche Demokratische Republik. Österreich. Schweiz*, hg. von H.L. Arnold, München, S. 13-26.

Wehdeking, V. (1990): Literarische Programme der frühen Nachkriegszeit, in: *Sprache und*

Literatur in Wissenschaft und Unterricht 66, S. 2-15.

Wehdeking, V. (1977): Eine deutsche *Lost Generation*? Die 47er zwischen Kriegsende und Währungsreform, in: *Literaturmagazin 7. Nachkriegsliteratur*, hg. von N. Born und J. Manthey, Reinbek bei Hamburg, S. 145-167.

Würzner, H. (1985): Der Literaturstreit in der Weimarer Republik, in: *Formen und Formgeschichte des Streitens Bd. I*, hg. von F.J. Worstbrock und H. Koopmann, Tübingen (= Akten des VII. Internationalen Germanisten-Kongresses Göttingen 1985), S. 220-224.

Kommunikation und Bewußtsein

Zur systemtheoretischen Rekonstruktion einer literarischen Bestätigung der Systemtheorie

Dietrich Schwanitz

Wollte man in einem Shandyschen Anfall kritischer Kondensation das Kompositionsprinzip von Laurence Sternes *Tristram Shandy* benennen, gibt es nichts, was sich so sehr aufdrängt wie das Prinzip der Unterbrechung. Die Geschichte wird durch Abschweifungen unterbrochen, der Erzählfluß wird durch Kommentare zum Erzählfluß durchlöchert, eine Gedankenkette wird durch eine andere abgelenkt, und die Erschaffung des Helden kollidiert mit der Nachfrage nach dem Aufziehen der Standuhr. Auf allen Ebenen kommt es zu Unterbrechungen, Kollisionen, Zusammenstößen und Unfällen. Sternes erzählerischer Kosmos zeigt die Kehrseite der Newtonschen Mechanik: Wenn die Räder des Uhrwerks nicht richtig ineinandergreifen, dann stören sie sich gegenseitig. Dann kommt es zu Ungleichzeitigkeiten, Defekten, Blockierungen und Unfällen. Sternes Roman ist das erste Werk der Literatur, dessen Problem die Synchronisation der verschiedensten Verläufe in einer Welt thematisiert. Das macht seinen modernen und, man möchte fast sagen, seinen gleichsam systemtheoretischen Charakter aus. Die Begriffe, die im Mittelpunkt seiner Analyse stehen müßten, sind auch die Zentralbegriffe der Systemtheorie: Komplexität, Kontingenz, Zeit, Kommunikation, Selbstreferenz, Autopoiesis. Nun ist der *Tristram Shandy* aber zugleich ein Hauptwerk jenes geschmacksgeschichtlichen Umbruchs, den man mit dem Begriff der Empfindsamkeit - der sensibility - bezeichnet. Abgesehen davon, daß man der Systemtheorie in der Fassung, die Luhmann ihr gegeben hat, selbst eine gewisse Gefühllosigkeit attestiert, spielen die Gefühle in ihr eine recht eindeutige Rolle: Sie sind auf die Funktion festgelegt, für die Fortsetzung des Bewußtseins auch dann zu sorgen, wenn es durch Ratlosigkeit blockiert ist. Sie bilden eine Art Notaggregat, das das Bewußtsein befähigt, bei Entscheidungsunfähigkeit hinsichtlich der Anknüpfung an Weltsachverhalte auf Selbstreferenz umzuschalten und mit seiner eigenen Ratlosigkeit weiterzumachen. Insofern wird die Funktion der Gefühle auf das psychische und nicht das soziale System bezogen.[1]

Anhand des *Tristram Shandy* und des Liebesszenarios der Empfindsamkeit läßt sich nun zeigen, daß die Gefühle auch eine Funktion für die Kommunikation haben und daß man nur über diese Funktion verstehen kann, warum Gefühle in der Kultur der Moderne so wichtig für die Psychologie, die Literatur und das Selbstverständnis der Menschen geworden sind. Dabei wird sich zeigen, daß von Anfang an im Paradigma der Empfindsamkeit Gefühle und das Unbewußte zusammengehören. Und eben das läßt sich zeigen an einer weiteren Variante Shandyscher Unterbrechung: an der Unterbrechung der verbalen Kommunikation durch die Körpersprache.

Das Problem des Shandyschen Universums ist dasselbe wie das der Systemtheorie. Es gibt viele geschlossene Systeme, aber kein Supersystem, das ihre Interaktion regelt. Zunächst ist da die geschlossene Welt der Kausalität, deren Abläufe vom sich selbst regulierenden Mechanismus Newtonscher Gravitation zusammengehalten und synchronisiert werden.[2] Und dann gibt es die ebenso geschlossene Welt des Subjekts, das plant, reflektiert und erzählt. Jedes dieser Subjekte bildet eine eigene Welt in einer Galaxie von weiteren Subjekten, und jede dieser Welten ist ebenso geschlossen wie alle anderen aufgrund ihrer Selbstreferentialität.[3] Die Signatur dieser Geschlossenheit ist bei Sterne der "humour", d. i. die unbegründbare, grundlose, also sich selbst begründende Individualität. Sie drückt sich aus in einem idiosynkratischen hobby-horse, dem berühmten Shandyschen Steckenpferd. Aber das Steckenpferd repräsentiert zugleich die Problematik dieser monadenhaften Fensterlosigkeit: Es entzieht das Individuum der Sphäre der Kommunikation in die Einsamkeit. Die einzige Kommunikation, die stattfindet, besteht aus Mißverständnissen.[4] Diese werden in der Regel durch homonymische Kollisionen ausgelöst (train of artillery/train of ideas), die die Gedanken beider Kommunikationspartner auf die jeweilige ballistische Bahn der Assoziation[5] senden, welche von der Gravitationskraft des jeweiligen Steckenpferds vorgezeichnet ist. Darin ist Sterne ein radikaler Konstruktivist. Es gibt keine Metawelt, die die Interaktion der geschlossenen Welten durch Metaregeln synchronisiert. Und eben deshalb manifestiert sich ihre Interaktion in wechselseitigen Unterbrechungen, Kollisionen und Unfällen. Der heimliche Fluchtpunkt dieser Welt ist der crash.

Das Subjekt hat nun eine doppelte Beziehung in dieser Welt: eine zur mechanischen Welt und eine zu anderen Subjekten. Es gibt also zwei verschiedene Grenzlinien: die eine trennt Individuum von Individuum, und sie muß

---

1 Siehe Luhmann 1984: 370 ff.

2 Zur Beziehung zu Newtons Gravitationstheorie siehe auch Nonner 1975.

3 Siehe hierzu besonders Iser 1987.

4 Siehe Berger 1972.

5 Siehe Banerjee 1974.

durch Kommunikation überwunden werden; die andere trennt Körper und Geist und verläuft mitten durch jede Person. Auch das ist sehr systemtheoretisch gedacht, wenn man davon absieht, daß Sterne natürlich noch nicht zwischen Organismus und "mechanical world" differenziert. Weil Sterne diese beiden Grenzen klar unterscheidet, kann er sie rekombinieren, um das Problem der Kommunikation von einem anderen Blickwinkel aus neu zu stellen. Obwohl seine Charaktere keine gemeinsame symbolische Welt teilen, haben sie alle die gleiche Grenze zur mechanischen Welt: Jedes Individuum ist Geist und Körper. Das differenziert nun auch die Formen, in denen die Welten interferieren. Die Intervention des Subjekts in den sich selbst regulierenden Mechanismus des Newtonschen Universums führt nur zu Unfällen: Der Roman besteht aus einer Serie von Unfällen, die die wichtigen Einschnitte im Leben des Helden ruinieren - Zeugung, Geburt, Taufe, Mannbarkeitsritual, Grand Tour. Auf der anderen Seite eröffnet die Intervention des Körpers in die abgeschlossene Welt der geistigen Selbstreferentialität den einzigen Zugang zur Kommunikation. Es ist die Sprache der sympathy und benevolence. Sie ist fast ausschließlich Körpersprache. Es ist die Sprache der physischen Expressivität: das beredte Schweigen, der vielsagende Blick, die bedeutungsschwere Pause, der warme Händedruck, die Sprache der Tränen[6] und Seufzer und - bei Sterne - der fallenden Hüte, wirbelnden Stöcke und ausdrucksvollen Körperhaltungen. Dabei praktiziert der Erzähler eine Rhetorik der Nicht-Rhetorik, indem er unsere Erwartung hinsichtlich eines verbalen Gefühlsausbruchs steigert, der dann in Form von channel hopping sich in stummer Körpersprache Ausdruck verschafft. Die Unterbrechung der verbalen durch Körpersprache stellt dasselbe Paradox dar wie der Ausdruck "vielsagendes Schweigen": Körpersprache beendet und verstärkt Kommunikation. Sie signalisiert, daß ein Gefühl zu viel für Worte ist. Der Abbruch der Kommunikation ist selbst Kommunikation. Er drückt aus, was jenseits des Ausdrucks liegt. Dadurch, daß die Kommunikation die Unausdrückbarkeit des Gefühls ausdrückt, organisiert sie eine interne Transzendenz. Gefühle werden das innerweltliche Himmelreich, die Sphäre des Guten und der Seligkeit. Das wird langfristig zur innerweltlichen Transzendenz einer psychologischen Metaphysik führen: Die black box des Bewußtseins ist das innerweltliche Jenseits, das das eingeschlossene Ausgeschlossene der Psychologie enthält. Dann wird das Schweigen der Charaktere so beredt wie das Schweigen der Götter.

Natürlich gebraucht Sterne diese Tricks noch humoristisch, weil er sie durchschaut. Selten spricht er mit der Sprache des Gefühls, ohne sich zugleich über sie lustig zu machen. Darin ist er anders als die meisten Zeitgenossen. Darüber hinaus treibt er dieses Prinzip in sein linguistisches, sozusagen Saussuresches Extrem, indem er die Grenzen zwischen beiden Welten - der symbolischen und der physischen oder, wie er sich ausdrückt, "the moral and

---

6 Vgl. Engstrom 1963.

the mechanical world" - in die Grenze zwischen Signifikat und Signifikant verlängert. Jeder Leser des *Tristram Shandy* wird bei der Lektüre von dem typographischen Spiel mit Gedankenstrichen, Sternchen, Leerstellen, schwarzen und marmorierten Seiten, graphischen Darstellungen von wirbelnden Stöcken etc. überrascht. So wie die Figuren von verbaler auf Körpersprache umschalten, schaltet der Verfasser vom Signifikat auf den Signifikanten um. In beiden Fällen ist der intendierte Effekt der gleiche: ausdrücken, was jenseits des Ausdrucks liegt. Daß Sterne sich seines Verfahrens sehr bewußt ist, zeigt der Erzähler in einer langen Disquisition über die rhetorische Figur der Aposiopesis, in der man seine Rede abbricht, um dem Zuhörer die Gelegenheit zu geben, sich den Rest selbst zu denken.[7]

Diese Figur führt nun zur Technik der Anspielung und der Zweideutigkeit, zum Komplex der sexuellen Tabuisierung und dem Problem des Unbewußten. Was bei Richardson noch bewußtlos exekutiert wird, wird von Sterne bei vollem Bewußtsein betrieben: Er führt seine Leser in semantisch vermintes Gelände, um ihnen dann plötzlich vorzuwerfen, daß sie unkeusche Gedanken hegten. Damit führt er vor, daß das Konzept der Empfindsamkeit zweischneidig ist. In der symbolischen Matrix des Romans wird das in der Differenz zwischen "hobby-horse" und "ass" ausgedrückt. "Ass" ist Walter Shandys Synonym für den Körper mit seinen Trieben. Dieser Kontrast zwischen "hobby-horse" und "ass" wird dann auf die Differenz der Geschlechter projiziert. Walter Shandy, der Kinder zeugende Mann, ist kämpferisch, aggressiv und viril. Sein Bruder Toby dagegen zeigt einen außergewöhnlichen Grad von modesty, good nature und sympathy. Dabei räumt der Erzähler jeden Zweifel aus, daß diese für einen Mann untypischen Eigenschaften auf Tobys ballistische Kastration während der Belagerung von Namur zurückzuführen ist.[8] Entsprechend ersetzt nun bei Onkel Toby das "hobby-horse" das, was Walter Shandy sein "ass" nennt. Die Belagerung des Modells auf dem bowling green ersetzt das, was eigentlich die Belagerung der Witwe sein sollte. Mit der Konfrontation zwischen den beiden Brüdern repräsentiert Sterne den Zusammenhang zwischen Empfindsamkeit und Verdrängung. Und dieser Zusammenhang läßt sich am besten im Rekurs auf das systemtheoretische Modell der Kommunikation rekonstruieren.

Es geht dabei um die internen Grenzen der Kommunikation, die erst bei entsprechender Differenzierung - also bei entsprechendem sozio-kulturellen Entwicklungsstand - sichtbar werden. Sternes Roman markiert dabei deutlich einen signifikanten Einschnitt: nämlich den Zusammenbruch der Rhetorik.[9]

---

7 Vgl. *Tristram Shandy*, book III, ch. 14. Für Beispiele der geschilderten Effekte S. I, 12; III, 29; VI, 40; VII, 35; IX, 4, 18, 19, 20, 22.

8 Siehe auch Gassenmeier 1972.

9 Siehe Schwanitz 1990.

Der Wahrheitsausweis verlagerte sich von der Einheit aus kommunikativer Überzeugungskraft und sachlicher Evidenz auf die zwei Bezugspunkte: wissenschaftliche Objektivität und subjektive Wahrhaftigkeit. Das ist T. S. Eliots berühmte "dissociation of sensibility". In dieser Spaltung drückt sich die Pointe der systemtheoretischen Kommunikationstheorie aus: Niemals erfährt der Adressat einer Kommunikation nur eine Information; statt dessen bricht er jede Botschaft durch den Bezug auf den Sprecher und interpretiert sie im Licht von dessen Motiven, Eigenschaften und Interessen. Entprechend spaltet der Adressat jede Kommunikation in eine Information über die Welt und eine Aussage über den Sprecher. Nur so kann er zwischen Wahrheit der Information und Aufrichtigkeit des Sprechers unterscheiden. Eine Information mag falsch sein, selbst wenn der Sprecher aufrichtig ist. Tatsächlich wird dieses Problem endemisch, wenn Gefühle ins Spiel kommen. Diese Spaltung konstituiert die Differenz von Information und Mitteilung aus der Sicht des Verstehenden. Sie kommt zustande durch eine differenzierte Attribution auf Seiten des Hörers. Ohne sie gibt es keine Kommunikation.

Dieser Attributionsproblematik kann man nun eine etwas andere Drehung geben und kommt damit zu einer Feststellung, die wesentlich weniger akzeptabel ist als die Annahme über die kommunikative Trinität von Information, Mitteilung und Verstehen: Keine Person kann die Umwelt einer anderen Person beobachten. Oder, konkret: Jack kann niemals die Umwelt von Jill beobachten. Das liegt an einer attributionstechnischen Differenz: Jills Umgebung enthält nämlich auch den Beobachter Jack, der sich selbst aber nicht als Umwelt wahrnehmen kann, und sie schließt Jill aus, die als Attributionsreferenz für Jack aufdringlich sichtbar bleibt. Mit anderen Worten, Jack schreibt auch das, was er von Jill über ihre Umwelt erfährt, Jill selbst zu, und nicht nur ihrer Umwelt. Jill kann aber diese Beobachtung Jacks nicht mitbeobachten. Sie erwartet, daß Jack sieht, was sie sieht, nämlich ihre Umgebung. Infolgedessen hält sie Jack für pervers, wenn er etwas anderes sieht. Zum Beispiel, wenn Jill vor einer Maus erschrickt und sich auf einen Tisch flüchtet, tut sie das, weil sie weiß, daß eine Maus schrecklich ist. Jack kann dies aber nicht als Information über die Welt beobachten; statt dessen schreibt er diese Erfahrung Jill persönlich zu und denkt: "Typisch für sie, so ein Theater zu machen." Da Jill das aber nicht sehen kann, erklärt sie Jacks Reaktion mit seiner Kaltschnäuzigkeit, Rohheit und Grobheit. In dieser Weise enthält jede Kommunikation einen latenten Attributionskonflikt, der an jeder Stelle und jederzeit ausbrechen kann. Gerade Metakommunikation wird ihn unweigerlich zutage fördern, und deshalb ist die befriedende Qualität, die ihr im Juste Milieu der Psycho-Gruppen zugeschrieben wird, ein frommer Mythos. Das Gegenteil ist der Fall, und in dem Sinne gilt, daß die Psychoanalyse die Krankheit ist, die sie zu heilen vorgibt. Natürlich liegt hier auf der Hand, warum endgültiger Konsens weder möglich noch wünschbar ist, da er die Gesellschaft zur sozialen Entropie verdammen würde; warum deshalb die Gesellschaft immer neue Techniken entwickeln muß, um dennoch Konsens möglich zu machen, wobei die Lösungen wieder neue Dissensanlässe bieten; und warum eine hermeneutische Verständigungsutopie à la Habermas die Einsicht in diesen Zusammenhang blockiert und das Attributionsproblem begräbt.

Eine Kommunikation, die wir der Umgebung einer Person zuschreiben, interpretieren wir als Erfahrung. Wenn wir sie der Person zuschreiben, interpretieren wir sie als Handlung. Eine Handlung schreibt man sich selbst zu und kann sie deshalb auch lassen. Eine Erfahrung schreibt man der Welt zu und kann sie deshalb nicht nicht machen. Entsprechend sieht Jill ihre Reaktion auf die Maus als Ausfluß einer Erfahrung, die nicht zu machen sie nicht die Freiheit hat. Die Maus ist wirklich schrecklich und - um einen Ausdruck im Geiste Lewis Carrolls zu prägen - Jill kann diese Schrecklichkeit nicht unerfahren. Jack hingegen sieht Jills "Theater" als kontingente Handlung. Die Evidenz ihrer Erfahrung geht auf dem Weg zu Jack verloren.[10]

Weil nun der Hörer die Kommunikation der Erfahrung in kontingente Handlung transformiert, die er dem Sprecher zuschreibt, ist alle Kommunikation dem Verdacht der Unaufrichtigkeit ausgesetzt. Dieser Verdacht verstärkt sich bei weiterer Differenzierung der Kommunikation und muß deshalb durch besondere Techniken wieder aufgefangen und zerstreut werden. Die Betonung der eigenen Aufrichtigkeit ist nun aber besonders verdächtig, weil es naheliegt, sie nicht als Information, sondern als Interessen-geleitete Beteuerung zu sehen, die man auf die Absichten des Sprechers hin relativiert. Gerade diese Beteuerung verdichtet sich also zum Widerspruch eines Selbstdementi. Das konstituiert eine der inneren Grenzen der Kommunikation: die Betonung der eigenen Glaubwürdigkeit ruiniert sie.

Eines der Schlachtfelder, auf denen um diesen Widerspruch gekämpft wurde, ist der Bereich der Intimität und der Liebe. Der Liebescode verlangt vom Liebenden, daß er die Mitteilung der Geliebten als Erfahrung, also als wahr und alternativenlos akzeptiert, obwohl er sie nur als kontingente Handlung beobachten kann. Die gängige Technik, um diese Unwahrscheinlichkeit doch möglich zu machen, ist die Paradoxierung. Paradoxien lassen Attributionen offen, indem sie eine Sphäre der Opakheit schaffen. Sie führen zur Oszillation von Attributionen, zum Hin- und Herschalten und zur Umattribution. Für die Liebe bestand das entscheidende Paradox darin, die heftige Aktivität des Liebhabers als Erlebnis zu camouflieren oder, um den historisch korrekten Terminus zu gebrauchen, als Passion, für die der Liebende dann selbst nicht mehr verantwortlich gemacht werden konnte.[11] Die Frage, wer für die Liebe verantwortlich war, wurde so zum Organisationsprinzip und zum dominanten Thema der Liebeskommunikation, weil sie nicht mehr gelöst werden konnte, alle Optionen für Engagement und Rückzug offenließ und so

---

10 Siehe hierzu Jones/Nisbett 1971 und Kelley 1977.

11 Siehe Luhmann 1982.

für die eigene Fortsetzung, also ihre eigene Autopoiesis sorgte. Das begründete die Affinität der Liebe zum Narrativen; sie generiert ihre eigene Geschichte, in der alles rekursiv über seinen Zeitstellenwert relevant wird: Verzögerung, Ermutigung, Hoffnung, Rückblick, Antizipation und Selbstverbrauch durch Intensität - durch sie erhalten alle Momente und Motive einen Verweis ins Temporale.

Im Verlauf der semantischen Revolution des 18. Jahrhunderts - so lautet unsere These - wurde die Aufgabe, Opakheit zu produzieren, vom Konzept der Empfindsamkeit übernommen. Es wird nun den Gefühlen überlassen, die Kommunikation gegen den Verdacht der Unaufrichtigkeit zu stützen. Der Ansatzpunkt für die Umattribution ist der Körper; denn für den Körper läßt sich nicht entscheiden, ob er zur Person gehört, die handelt und kommuniziert, oder zur Umwelt, die man erfährt. Diese Ununterscheidbarkeit ist wesentlich, denn beides muß möglich sein.[12] Der kranke Körper ist Teil der Umgebung einer Person, für die sie nicht verantwortlich ist. Ein Körper, der kommuniziert, ist dagegen integraler Bestandteil der Person. Der Körper bietet sich deshalb als Ambivalenzraum für Umattributionen an. Die Kommunikation kann jetzt ihre Aufrichtigkeit beweisen, indem sie Rhetorik in Symptomatologie verwandelt. Heutzutage wird das demonstriert durch die psychosomatischen Störungen: Kommunikation wird als Leiden stilisiert. Logischerweise operiert die psychoanalytische Therapie mit der Umkehr des Verfahrens. Dem Patienten wird zugemutet, seine physischen Störungen als Rhetorik zu betrachten, d. h. also als eine Form der Handlung, die er auch lassen kann.

Die semantische Funktion der Sensibilität war es nun, die scharfe Differenz zwischen Körper und Geist durch eine Pufferzone zu ersetzen, die zur seelenvollen Heimstatt der Gefühle wurde. Je nach Perspektive konnte diese Sphäre der Sympathie und der Gefühlswärme gegen den kalten Intellekt und gegen die schiere Mechanik des Körpers ausgespielt werden. In der ideologischen Matrix der sentimentalen Literatur nahm die Sphäre des Gefühls einen deutlich weiblichen Charakter an. Invers dazu werden die auseinanderfallenden Teile des kalten Intellekts und der sinnlich-physischen Triebmechanik, die sich dann in der Pornographie des Marquis de Sade ausdrückt, dem unerlösten Mann überlassen. Es ist offensichtlich, daß wir - moderne Feministen und Enthusiasten der Körpersprache - dieses Paradigma vom 18. Jahrhundert geerbt haben.

Wie bei der Passion besteht der semantische Trick in der Umattribution. Empfindsamkeit, sensibility, wird als Passivität gedacht, als Beeindruckbarkeit und Feinfühligkeit. Diese Sensibilität ist so irritierbar, daß alle Kommunikation als Erfahrung stilisiert werden kann. Diese Erfahrung nahm die Formen des Gefühls an. Gefühle überwältigen, man wird von ihnen überflutet. Deshalb

12 Helmut Plessner hat diese Doppelung als "exzentrische Positionalität des Menschen" beschrieben (Plessner 1961).

muß die Heldin des empfindsamen Romans passiv sein, nachdenklich, fragil und von außerordentlicher Feinfühligkeit und Zartheit. Wie in Richardsons *Clarissa* wird körperliche Fragilität zum Kontrastbild von moralischer Standfestigkeit, und das konstituiert dann den Typ der verfolgten Unschuld oder der Virtue in Distress, der die Verfolgungsszenarien von Richardsons *Pamela* bis Charlotte Brontës *Jane Eyre* bevölkert. Im Drama zwischen Verfolger und verfolgter Unschuld wird dann der Zusammenhang von Verdrängung und Projektion ausagiert. Die Heldin der Empfindsamkeit ist stets in Gefahr, auch das wahrzunehmen, was unbedingt verdrängt werden muß: die eigenen erotischen Impulse und Neigungen. Diese Impulse werden deshalb auf den Liebhaber projiziert, an dem sie dann schaudernd wahrgenommen werden können. Das konstituiert seinen Status als Byronic hero: zugleich attraktiv und verworfen. Die Heldin aber verschiebt ihre Kommunikation in die Unverantwortlichkeit physischer Reaktionen. In den Tränenströmen, Ohnmachten, Seufzern und Schreien übernimmt der Körper der Heldin die Antwort. Das fordert den Gestus des Überwältigtseins. Kommunikation wird so auf der Grenze zwischen Körper und Geist - und das heißt im Seelischen - zusammengezogen. Hier herrscht die Paradoxie vom Ausdruck des Unausdrückbaren, die wir im *Tristram Shandy* gefunden haben. Das beredte Schweigen, der vielsagende Blick, der sprechende Händedruck, die Träne, der Seufzer und der dramatische Abbruch der Kommunikation: All diese Gesten sind umso eloquenter, als sie stumm sind.

Im *Tristram Shandy* parodiert Sterne dieses Schema, indem er das Verfolgungsszenario umdreht: Hier ist es der Mann, Onkel Toby, der als Virtue in Distress auftritt. Die Umkehr ist umso betonter, als Toby ein Militär ist, dem in der Regel die erotische Flamboyanz und die Rücksichtslosigkeit des aristokratischen Wüstlings vorbehalten war. In der Parodie enthüllt Sterne die interne Logik der Empfindsamkeit. Um glaubwürdig zu bleiben, muß die Feinfühligkeit stets mehr wahrnehmen als ihr guttut. Sie wird mit mehr konfrontiert, als sie verdauen kann. Ihr Wesen ist der Exzeß. Deshalb muß sie stets an der eigenen Kapazitätsgrenze arbeiten. Diese Grenze zu überschreiten heißt, die verbale Kommunikation durch Körpersprache zu ersetzen. Aber eben dies ist ein Paradox: der Abbruch der Kommunikation als Steigerung der Kommunikation.

So wie die Kommunikation ihre interne Grenze überschreitet, indem sie ausdrückt, was unausdrückbar ist, so nimmt das Bewußtsein stets wahr, was es nicht wahrnehmen darf und was Sterne als das demaskiert, was es ist: die verdrängte Sexualität. Das bringt die Sensibilität in einen Zustand permanenter mauvaise foi - sie lehnt es ab wahrzunehmen, was sie wahrnehmen muß, um es abzulehnen. Immer drückt sie aus, was nicht ausdrückbar ist. Das läuft auf das hinaus, was wir das "Unbewußte" zu nennen uns angewöhnt haben. Das Unbewußte opakisiert die Beziehung zwischen Körper und Geist, um Raum zu schaffen für die Möglichkeit der Umattribution der Kommunikation.

Dies wird bestätigt, wenn man sich den Wandel im Liebescode ansieht. Vor der Empfindsamkeit wurde die Ambivalenz der Liebhaberin durch die Konventionen der Koketterie reguliert. Koketterie erlaubte es der Frau, launisch, kapriziös und tyrannisch zu sein. Indem sie *ihre* Freiheit auf die Spitze trieb, nutzte sie sie, um daran *seine* Konstanz zu testen. Nur wer bei der größten Kapriziosität noch bei der Stange blieb, bot die Aussicht darauf, treu zu bleiben. Die Kapriziosität organisierte dabei die Doppelung von Zustimmung und Ablehnung. Damit wurde der Wechsel von Verzweiflung und Hoffnung zum Wechselbad. In der Empfindsamkeit nun wird die Koketterie internalisiert und damit psychologisch. Der Widerspruch zwischen offizieller Ablehnung und inoffizieller Zustimmung wird zwischen Bewußtsein und Unbewußtsein geteilt. Bewußt lehnt sie ab, aber unbewußt stimmt sie zu. Und diese Arbeitsteilung wird durch die Doppelung von verbaler und Körpersprache ausgedrückt: Verbal lehnt sie ab, aber die stummen Blicke, die beredten Seufzer, die heimlichen Tränen verkünden eine Zustimmung, die sich selbst nicht kennen darf. Das Unbewußte und die Körpersprache entziehen die Kommunikation der Verantwortlichkeit des Kommunizierenden und machen sie glaubhaft, indem sie sie als ungewollt, als unwillkürlich stilisieren.

Was Sterne einzigartig macht, ist, daß er uns das Unbewußte noch nicht in psychologischen Begriffen anbietet. Statt dessen zeigt er, daß und wie es als Begleiterscheinung der Kommunikation auftritt und daß es deshalb auch in Begriffen der Kommunikation beschrieben werden kann. Ganz besonders deutlich wird das an einem weiteren Phänomen, bei dem Sterne die internen Grenzen der Kommunikation zum Abstoßungspunkt macht. Er greift Lockes Theorie auf, daß der Erfolg der Kommunikation nur durch die exakte Definition der Wortbedeutungen garantiert wird.[13] So insistiert der Erzähler in seinem Kapitel über Nasen darauf, daß bei seinem Gebrauch des Begriffs "Nase" tatsächlich nur die genaue Wortbedeutung zugrunde gelegt sei, warnt seine Leser, sowohl männlichen wie weiblichen Geschlechts, gegen die Versuchung des Teufels, der ihnen andere Bedeutungen nahelegen könnte, und treibt solch einen Aufwand bei der Definition des Begriffs "Nase", daß der Leser beginnt, sowohl an der Eindeutigkeit des Begriffs als auch an der Aufrichtigkeit des Erzählers zu zweifeln. Systemtheoretisch gesprochen kann man sagen: Indem der Erzähler gemäß Lockes Theorie die Kommunikation über die Festschreibung der Information sichern will, bringt er sie von der Seite der Mitteilung her unter Verdacht. Das ist eine andere Variante des erwähnten Selbstdementi durch Beteuerung der eigenen Aufrichtigkeit: Wer auf Eindeutigkeit insistiert, suggeriert Zweideutigkeit. Und so kann man dann Zweideutigkeit ausdrücken: Man drückt die Einheit einer Differenz aus, und das ist eben eine Paradoxie. Sterne führt das an einer Reihe von Begriffen wie "whiskers", "nose" und den meisten termini technici vor, die mit der Festungskunde zu tun haben. Dadurch ruiniert er die Begriffe. Er korrumpiert sie

---

13 John Locke, *An Essay Concerning Human Understanding*, London 1690, III.

sozusagen. Zweideutigkeiten aber überqueren die Grenze zwischen Bewußtem und Unbewußtem: Sie drängen sich von selbst auf, sie emergieren. Zugleich emergieren sie auch an der internen Grenze der Kommunikation. Der Versuch, die Eindeutigkeit oder Aufrichtigkeit zu beteuern, endet im Selbstdementi, der Zweideutigkeit und dem Verdacht der Unaufrichtigkeit. Anders als bei Sterne, der das bewußt ausbeutet, sieht das in der Regel nur der Beobachter und nicht der Sprecher. Zu beobachten, was der Selbstbeobachtung notwendig entzogen bleibt, heißt aber, das Unbewußte zu beobachten. Wenn das eintritt, wird die Beobachtung selbstreflexiv. Beobachter beobachten andere Beobachter und sehen, was diese bei sich selbst nicht sehen können: also ihr Unbewußtes. Die Selbstreflexivität der Beobachtung und das Unbewußte entstehen zusammen. Von nun an wurde es möglich, etwas zu kommunizieren, was einem nicht bewußt war, und sich einer Sache bewußt zu sein, die man nicht sagen konnte. Das konstituiert eine Kernspaltung, die erst die Systemtheorie zum Ausgangspunkt der eigenen Theoriestrategie macht.

Dreht man die Blickrichtung auf die Systemtheorie, macht das den ihr geschuldeten Gehalt der Analyse explizit. Systemtheoretisch sind die vorhergehenden Überlegungen insofern, als sie zwei Dinge akzeptieren, die im traditionellen Diskurs der Moderne als unakzeptabel gelten:

1) Das erste Gebot, das das Subjekt für den alteuropäischen Dekalog erlassen hatte, wird aufgegeben; dies Gebot lautete: "Du sollst keine anderen selbstreferentiellen Verhältnisse kennen neben mir." Die Aufgabe dieses Gebots führt vom systemischen Monotheismus zurück zum Polytheismus der Systeme: Auch Kommunikation ist nun ein selbstreferentielles System.

2) Der Mensch wird nicht mehr als Einheit gesehen, sondern als Interpenetrationsverhältnis dreier Systeme - Bewußtsein, Kommunikation und Organismus.

Die Analyse behandelt damit als begrifflich gelöst, was im *Tristram Shandy* noch als Problem der Einheit artikuliert wird. Das impliziert die Selbstverortung der Analyse innerhalb der sozio-kulturelle Evolution: Sie selbst ist als Bestandteil ihrer retrospektiven Selbsterkenntnis der Fluchtpunkt, auf den sie die sozio-kulturelle Evolution als lang andauernden Übergang von der stratifikatorisch differenzierten zur funktional differenzierten Gesellschaft und damit als Bedingung ihrer eigenen Möglichkeit zuordnet. Damit ersetzt die Figur der Selbstreferenz die Vorstellung von der Einheit eines Prozesses, den man der Identität eines unterstellten Subjektes wie Gesellschaft, Mensch oder "bürgerliches Individuum" zuschreiben könnte. Entsprechend löst der Begriff der Evolution den der Geschichte ab. Evolution ist ein subjektloser Prozeß und wird durch Differenz - etwa durch die Differenz von System und Umwelt - ausgelöst. Das führt auch zur Ausdifferenzierung systemeigener Zeithorizonte: Einerseits wird das Verhältnis von System und Umwelt durch Gleichzeitigkeit gekennzeichnet; die laufend entstehenden und vergehenden Systemereignisse, also die Kommunikationen, kopieren die Zeit ins System. Andererseits macht ihre interne Differenzierung Systeme zeitlich unabhängig durch Erinnerung, Antizipation, Aufschub von Reaktionen, interne Simulation etc. Deshalb ist Zeit selbst ein Produkt der Evolution. Das wird aber im Konzept der Geschichte nicht mit berücksichtigt; sie parallelisiert in der Regel Kausalität und Zeit und kann dann selbst-konditionierte Prozesse, Rekursivitäten, feed-back-Mechanismen und die Zirkularität von Problem und Lösungen nicht adäquat erfassen. Evolutionstheorie dagegen rekonstruiert nicht Kausalketten, sondern formuliert die Bedingungen für die Kooperation der evolutionären Mechanismen, und das sind Variation, Selektion und Stabilisierung. Diese Bedingungen haben sich grundlegend gewandelt, als mit dem Übergang zur modernen Gesellschaft das Prinzip gesellschaftlicher Differenzierung autonom - also gesellschaftlich - geworden ist: Differenziert werden nun nicht mehr Gruppen von Menschen in Schichten oder Familien, sondern Typen von Kommunikationen. Literarische Analyse in systemtheoretischer Absicht erfolgt deshalb als Komparatistik von Kommunikationstypen - also als Vergleich literarischer mit anderen Kommunikationen im Kontext der Ausdifferenzierung von Subsystemen, Mediencodes und gesellschaftlicher Semantik. Der Vorteil der systemtheoretischen Analysetechnik besteht dabei in der durch den hohen Abstraktionsgrad kontrollierten Fähigkeit zur Auflösung und Rekombination - also in der Verbindung von makrologischer Reichweite und mikrologischer Optik. Alles muß sich in Kommunikation auflösen lassen, und alle strukturelle Ordnung muß aus der Unwahrscheinlichkeit gelingender Kommunikation ableitbar sein. Als Problemgenerator liefert diese Unwahrscheinlichkeit Lösungsdringlichkeit für Schwierigkeiten wie Zumutbarkeit, Dissens, Abwegigkeit und vor allem Vergänglichkeit, so daß z. B. nur solche Strukturen entwickelt werden, die vergehende und neu entstehende Kommunikationen verknüpfen können etc. Die Orientierung an der Differenz von Selbstreferenz und Fremdreferenz macht dann den Gedanken zugänglich, daß Paradoxien nicht nur kommunikative und logische Katastrophen darstellen, wie die Typentheorie und die Schizophrenietheorie nahelegen, sondern für die Ausdifferenzierung von Kommunikationstypen produktiv werden können. Zu diesen paradoxienahen Typen gehören Liebe und Literatur. Literatur deshalb, weil in ihr kontingent gemachte Texte durch Opakisierungsstrategien als notwendig und alternativenlos hingestellt werden. Auch diese Opakisierung erfolgt durch Paradoxierung von Zuschreibungen. Im Roman geschieht das u.a. in Form der Invisibilisierung des Erzählers durch Streichung der Erzählsituation, wobei die Erlebte Rede zum stilistischen Symptom der Tatsache wird, daß Bewußtsein und Kommunikation ununterscheidbar werden, damit sich der kommunizierende Erzähler im Erzählten verstecken kann. Die unpersönliche Erzähltechnik des modernen Romans wird damit verstehbar als Opakisierungstechnik, die die Frage unentscheidbar machen soll, als was wir das Geschehen erleben: als Kommunikation des Erzählers oder als Erleben der Figur. So wird das unpersönliche Erzählen zum Äquivalent der Unwillkürlichkeit im Gefühlsausdruck oder in der Körpersprache: Der Roman erzählt sich selbst, so wie das literarische Kunstwerk sich selbst präsentiert. Da die

Bezugnahme auf Mitteilungsabsichten seine Glaubwürdigkeit ruinieren würde, kennt es keinen Autoritätsbezug außer sich. Dem entspricht die Steigerung der Aufrichtigkeit zur Authentizität. Die Literatur wird in dem Maße autonom, in dem das Diktum von Gottfried Benn Geltung gewinnt: gut ist das Gegenteil von gut gemeint. In ihr darf man Absichten nicht mehr vom Werk unterscheiden können, und verboten ist das deshalb, weil es immer leichter möglich wird. Das ist das Bezugsproblem der literarischen Kunst als Kommunikation. Deshalb versenkt sie ihren eigenen Mitteilungsaspekt in einer selbstreferentiellen mise-en-abîme, im Opakisierungswirbel interner Zuschreibungsoszillationen, in den Rätselfiguren der Multiperspektivität und in den Selbstinklusionsabgründen und Vexierbildstafetten, von denen der Dekonstruktionismus lebt. Aber nur die Systemtheorie kann sehen: Das ist eine Reaktion auf die Selbstreferentialität von Kommunikation im Zuge der Trennung von Kommunikation und Bewußtsein.

Die Eigenschaft, der die Systemtheorie diesen perspektivischen Vorteil verdankt, dürfte ihre stereoskopische Qualität als Beobachtungstheorie sein: sie beobachtet neben anderen Dingen auch Beobachtungen (bzw. Beschreibungen). Und erst diese Beobachtung der Beobachtung (bzw. der Beschreibung) macht sichtbar, daß Erleben und Handeln nicht, wie etwa in der Speech Act Theory und ihrem Ableger, der Text-als-Handlung-Theorie, vorausgesetzt werden können, sondern Ergebnisse von Attributionen sind, die in der Selbstbeschreibung der Kommunikation vorgenommen werden. Die Literatur ist also Beobachtung zweiter Ordnung. Deshalb gewinnt der Roman seine Form an der optischen Differenz zwischen zwei Beobachtungsperspektiven: Das kann dann die Differenz zwischen dem allwissenden Erzähler und der pespektivisch begrenzten Figur sein, zwischen Insight und Blindness, zwischen Sherlock Holmes und Doctor Watson, zwischen Gewohnheit und Verfremdung, Alltäglichkeit und Epiphanie, Relevanz und Irrelevanz oder zwischen Kommunikation (was man sagt) und Bewußtsein (was man denkt). Daß aber auch hinter diesem Arrangement wieder eine Beobachtung steckt, die von einer anderen Beobachtung aus als Handlung zuschreibbar wäre, muß dann verborgen bleiben.

Literatur

Baecker D./Bunsen, F.D./Luhmann, N. (1990): *Unbeobachtbare Welt*, Bielefeld.

Banerjee, Ch. (1974): Tristram Shandy and the Association of Ideas, in: *Texas Studies in Literature and Language XV (4)*, S. 693-706.

Berger, D.A. (1972): Das gezielte Mißverständnis - Kommunikationsprobleme in Laurence Sternes Tristram Shandy, in: *Poetica* 5, S. 329-347.

Birkhead, E. (1925): Sentiment and Sensibility in the Eigtheenth-Century Novel, in: *Essays and Studies* XI, S. 1-10.

Blumenberg, H. (1969): Wirklichkeitsbegriff und Möglichkeit des Romans, in: *Nachahmung und Illusion. Kolloquium Gießen 1963. Vorlagen und Verhandlungen*, hg. von H.R. Jauß, 2. Aufl. München, S. 9-27.

Cash, A.H. (1955): The Lockean Psychology of Tristram Shandy, in: *A Journal of English Literary History 22*, S. 125-135.

Engstrom, A.G. (1963): The Single Tear: A Stereotype of Literary Sensibility, in: *Philological Quarterly XLII (I)*, S. 106-109.

Gassenmeier, M. (1972): *Der Typus des Man of Feeling*, Tübingen.

Gerould, G.H. (1966): The Sentimental Strain, in: G. H. G: *The Patterns of English and American Fiction. A History*. Chapter VI, New York, S. 101-119.

Hartley, L. (1966): *Laurence Sterne and the Twentieth Century. An Essay and a Bibliography of Sternian Studies 1900-1965*, Chapel Hill.

Iser, W. (1987): *Laurence Sternes "Tristram Shandy"*, München.

Jefferson, D.W. (1951): Tristram Shandy and the Tradition of Learned Wit, in: *Essays in Criticism* I, 1951, S. 225-248.

Jones, E.E./Nisbett, R.E. (1971): The Actor and the Observer: Divergent Perceptions of the Causes of Behavior, in: *Attribution: Perceiving the Causes of Behavior*, Morristown, N.Y., S. 79-94.

Kelley, H.H. (1977): An Application of Attribution Theory to Research Methodology for Close Relationships, in: Close *Relationships: Perspectives on the Meaning of Intimicay*, hg. von G. Levinger und H.L. Rausch, Amherst, Mass., S. 87-113.

Luhmann, N. (1982): *Liebe als Passion. Zur Codierung von Intimität*, Frankfurt/M.

Luhmann, N. (1984): *Soziale Systeme. Grundriß einer allgemeinen Theorie*, Frankfurt/M.

Maskell, D. (1973): Locke and Sterne, or Can Philosophy Influence Literature ?, in: *Essays in Criticism 23*, S. 22-40.

Nonner, T. (1975): *Identität und Idee: Laurence Sternes "Tristram Shandy"*, Heidelberg.

Plessner, H. (1961): *Lachen und Weinen: Eine Untersuchung nach den Grenzen des menschlichen Verhaltens*, Bern.

Schwanitz, D. (1990): Rhetorik, Roman und die internen Grenzen der Kommunikation: Zur systemtheoretischen Beschreibung einer Problemkonstellation der "sensibility", in: *Rhetorik Bd. 9: Rhetorik und Strukturalismus*, hg. von J. Dyck et al., Tübingen 1990.

Swearingen, J.E. (1977): *Reflexivity in Tristram Shandy. An Essay in Phenomenological Criticism*, New Haven, London.

Todd, J. (1986): *Sensibility. An Introduction*, London.

Tuveson, E. (1962): Locke and Sterne, in: *Reason and the Imagination. Studies in the History of Ideas 1600-1800*, hg. von J.A. Mazzeo, New York/London, S. 255-277.

Warning, R. (1965): Illusion und Wirklichkeit in Tristram Shandy und Jacques le Fataliste, in: *Theorie und Geschichte der Literatur und der Schönen Künste. Texte und Abhandlungen* Band 4, hg. von M. Imdahl et al., München.

Lyrik und Systemtheorie

Peter Hühn

Die folgenden Überlegungen versuchen, die Systemtheorie Niklas Luhmanns[1] für die differenzierte Analyse der textuellen Prozesse in lyrischen Gedichten fruchtbar zu machen und die praktische Ergiebigkeit dieses interpretativen Verfahrens an zwei Beispielen aus der englischen Gegenwartsdichtung zu demonstrieren.

I.

Die lyrische Gattung - traditionell mit der subjektiven Perspektive eines einzelnen assoziiert - weist eine spezifische Analogie zum Typus des psychischen Systems auf, das sich über Bewußtseinsakte, d.h. Gedanken und Vorstellungen, als seine Elemente autopoietisch konstituiert und erhält.[2] Zugleich stellen lyrische Texte eine Erscheinungsform sprachlicher Kommunikation im sozialen System dar. Insofern sie öffentliche Äußerungen darstellen, fungieren sie als kommunikative Elemente des Sozialsystems;[3] außerdem wirken sie als Programme, die geeignet sind, Kommunikationen auszulösen, zu strukturieren und zu verknüpfen. Das Gedicht gehört mithin sowohl dem psychischen als auch dem sozialen System an, die jeweils füreinander eine Umwelt bilden.

Was zunächst die Affinität mit dem psychischen System betrifft, so kann das Gedicht insofern als Medium eines Bewußtseinsprozesses aufgefaßt werden, als sein syntagmatischer Aufbau die Versprachlichung und fortlaufende Aufzeichnung der (selbst- und fremdbezüglichen) Operationen eines psychischen Systems in Reaktion auf Umweltveränderungen repräsentiert.

1 Die Überlegungen basieren v. a. auf Luhmanns Hauptwerk *Soziale Systeme* (Luhmann 1984). Vgl. die griffige Darstellung des Theoriegebäudes in Schwanitz 1990a.

2 S. Luhmann 1984, Kap. 7: "Die Individualität psychischer Systeme" sowie Luhmann 1987.

3 Zwar zerfallen sie anders als in normalen Kommunikationen, die als Elemente das Gesellschaftssystem konstituieren, nicht sofort wieder, aber das haben sie in der technisierten modernen Gesellschaft grundsätzlich mit einer Fülle weiterer Kommunikationsakte in allen konservierenden Medien gemeinsam.

Der Text stellt dabei die Abfolge von Gedanken in Form ihrer kontinuierlichen Verwandlung in Vorstellungen dar. Da sich ein Gedanke nie selbst im Vollzug beobachten kann, sondern immer erst im nachhinein in Gestalt von Vorstellungen, enthält das Gedicht zwar strenggenommen nur Vorstellungen und keine Gedanken. Die schriftliche Fixierung erlaubt es jedoch, die Sukzession der Wörter und Sätze und ihre Verkettung zu größeren Sinneinheiten als kontinuierliche Entstehung von Gedanken und deren anschließende Transformation in Vorstellungen zu lesen. D.h., der Leser (und der Schreiber) wird in die Lage versetzt, den mentalen Prozeß im Vollzug zu beobachten, so daß dann auf dieser zweiten Ebene die für Vorstellungen typische Nachträglichkeit im Bewußtsein des Schreibenden bereits für den Gedanken gilt, da die Niederschrift eine zeitliche Distanz zwischen gegenwärtig beobachtendes Bewußtsein und vergangenen Denkprozeß schiebt.

Mit Luhmanns Begriff der Beobachtung ist der systemtheoretische Ansatz, Lyrik als Konstitutions- und Kommunikationsmedium für das Bewußtsein zu beschreiben, in seinem konzeptuellen Rahmen weiter präzisierbar.[4] Das Bewußtsein beobachtet die Welt (hier eine fiktionale Welt), indem es in ihr eine Unterscheidung vornimmt, eine der beiden Seiten des Unterschiedenen bezeichnet und dadurch Form produziert.[5] Durch die Beobachtung werden sowohl die Einheit des Unterschiedenen als auch der Beobachter selbst notwendig unsichtbar. Im Gedichtmedium (wie generell in der Kunst) gewinnt das Bewußtsein aufgrund der schriftlich-künstlerischen Konservierung die Möglichkeit, sich selbst als Beobachter zu beobachten und demgemäß eine Ebene der Beobachtung zweiter Ordnung - über der der Beobachtung erster Ordnung - einzurichten, in der wiederum eine Unterscheidung getroffen wird. Da auf dieser höheren Ebene der Beobachter, d. h. das beobachtende Bewußtsein, als Teil der neuen Unterscheidung vorkommt, bietet sie auch die Handhabe einer Beobachtung des (vorher) Unbeobachtbaren. Dadurch werden allerdings neue unbeobachtbare blinde Flecke eingerichtet. Der Leser vermag die gesamte Konstellation durch Vergleich beider Beobachtungsebenen zu beobachten und wird so zu einem Beobachter dritter Ordnung.

Sinn dieses Prozesses ist die Unterstützung der Autopoiesis, der Selbstkonstituierung und -stabilisierung des Systems, und zwar realisiert sich diese im Text dauernd in Form von Selbstbeobachtungen und expliziten Selbstbeschreibungen. Da Beobachtung stets eine Unterscheidung voraussetzt und innerhalb dieser Unterscheidung die hervorhebende Bezeichnung einer der

---

4 S. Luhmann 1990. Luhmann entwickelt hier eine systemtheoretische Beschreibung der Leistung jeder Art von Kunst mit den Begriffen Unterscheidung, Form und v. a. Beobachtung (Beobachten produziert durch Unterscheidungen Form).

5 S. Luhmann 1987: 28 u. 32. Luhmann greift hier auf George Spencer Browns Logik zurück.

beiden Seiten, operiert die Selbstbeobachtung v. a. mit der Gegenüberstellung des Systems zur Umwelt. Eine wichtige autopoietische Operation des psychischen Systems ist die Vorstellung seiner Identität, d.h. die Einführung der Ganzheit des Systems in das System, die durch die Differenz Bewußtsein/Leben, also durch die Zuordnung des Bewußtseins zur eigenen Körperlichkeit und zugleich seine Unterscheidung von ihr erreicht wird.[6] Durch diese Aggregierung der eigenen individuellen Identität über die Sichtbarkeit des Leibes erfährt sich das Bewußtsein als (möglichen) Gegenstand fremder Beobachtung. Diese Vorstellung des Beobachtetseins etabliert im Bewußtsein in neuer Weise zugleich Einheit und Differenz: die Einheit des Systems für die Fremdbeobachtung und die Differenz gegenüber fremden Erwartungen, die dann erfüllt oder enttäuscht werden können.

Zu seiner Autopoiesis stützt sich das System im literarischen Medium zentral auf die Sprache. Wie Luhmann darlegt, laufen psychische Prozesse im lebensweltlichen Vollzug grundsätzlich nicht-sprachlich ab,[7] so daß Gedichte nicht einfach als Abbildungen von Bewußtseinsvorgängen anzusehen sind. Vielmehr ergibt die systematische Verwendung dieses symbolischen Mediums, verstärkt durch Schriftlichkeit, eine Effektivitätssteigerung selbststabilisierender Techniken, die die Bewältigung größerer Komplexität in der Konfrontation von Bewußtsein und Umwelt erlaubt.[8] Das literarische Medium bewirkt dabei, daß die Gedanken, die das Bewußtseinssystem konstituieren, aber normalerweise sogleich wieder zerfallen, als beobachtete und schriftlich fixierte Vorstellungen erhalten bleiben.

Zugleich bedingt die Sprache - als sozial generiertes symbolisches Kommunikationsmedium - eine intensive Interpenetration des Bewußtseins- und des Gesellschaftssystems,[9] d.h., das soziale System stellt dem psychischen die eigene kommunikativ bewährte Komplexität für seine Organisation zur Verfügung (und umgekehrt).[10] Der Einfluß des Sozialsystems manifestiert sich hier u. a. über das Konstrukt des Ich, über das das Bewußtseinssystem sich selbst als Einheit vorstellt und zu beschreiben vermag. Das Konstrukt des Ich fungiert dabei nicht nur innerpsychisch als integrative Vorstellung der eigenen Identität, sondern es steuert umgekehrt auch als Wahrnehmungskategorie die Interaktion mit anderen psychischen Systemen in der sozialen Dimension. Das Sozialsystem wirkt ferner über die Erfüllung oder Enttäuschung von Erwartungen und Ansprüchen auf das Bewußtsein ein, das diese in seiner Umweltbeziehung entwickelt und sich durch sie dort

6 Ibd.: 54ff; vgl. auch: 61, 76f.

7 Luhmann 1984: 367-370.

8 Vgl. Luhmann 1987: 51.

9 S. Luhmann 1984, Kap. 6 "Interpenetration".

10 Ibd.: 367ff.

orientiert.[11] Enttäuschungen lösen Krisen aus, auf die das System innerpsychisch durch gedankliches Wechseln zwischen Selbst- und Fremdreferenz, d. i. zwischen autopoietischer Selbstorganisation und Umweltbeobachtung zu reagieren vermag.[12] Durch Erwartungsenttäuschung und davon bedingte Situationsverschlechterung kann sich das Bewußtseinssystem überdies zu kommunikativen Akten motiviert fühlen, um seine Position in der Gesellschaft zu sichern oder zu verändern. Erwartungen bestimmen die Interpenetration auch insofern, als sich das Bewußtsein mit fremden Erwartungen konfrontiert sieht und sich über deren Erfüllung oder Enttäuschung hinsichtlich der Vorstellung der eigenen Einheit individualisieren kann.[13]

In der besonderen literarischen Sprachverwendung ist ferner die Interpenetration mit dem System der Kunst gegeben, hier der lyrischen Dichtung. Das Bewußtseinssystem bedient sich des Kunstwerkmediums zur Selbstbeschreibung und Selbst-Vergewisserung. Dies wird möglich durch die doppelte Bezüglichkeit des Kunstwerkes, d.h. die an ihm festzustellende Differenz von Form und Kontext. Form definiert Luhmann als (unausgesprochene) Selbstreferenz und Kontext als fremdreferentielle Verweisung.[14] Das Kunstwerk versucht Form und Kontext in Einklang zu bringen und dadurch die Einheit der Differenz zu präsentieren. Diese Differenz "dient dazu, an der Form Weltbezüge sichtbar zu machen und so die Welt in der Welt zum Erscheinen zu bringen"[15]. Dadurch gewinnt die Kunst die Funktion, die Welt mit einer anderen Version der vertrauten Realität zu konfrontieren und so die Kontingenz der normalen Weltsicht zu thematisieren.[16] Das psychische System vermag nun ein (sprachliches) Kunstwerk als Medium für seine autopoietischen Operationen zu verwenden, indem es dessen Doppelbezüglichkeit strategisch hinsichtlich ihrer Selbst- oder ihrer Fremdreferenz einsetzt und in der Regel zwischen beiden wechselt. So kann sich das Bewußtsein gegen drohende Veränderungen dadurch abzusichern suchen, daß es sich die selbstreferentiell aktualisierte materielle Permanenz und ästhetische Geschlossenheit des Kunstwerkes als Medium zuordnet (wie in Yeats' *Sailing to Byzantium*). Oder das System kann durch die sprachlich erzeugte (undurchschaute) Illusion fremdreferentieller Bezeichnung der eigenen Fiktionen, d. h. durch Externalisierung, Selbstlähmungen vermeiden oder auflösen, die durch übermäßige Selbstbeobachtung entstehen (wie in

11 Ibd.: 362ff, 370ff.

12 S. Luhmann 1987: 47ff.

13 Ibd.: 57ff.

14 S. Luhmann 1986: 629-633. - Die Begriffe erinnern an Roman Jakobsons Modell, spez. die poetische und die referentielle Funktion.

15 Ibd. 630.

16 Ibd.: 624.

Coleridges *Dejection: An Ode*).[17]

Die Grundlage dieser im Gedicht literarisch vermittelten Selbststabilisierungsoperationen ist die Verdoppelung des Beobachtungsprozesses. Einerseits führt das Bewußtseinssystem im Text seine selbstreferentielle Schließung und Kontinuierung in Form einer expliziten Selbstbeschreibung direkt vor. In der Begrifflichkeit von Antony Easthope kann man diese Selbstbeschreibung als 'subject of the enounced' bezeichnen (wobei 'the enounced' den Aussageinhalt des Sprechers meint)[18]. Andererseits benutzt das Bewußtseinssystem diesen Prozeß noch einmal, soz. hinter dem Rücken des 'subject of the enounced', um sich zu stabilisieren, nämlich als 'subject of enunciation', d. h. im Aussageakt des ganzen Textes. Hierzu gehört auch die strategisch gezielte Gestaltung des Vorgangs des 'enounced'. Dabei wiederholt sich, bedingt durch die Verschriftlichung des psychischen Prozesses im Gedicht, der Unterschied zwischen Gedanke und Vorstellung.[19]

Diese beiden Ebenen lassen sich generell als Beobachtung erster und zweiter Ordnung gegeneinander abgrenzen. Auf der Ebene erster Ordnung zeigt sich das Ich direkt in seinen Interaktionen mit der Umwelt, in seinen differenzsetzenden Beobachtungen der Welt, auf der zweiter Ordnung beobachtet es sich selbst als diesen Beobachter.[20] Aus der Perspektive des 'subject of enunciation' wird damit beobachtbar, was in der Beobachtung erster Ordnung (der des 'subject of the enounced') unsichtbar bleiben mußte: Wie das psychische System seine blinden Flecke, undurchschauten Probleme und Motive in seinen Umweltinteraktionen zur Selbststabilisierung einsetzt.[21] Das Gedicht ermöglicht dem Bewußtsein mithin die Beob-

---

17 Auch die angegebenen Beispiele dokumentieren, daß sich das Bewußtsein nicht auf eine der beiden Referenzen beschränkt, sondern zwischen ihnen hin- und herschaltet. Wenn etwa der Sprecher im Yeats-Gedicht sich imaginativ in ein Kunstwerk (den goldenen Vogel) verwandelt und sich damit der künstlerischen Selbstreferenz assoziiert, so "lebt" diese Imagination - von ihm unthematisiert - aus der Fremdreferenz auf die Außenwelt der organisch lebendigen Natur.

18 Easthope 1983: 40 ff. Easthope stützt sich hier auf Jakobson, Benveniste und Lacan.

19 Man kann ferner Meads Unterscheidung zwischen I und me, dem beobachtetenden bzw. beobachteten Pol des Ich heranziehen (*Mind, Self, and Society*). Auch diese Differenz ist von der Nachträglichkeit des Bewußtwerdens geprägt. Vgl. die Übertragung dieses Ansatzes auf die Lyrikanalyse in Spinner 1975.

20 Strenggenommen ist schon die Ebene des 'subject of the enounced' als eine Beobachtung zweiter Ordnung klassifizierbar, weil sich hier das Bewußtsein z. T. bereits in Form von Selbstbeschreibungen selbst in seiner Interaktion mit der Umwelt beobachtet. Das bedeutet, daß die Lyrik eine besonders komplexe Beobachtungskonstellation repräsentiert, vielleicht darin andere Kunstgattungen übertrifft.

21 Luhmann sieht in dieser Beobachtung des Unbeobachtbaren die Funktion bes. der modernen Kunst; s. Luhmann 1990: 20, 24 u. 33f (mit Bezug auf den Roman). Dieser Effekt dürfte sich in der Lyrik noch radikalisieren, da hier traditionell die Ich-Perspektive dominiert und die Autopoiesis des Bewußtseins durchgespielt wird, sich also Selbstintransparenz und Selbstbeob-

achtung des Unbeobachtbaren. Es gibt darüber hinaus dem Leser, als einem Beobachter dritter Ordnung, durch Vergleich zwischen 'subject of the enounced' und 'subject of enunciation', speziell durch Beobachtung des letzteren, auch noch dessen blinde Flecke zu erkennen.

Die Strategie der Autopoiesis des Bewußtseins im Lyriktext läßt sich mit den Begriffen der Fremd- und Selbstreferenz sowie deren Interrelation weiter differenzieren. Jede Beobachtung enthält die doppelte Anschlußmöglichkeit weiterer Operationen entweder an die Fremd- oder an die Selbstreferenz der Vorstellung.[22] Insbesondere ist die jeweilige Relation zwischen beiden Referenzen zur Stabilisierung des Systems einsetzbar, nämlich hinsichtlich einerseits der Differenz zwischen Selbst- und Fremdreferenz, andererseits der Einheit dieser Differenz. Dietrich Schwanitz hat eine vergleichbare Doppelung für das Erzählen im Roman identifiziert.[23] Das Erzählte als Einheit von Fremd- und Selbstreferenz, d. h. von Erzähltem und Erzählen (Erzählerbekundungen wie Kommentaren etc.), also das Erzählte als Resultat eines Erzählprozesses, ist zu unterscheiden von deren Differenz, die darin besteht, daß das Erzählen (Selbstreferenz) sich nie einschließen, sich nie auch noch selbst erzählen kann. Der Versuch, die obige Einheit ebenfalls auf diese Differenz zu projizieren (wie bei Tristram Shandys Bemühen, das Erzählen zu erzählen), erzeugt Paradoxien.

In der Lyrik findet sich eine analoge Konstellation. Einerseits kann der Sprecher in seinen Äußerungen zwischen fremd- und selbstreferentiellen Hinweisen wechseln, je nachdem, ob er sich im Fortgang seiner Vorstellungen auf Außenphänomene oder auf sich selbst und seine Reaktionen bezieht. Andererseits repräsentieren alle seine Äußerungen die Einheit der Differenz zwischen Fremd- und Selbstreferenz, also den Niederschlag des Denkens in der Vorstellung, des Beobachtens in der Beobachtung. Die Differenz besteht somit in der nicht-schließbaren Lücke zwischen der Einheit der fremd-/selbstreferentiellen Differenz und der Selbstreferenz in Gestalt des Schreibaktes, des Beobachtungsaktes selbst. Dieser Unterschied entspricht dem zwischen 'enounced' und 'enunciation'. Der Akt der 'enunciation' kann im Gedicht grundsätzlich nicht explizit thematisiert werden. Wohl aber vermag die Textgestaltung indirekt auf die Instanz seiner eigenen Artikulation aufmerksam zu machen, nämlich durch Betonung der eigenen (interessegeleiteten) Gemachtheit, also durch Unterminierung der Illusion, daß sich das 'subject of the enounced' selbst spricht und unmittelbar (d.h. nicht textuell vermittelt) präsent ist.

---

achtung prononcierter thematisieren. Das Phänomen der beobachtbaren Selbstintransparenz tritt in der Lyrik historisch schon sehr früh auf (z. B. in Shakespeares Sonetten).

22 Von Luhmann Bi-Stabilität genannt: Luhmann 1984: 35f.

23 Schwanitz 1990: 167f.

Wenn der Sprecher - 'als subject of the enounced' - seine beobachtende, reflektierende und schreibende Rolle als Dichter thematisiert und den vorliegenden Text als Gedicht klassifiziert, so fungieren diese Hinweise im Prinzip noch als Betonung der Einheit der Differenz. Bedingt durch die Verdoppelung der Relation Gedanke/Vorstellung kann das System eine Selbstbeschreibung nicht nur im Vollzug der Reflexion als reflektierendes Bewußtsein anfertigen, sondern es kann in diese Selbstbeschreibung auch noch deren dichterische Verschriftlichung einbeziehen, wobei diese sogleich wiederum zum Bewußtseinsinhalt wird und damit schon nicht mehr der Akt der 'enunciation' selbst ist. Derartige selbstreferentielle Bezeichnungen können aber - aufgrund ihrer Rückbeziehbarkeit auf den Produktionsakt - leicht zur Indizierung der Differenz zwischen der vorliegenden selbst-/fremdreferentiellen Einheit und der Selbstreferenz des dichterischen Sprechens verwandt werden.

Interessanterweise dient in der Lyrik, anders als traditionell in der Erzählliteratur, der selbstreferentielle Hinweis auf den poetischen Charakter der eigenen Äußerung meist nicht der Differenzierung von Fremd- und Selbstreferenz (im Sinne realistischer Beglaubigung durch Distanzierung von literarischen Konventionen und Herunterspielen der Literarizität des Textes), sondern gerade der Einheit von Fremd- und Selbstreferenz.[24] Dies hat vermutlich mit der bewußten Künstlichkeit der Gattung, der formal betonten Selbstreferentialität zu tun, die einem Realismus wie in der Romantradition fernsteht. So kann in der Lyrik die thematisierte Selbstreferenz die Beglaubigung der Fremdreferenz sogar verstärken, ohne selbstverständlich die grundsätzliche Differenz von Fremd- und Selbstreferenz je aufheben zu können.

Weil die Lyrik das Verhältnis von Fremd- und Selbstreferenz in dieser Weise relationiert, kann das psychische System, in Gestalt des Konstruktes des Ich, die selbstreferentielle Äußerung gezielt zu seiner Selbstkontinuierung einsetzen.[25] Das psychische System inszeniert nun auf der Ebene des 'enounced' die Stabilisierung bewußt, um damit für sich selbst, also für das 'subject of enunciation' eine befriedigende Lösung zu finden, die natürlich nicht direkt formuliert werden kann, sondern lediglich in der Form der Vorstellung impliziert ist.

Eine derartige Stabilisierung wird erst nötig durch das Auftreten von

---

24 Vgl. z. B. Horaz (*Carmina*, Liber III, 30), Petrarca und generell die Petrarkisten, Shakespeare (*Sonnets*), Wordsworth (*The world is too much with us*, *I wandered lonely*), Yeats (*The Circus Animals' Desertion*, *High Talk*).

25 Auch diese Strategie hat in der Lyrik eine lange Tradition. Meist tritt dies Phänomen in denselben Gedichten wie den oben genannten auf (vgl. Fußn. 24). Daß sich in bestimmten Zeiten, wie in der Romantik (z. B. in Coleridges *Kubla Khan*), doch Paradoxieprobleme ergeben, oft als Selbstblockaden und Sterilitätskrisen, ist vielleicht mit einer neu auftretenden Rollenunsicherheit und Marginalisierung im Sozialsystem zu erklären.

Problemen in der Selbstkonstitution des Systems gegenüber der Umwelt, also bei prekärer Lage des Bewußtseinssystems gegenüber der Sozialdimension,[26] betrifft somit die Dimension der Interpenetration zwischen diesen beiden Systemen. Typischerweise besteht das Problem in der Enttäuschung von Erwartungen und Ansprüchen, die das Individuum als Bedrohung für den Selbsterhalt erfährt. Solch eine Erfahrung wird mit der Produktion von Gefühlen verarbeitet, durch die das System sich selbst im Hinblick auf die Fortsetzbarkeit seiner Operationen interpretiert.[27] Dem psychischen System stehen zwei Reaktionsmöglichkeiten offen: einerseits durch kommunikative Akte im Sozialsystem seine Position zu verbessern, um seine Ansprüche erfüllt zu bekommen, andererseits durch mentale Akte innerhalb des Bewußtseinssystems die innere Stabilität wiederherzustellen, das System also an die veränderten Umweltbedingungen neu zu adaptieren. Ein konkreter lyrischer Text kombiniert stets, in unterschiedlicher Gewichtung, beide Strategien. Insofern das Gedicht als schriftliche Registrierung von Bewußtseinsakten fungiert, sind diese Prozesse als Strategien der Adaptation des psychischen Systems an Umweltveränderungen zu interpretieren. Da das Gedicht jedoch aufgrund seiner Veröffentlichung zugleich als Kommunikationsakt im Sozialsystem fungiert, ist es in dieser Betrachtungsweise als Versuch der Veränderung der Position des Individuums, als Formulierung und Einklagung seiner Ansprüche aufzufassen. Hier ergeben sich weitere Fragen nach den sozialen Bedingungen und der sozialen Relevanz des poetischen Kommunikationsaktes sowie nach den Gründen für die wahrgenommene Marginalisierung. Die Analyse eines Gedichttextes beschränkt sich naturgemäß auf die Vorgänge innerhalb des Bewußtseinssystems. Sie kann allerdings beachten, inwiefern das Gedicht als Kommunikationsakt im jeweiligen Gesellschaftssystem bestimmte Wirkungen intendiert.

II

Tony Harrisons Gedicht *v.*[28] zeichnet sich durch hohe Ausprägungsgrade bei der Fremd- wie der Selbstreferentialität aus. Fremdreferenz liegt in der Darstellung der Umgebung des Friedhofs von Leeds, der persönlichen Erlebnisse des Sprechers während eines Friedhofsganges sowie in den Hinweisen auf seine Eltern und die nationale Situation vor. Selbstreferenz manifestiert sich in den Verweisen auf die eigene Dichterrolle und das vorliegende Gedicht, aber ebenfalls in der lyrischen Formbetonung, die im

---

26 Vgl. Luhmann 1984: 601-602.

27 Vgl. ibd.: 370-372.

28 Harrison 1987: 235-249.

Vergleich zur zeitgenössischen Abneigung gegen traditionelle Formkonventionen besonders markiert ist (brillante Reim- und Verstechnik), sowie subtiler in den durchgängigen Anspielungen auf Thomas Grays *Elegy Written in a Country Churchyard*, die Erfahrungssituation, Sprechhaltung, Anlage des Gedichtes als inszenierte und modifizierte Wiederholung dieser literarischen Vorlage ausweisen und so den literarischen Charakter von *v.* betonen.[29]

Der Text des Gedichtes repräsentiert eine Selbstbeschreibung des (psychischen) Systems in der (gesellschaftlichen) Umwelt, an der sich die Art der Störung der Stabilität des Verhältnisses zeigt und die zugleich eine Reaktion auf diese Störung zur Re-Stabilisierung darstellt. Die Störung entsteht aus der gespaltenen Klassenzugehörigkeit, der Spannung zwischen Herkunft aus dem Arbeitermilieu und jetziger bürgerlicher Lebenssituation. Diese Problemursache wird zunächst nicht direkt reflektiert, sondern nur verschoben wahrgenommen als Unbehagen über gesellschaftliche Polarisierungen (Str. 17-19), ausgelöst durch den sich in Graffiti und versus-Zeichen aggressiv ausdrückenden Fußball-Fanatismus (Str. 13f.). Diesen sozialen Antagonismus deutet der Sprecher im weiteren Verlauf als Bild der eigenen Gespaltenheit und expliziert deren zerstörerische Wirkung (Str. 71-72). Daß dieser Sachverhalt störend wirkt, liegt an der Enttäuschung der Erwartung[30] von harmonischer Integration in die gesellschaftlichen Bezugsgruppen und der Erfüllung des Anspruchs auf Akzeptierung. Die Art dieser Erwartung und das Gewicht, das ihre Enttäuschung hier erhält, lassen Rückschlüsse auf die soziale Situation zu, auf die starke Ausdifferenzierung der Gesamtgesellschaft. Die interne Gespaltenheit steht nun in einem paradoxen Zusammenhang mit der Dichterrolle des Sprechers: Zum einen ist diese Rolle (da als bürgerlich definiert) Ursache für die tiefe Identitätskrise und führt überdies zur eigenen sozialen Marginalisierung, zum anderen wird sie vom Sprecher im vorliegenden Text zur Überwindung der Spaltung eingesetzt. Systemtheoretisch formuliert rührt die Identitätskrise daher, daß das Bewußtseinssystem seine Selbstbeschreibung gleichzeitig an den Erwartungen und Ansprüchen zweier Gruppierungen im Sozialsystem, der der Arbeiter- bzw. der bürgerlichen Klasse, orientiert. Entsprechend erlebt es deren Polarisierung als Spaltung seiner eigenen individuellen Ge-

29 In folgenden Merkmalen stimmt *v.* mit der *Elegy* überein: Metrum und Reimschema, Schauplatz (einsamer Friedhofsbesuch), Reflexion über die Toten und Lebenden, Beschäftigung mit den Inschriften auf Grabsteinen, die selbstreferentielle Thematisierung des Schreibens, die Imagination der Äußerungen eines Repräsentanten des Ortes über den Sprecher, die Antizipation des eigenen Todes und der Entwurf des eigenen Grabspruchs. Die Anspielungen weichen natürlich zugleich, grotesk und ironisch, von dem Vorbild ab: Der Friedhof liegt in der Stadt, die Grab-Inschriften sind Graffiti, der imaginierte Repräsentant beschimpft den Dichter, die Vorstellung des unentwickelten Potentials betrifft nicht die Toten, sondern die Lebenden (aufgrund ihrer Arbeitslosigkeit) etc.

30 Vgl. Luhmann 1984: 362.

schlossenheit, als Grenze innerhalb seines Systemzusammenhangs, was die Fortsetzung der autopoietischen Reproduktion gefährdet. Diese Sachlage bleibt dem Bewußtsein weitgehend intransparent - abgesehen von einer kurzen Stelle, der Selbstidentifizierung des Skinhead mit dem Sprecher (Str. 71-72), die einer Explizierung dieser Hintergründe nahekommt.

Die partielle Selbst-Intransparenz des Sprechers in bezug auf die Funktion seines Dichtens für Ursache wie Lösung seiner Krise bildet nun die Voraussetzung für die Wirksamkeit der Strategie, die das Gedicht durchspielt: Krisenverarbeitung mittels selbstreferentiellen Rekurses auf die eigene Dichterrolle und mittels der wechselnden Relationierung dieser Selbstbeschreibung zu unterschiedlichen Formen der Fremdreferenz. Zur Detailanalyse dieses Prozesses sei - wegen der Komplexheit des Gedichtes - zunächst nachgezeichnet, wie sich die Selbstbeschreibung als Abfolge verschiedener Formulierungsansätze zur sozialen Integration des Sprecher-Individuums aufbaut. Integrative Ansätze wechseln mit Wahrnehmungen von Trennung ab, oder vielmehr: erstere stellen Reaktionen auf letztere dar. Daß der Sprecher das Gedicht mit der Antizipation seines eigenen Todes und der Vorstellung seines Begräbnisplatzes auf dem Friedhof beginnt, dieses die meiste Zeit dort ansiedelt und am Schluß imaginativ dorthin zurückkehrt, ist bereits Indikator eines tiefen, aber latenten Gefühls der Bedrohtheit.

(1) In seiner ersten Selbstbeschreibung strebt der Sprecher seine Integration als Dichter verbal, damit selbstreferentiell, an. Die Zugehörigkeit zur Arbeiterklasse seiner Vorfahren wird über das poetische Mittel der Alliteration für die eigene Dichterrolle und -produktion (Str. 1) sowie über die "Poetisierung" der verstorbenen Arbeiter aufgrund von (zufälligen) Dichternamen (Str. 2, 4 etc: Byron, Wordsworth) als Anspruch sinnfällig gemacht.

(2) Die Wahrnehmung der von Skinheads auf die Gräber, u. a. das seiner Eltern (Str. 6f.), gesprühten Graffiti produziert eine Enttäuschung dieses Anspruchs. Die disruptive Tendenz dieser Aktion, betont durch das versus-Zeichen und die inhärente Aggressivität, signalisiert die Ausgrenzung des Sprechers aus der Arbeiterklasse sowie überhaupt gesellschaftliche Abgrenzungen.

(3) Der Sprecher erneuert seine Selbstbeschreibung als Dichter (Str. 31), um dann mit der manipulativen Umdeutung der Graffiti auf die Disruption zu reagieren. Indem er das gesprühte UNITED als Sehnsucht nach Einheit (Str. 32-33) und die Graffiti generell als Todesklage (Str. 41) interpretiert, versucht er den Antagonismus wegzudeuten.

(4) Daraufhin steigert sich die Disruption zur Erscheinung eines exemplarischen Skinhead (Str. 42f.), der die integrativen Wünsche brutal verwirft. Speziell weist er die erneute Selbstbeschreibung des Sprechers mit ihrem Anspruch auf Integration zurück: in bezug auf die Funktion seiner Dichtung wie des vorliegenden Gedichtes (Str. 52-53), auf sein soziales Selbstverständnis (Str. 54) und seine eigene Herkunft (Str. 56f.). Die Zurückweisung

gipfelt paradoxerweise in der Selbstidentifikation des Skinhead mit dem Sprecher (Str. 70), was die Trennung in das Innere des Sprechers selbst verlagert, die Selbstbeschreibung unterminiert und damit die psychische Einheit bedroht (Str. 71-72).

(5) In seiner Reaktion greift der Sprecher zu einem neuen Ansatz, der Verschiebung der Sehnsucht nach sozialer Integration auf die private Liebeserfüllung (Str. 83 ff).

(6) Hieraus entwickelt er abschließend die Strategie, die private mit der sozialen Dimension zu verknüpfen. Diese Verknüpfung wird durchgängig durch die Assoziation der Fußball-spielenden Jungen - noch nicht-differenzierte Vorform der Skinheads wie des Dichters (Str. 80) - mit dem Liebesthema (Str. 79 u. ö.) impliziert. Explizit greift der Sprecher die Umdeutung von UNITED als Liebes- und Einheitsverlangen mit Bezug auf sich selbst wieder auf (Str. 100-102) und leitet daraus den Anspruch ab, als Garanten für seine soziale Integration in der Mannes- wie der Dichterrolle den Skinhead selbst verbal in Dienst nehmen zu können (Str. 104), abermals mit selbstreferentiell poetischen Mitteln. Darin wird die vorherige radikale Infragestellung rhetorisch zurückgenommen und die frühere Selbstbeschreibung doch bestätigt (s. auch die erneute Reklamierung des Skinhead als sein alter ego). Die Bestätigung realisiert sich schließlich im eigenen Grabspruch, der die endgültige Selbstbeschreibung im eingangs formulierten Sinne einer Einreihung in die Rollen und Produkte seiner Vorfahren und der Arbeiterklasse fixiert (Str. 107 u. bes. 112). Allerdings verrät sich die latente Bedrohung der eigenen Kontinuität - trotz dieser Re-Stabilisierung der Selbstbeschreibung - immer noch in denselben Bildern wie zu Anfang (das bodenlose "pit" unter dem Grab sowie die Vorstellung des eigenen Todes).

Im Zuge dieser wechselnden Versuche zur Überwindung der (in Fremdreferenz) wahrgenommenen Trennung wird ständig die poetische Selbstreferenz eingesetzt, d.h. die Einheit wird über sprachlich-dichterische und imaginativ-interpretatorische Mittel etabliert. Diese Strategie operiert mit kalkulierten Verschiebungen in der Relationierung von Selbst- und Fremdreferenz (hinsichtlich ihrer Einheit oder Differenz), anders ausgedrückt, in der jeweiligen Konstellation von 'enounced' und 'enunciation'. Die Ebenen sind hier folgendermaßen definiert: Das geschilderte Szenario und die erzählte Geschichte (der Friedhofsgang etc.) sind dem 'enounced' zuzurechnen; der poetische Gestaltungsakt dieses Inhalts, samt Wahl des Szenarios wie der Art und des Ablaufs dieser "Erlebnisse" und der Orientierung an Grays *Elegy*, gehören zur 'enunciation'. Das Sprechen auf der Ebene des 'enounced' stellt die Einheit von Fremd- und Selbstreferenz dar, insofern die Außenwelt sowie die Personen und ihr Verhalten Äußerungsinhalt sind. Der Akt der 'enunciation' ist jedoch durch die Differenz zwischen beiden Referenzen gekennzeichnet, da das Schreiben des Gedichtes prinzipiell von dem Geschriebenen unterschieden ist und nicht auch noch thematisiert werden kann.

Harrison setzt vielfältige Verfahren ein, um die Relation von Einheit und Differenz der selbst-/fremdreferentiellen Differenz, von 'enounced' und 'enunciation' auszubalanzieren. Der Fokus des Bewußtseins wechselt dazu mehrfach zwischen der Beobachtung erster und zweiter Ordnung, zwischen primärer Beobachtung und Beobachtung der Beobachtung. Eine subtile Differenzierung zwischen diesen Ebenen wird z. B. durch den Tempusgebrauch bewirkt. Daß *v.* überwiegend im Präsens gehalten ist und daß zu Beginn der Leser direkt angeredet wird (Str. 1, Z. 1), suggeriert die Präsenz eines gerade ablaufenden Beobachtungs- und Äußerungsprozesses und verdeckt die grundsätzliche zeitliche Abgrenzung zwischen dem 'enounced' und dem Akt der 'enunciation' (der jenes erst hervorbringt). Gegenüber der so suggerierten Einheit der Differenz wird jedoch die (auch zeitliche) Differenz zwischen den Ebenen in zwei Passagen durch den Gebrauch des Präteritum betont. Durch einen im Vergangenheitstempus formulierten Verweis auf seine Erlebnisse (in Str. 29 u. 30) deklariert Harrison den gesamten Vorgang als Gegenstand eines nachträglichen Berichts, macht damit auf das Präsentische der bisherigen Aussagen als planmäßigen Effekt der Darbietungsform aufmerksam. Ferner steht die gesamte Skinhead-Szene (Str. 42-70) im Präteritum. Diese Passage, die sich als suggestive Manifestation der (scheinbar) spontanen Wahrnehmung darbietet, wird durch das Tempus distanziert; trotzdem bleibt zugleich der Eindruck von Unmittelbarkeit wirksam - durch die zitierte Wörtlichkeit der Äußerungen des Skinhead ebenso wie durch deren sozial und regional authentischen Sprachstil. Insgesamt ergibt sich eine charakteristische Balance und Ambivalenz zwischen der Suggestion der unmittelbaren Präsenz des 'subject of the enounced' und Distanzierungssignalen, die die Konstruiertheit des 'enounced' implizieren und damit ansatzweise den Akt der 'enunciation' thematisieren.

Balance und Ambivalenz in der jeweiligen Betonung von 'enounced' und der 'enunciation' steuern die Operationen des psychischen Systems in weiteren Aspekten. Dies gilt übergreifend für die Kunstwerkmerkmale von Kontext und Form. Einerseits verbindet der ästhetisch vollendete Text generell diese beiden Merkmale, d.h. Fremd- und Selbstreferenz, in sich zu einer Einheit, die "alle Verweisungen einzieht".[31] Dieser Effekt wird in *v.* durch die ungewöhnlich strenge Metrik, die brillante Reimtechnik wie die kunstvolle und zugleich mühelose Einpassung von Alltagssprache in metrische Form zusätzlich potenziert. Andererseits entsteht durch ebenso ungewöhnlich intensive Fremdreferenz auf die soziale Außenwelt eine Spannung, die die Differenz zur Selbstreferenz hervorhebt. Ein krasses Beispiel bietet der Schluß, der den Blick fort von dem als gelesen gedachten Grabspruch, also von dem sprachlich-literarischen Medium, auf die Stadt richtet

---

31 Luhmann 1986: 630.

(Str. 111-112). Im nachhinein wird damit zugleich der künstlerische Charakter des hier abgeschlossenen Gedichtes ins Bewußtsein gerückt.[32] Überdies wird die Differenz durch die Selbstthematisierung des vorliegenden Gedichtes betont (Str. 52f., 111), wodurch sich die Einheit des Kunstwerkes als Ergebnis eines Schreibaktes und damit von diesem unterschieden zu erkennen gibt.

Diese Ambivalenz wird ferner durch die Anspielungen auf Grays *Elegy Written in a Country Churchyard* unterstrichen. Die Modellierung des fremdreferentiell beschriebenen Friedhofsaufenthaltes mit seiner realistischen Atmosphäre nach dem Vorbild eines Gedichtes verstärkt grundlegend das selbstreferentielle Moment der literarischen Konstruiertheit. Daß aber Harrison die bei Grays Sprecher zu beobachtende Versponnenheit in die eigene Imagination und deren Projektion in die Umwelt durch eine drastische Berücksichtigung der Außenwelt kontrastiert, betont auf der anderen Seite das fremdreferentielle Moment und hierdurch die Differenz zur literarischen Vorlage.

Das komplexeste Beispiel für die Spannung von Selbst- und Fremdreferenz und für die Balance (wie deren Gefährdung) von Einheit und Differenz zwischen beiden stellt die Erscheinung des Skinhead dar, an dem die skizzierten Strategien durch Anwendung auf sich selbst (fast) paradox werden. Im Gegensatz zu den anderen Fällen, in denen die selbstreferentiell-poetische Manipulation der wahrgenommenen Trennung gezielt gehandhabt wird, stellt der Skinhead eine undurchschaute, soz. spontane Imagination des Sprechers dar, von deren Auftreten er deswegen überrascht werden kann.[33]

Daß dies Ergebnis den Sprecher stark verunsichert, liegt an den sozialen Aspekten der Konstellation. Der Skinhead ist die selbstreferentielle Bezeichnung des proletarischen Erbteils des Sprechers, das aber - als reine Fremdreferenz in Erscheinung tretend - externalisiert und abgestoßen wird. Ziel dieser imaginativen Projektion ist die Balance zwischen persönlicher Homogenität und sozialer Integration. Einerseits vermag sich der Sprecher durch die Verdrängung seines als heterogen erlebten proletarischen Persönlichkeitsbezugs zu einem sprachlich, kulturell und intellektuell homogenen bürgerlichen Bewußtsein umzudefinieren. Dadurch kann der innere Zwiespalt als Antagonismus zwischen den Klassen oder deren Vertreter ver-

---

32 Die räumliche Plazierung: "your back to Leeds" (Str. 111) verbunden mit den Schlußworten des Epitaph: "then look behind" (Str. 112) entläßt den Leser mit der Aufforderung, die Aufmerksamkeit vom Gedicht fort auf die Stadt - als der Quelle der Dichtung - zu lenken.

33 Mehrere Signale verraten, daß der Skinhead als Projektion des Sprechers konstruiert ist: Er wiederholt einen französischen Ausdruck wörtlich, obwohl angeblich ungebildet (Str. 42); ihm ist die moralische Verurteilung von Harrisons Dichtung durch dessen Mutter bekannt, wie in dem Gedicht *Bringing Up* (S. 166) gestaltet (Str. 42-43); überhaupt kennt er den Sprecher, da er mit seinem Namen unterzeichnet (Str. 70).

äußerlicht und somit für die Einheit des psychischen Systems entschärft werden. Andererseits strebt er nach einer - wenngleich distanzierten, nämlich aus der sicheren Abgrenzung heraus anvisierten - Verbindung mit dem Proletarischen in Gestalt des Skinhead. In der Auseinandersetzung mit dieser widerständigen Figur bemüht sich der Sprecher verzweifelt, von ihr Übereinstimmung - Verständnis für seine Harmoniesehnsüchte (Str. 44f.), Anerkennung seiner Arbeiterklassenherkunft (Str. 56f.) oder Annahme seines sozialkritischen Dichtens (Str. 52f.) - zugestanden zu bekommen. Der Sprecher versucht auch hier, diese Übereinstimmung mit Hilfe poetischer Selbstreferenz zu erreichen (Str. 52-54), durch rhetorisch-literarische Mittel, die in der Reklamierung des anderen als alter ego gipfeln (Str. 54). Wenn der Skinhead diese Mittel dann mit Hinweis auf seine konkurrierende eigene Schreibtätigkeit abweist (St. 67-68) und die Graffiti mit dem Namen des Sprechers unterzeichnet (Str. 70), geraten die Aussagen des Gedichtes an den Rand der Paradoxie. Der Skinhead enthüllt sich als versteckte Selbstreferenz des Sprechers. Dadurch bricht die Balance zwischen Einheit und Differenz zusammen (Str. 70-72), denn die Identifizierung von Skinhead und Sprecher bedeutet die Re-Integration des Proletarischen in die bürgerlich verstandene Identität, führt damit die Spaltung wieder in das Bewußtseinssystem ein und macht die Gefährdung seiner Geschlossenheit und Kontinuierung erneut akut. Der Versuch der Überwindung der Spaltung durch die Strategie poetischer Selbstreferenz führt sich selbst ad absurdum, da er sich auf das eigene (undurchschaute) Produkt, also auf sich selbst zurückbezieht und sich dadurch selbst (fast) als das entlarvt, was er ist. Anders ausgedrückt: Das Bewußtsein verwickelt sich in eine Paradoxie, als es seine internen heterogenen, störenden Elemente zuerst in der Fremdreferenz veräußerlicht und so weitgehend entschärft, um darauf zu versuchen, diese Fremdreferenz sich doch wiederum zu integrieren und so die Spaltung vollends zu überwinden.[34]

Charakteristischerweise stellt sich das Bewußtsein, als 'subject of enunciation', dieser Paradoxie nicht mit völliger Klarheit. Es bricht die selbstbezügliche, widersprüchliche Operation unvermittelt ab, indem es den Skinhead unerklärt verschwinden läßt (Str. 71-72). Die emotionale Reaktion verrät die Schwere der Störung für die Geschlossenheit des psychischen Systems; aber die Zusammenhänge werden - auf der Ebene des 'enounced' - nicht weiter expliziert. Hier liegt ein blinder Fleck vor, eine Intransparenz des Bewußtseins für sich selbst, die nur der Leser wie in dieser Analyse - auf der Beobachtungsebene dritter Ordnung - durch Vergleich von 'enounced' und 'enunciation' in ihrer Funktionalität bestimmen kann. Die

34 Man kann diesen Versuch auch wie folgt umschreiben. Das Bewußtsein versucht, die Einheit von Selbst- und Fremdreferenz (die die Erscheinung des Skinhead darstellt) nun auf die Differenz zwischen sich und seinem Produkt zu projizieren.

partielle Selbst-Intransparenz des Bewußtseins scheint eine Wirkungsbedingung der Strategie zu sein. Denn nur unter dieser Voraussetzung kann der Schluß des Gedichtes die Operation der selbstreferentiell-rhetorischen Integration des Heterogenen wiederholen, gegen den Willen des Skinhead und in seiner Abwesenheit (Str. 104-105), und erfolgreich zu Ende führen. Die Beobachtung dieser Lösungsmechanismen hätte ihren Einsatz als literarischen Trick entlarvt und damit blockiert. So wird einerseits die Projektion des Skinhead als Fiktion invisibilisiert, andererseits wird aber die rhetorische Operation als solche mit Hilfe dieser (reifizierten) Gestalt durchaus thematisiert (Str. 104). Durch diese Balance-Strategie paßt das 'subject of enunciation' sein Bewußtsein an seine wahrgenommene prekäre Situation im sozialen System so an, daß es die Wahrnehmung der störenden Spaltung unverwandt festhält, sie aber gleichzeitig im sprachlich-poetischen Medium mit einer rhetorischen Form der Integration überwindet. Auf die soziale Situation des Individuums bezogen, läßt sich diese Lösung ferner als Versuch des Sprechers werten, seinen Anspruch auf eine praktische Änderung zu formulieren und an andere zu kommunizieren.

Dies Beispiel verweist auf die durchgängige Ambivalenz in der. Konstellation von 'enounced' und 'enunciation'. Selbstreferentielle Aussagen unterstützen die Fremdreferentialität, und diese erscheint ihrerseits als Produkt von zielgerichteten Strategien des 'subject of enunciation'. Dieser Sachverhalt zeigt sich auch darin, daß rhetorische Strategien ambivalent gehandhabt werden. Bei einigen wird die manipulative Absicht ausdrücklich zugegeben (z. B. bei der Umdeutung des gesprühten UNITED, vgl. Str. 31) und damit die interessegeleitete Konstruiertheit thematisiert; bei anderen geschieht dies nicht (z. B. beim abschließenden Umdeutungsversuch von UNITED im Sinne von LOVE in Str. 104 oder bei der "Inszenierung" des Auftritts des Skinhead). Die Funktion dieser Tendenz ist folgendermaßen zusammenfaßbar: Das Gedicht produziert den Eindruck der Selbstreferentialität (die autopoietisch zur Selbststabilisierung eingesetzt wird) so vorsichtig, daß ihre Radikalisierung und damit Paradoxierung vermieden werden kann. Die Bezüge auf die beiden Ebenen werden derart raffiniert in der Schwebe gehalten, daß die rhetorisch-literarischen Problemlösungsstrategien auf der Ebene der 'enunciation' entwickelt, aber der des 'enounced' zugerechnet und dadurch weitgehend als blinder Fleck behandelt werden können; aber dies geschieht mit einer partiellen Offenheit, die das Verfahren insofern noch effektiver gestaltet, als so der Verdacht der heimlichen Manipulation unterlaufen wird.

Der Effekt dieser Kontrastierungen von Einheit und Differenz von Selbst- und Fremdreferenz, von Verdeckung und Thematisierung des Aktes der 'enunciation' läßt sich im Hinblick zum einen auf die Relevanz innerhalb des psychischen Systems, zum anderen in dessen Außenbezug auf die soziale Umwelt bestimmen. Der Balance zwischen den beiden Polen, der Ambivalenz hinsichtlich Thematisierung oder Invisibilisierung des Aktes der 'enunciation', kommt zunächst eine psychische Funktion im Sinne einer Adaptation des Bewußtseinssystems an seine wahrgenommene Situation in der sozialen Umwelt zu. Diese Balance macht die im Gedicht inhaltlich explizierte Lösungsformel auch poetisch-literarisch plausibel. Die ersehnte Einheit des psychischen Systems mit sich selbst und mit der Gesellschaft, speziell seiner eigenen Klasse (Bp. Str. 104), wird im Gedichtmedium durch die jeweilige Relation zwischen Fremd- und Selbstreferenz, zwischen Einheit und Differenz formuliert. Der Schluß, das Epitaph (Str. 112), vermittelt diese Balance und Ambivalenz zwischen Wunschrealisierung und widerständiger Gesellschaft in komplexer und raffinierter Weise. Die explizit formulierte Selbstbeschreibung als Dichter verbindet sich mit dem Blick auf die ganz unpoetische Außenwelt, und zwar wird diese Verbindung metaphorisch als Inspirationsprozeß definiert ("how poems can grow from ... SHIT"), in dem das (selbstreferentielle) Schreiben seine Kraft aus dem (fremdreferentiellen) Gesellschaftsbezug gewinnt. Die Formulierung als solche integriert Fremdreferenz (das zitierte Graffiti-Wort) in den dichterischen Text, v.a. durch den Reim. Wie am Gedichtanfang ordnet ferner der Sprecher sich selbst und sein Produkt sprachlich (alliterierend) in den Text und inhaltlich in das Kollektiv der Arbeiter ein. Die radikale Ambivalenz wird darin deutlich, daß das Epitaph die direkte Selbstreferenz ("poet") kraß als Fremdreferenz formuliert, eine Fremdreferenz, in der sich der Dichter aber auf sich selbst als bereits gestorben, also aus großer Distanz, bezieht. Einerseits ist die Integration von Fremd- und Selbstreferenz in diesem Passus ästhetisch besonders elaboriert und solchermaßen gelöst. Andererseits wird die positive Lösungsqualität durch die Imagination des eigenen Todes, der endgültigen Auslöschung der eigenen Identität, die diese Lösung erst ermöglicht, wieder unterminiert. In dieser latenten Selbstunterminierung nähert sich Harrisons *v.* übrigens wiederum Grays *Elegy*.

Zugleich werden mit diesem Gedicht kritische Aussagen über die gesellschaftliche Situation in Großbritannien auf eine selbst-reflektierte Weise formuliert, die die Sozialkritik mit einer Thematisierung der Vermittlungsweise und der Standpunktgebundenheit des Kritikers verknüpft: Es handelt sich um ein Beispiel lyrischer Gesellschaftsdarstellung und -kritik unter Berücksichtigung der poetologischen Entwicklung der Moderne und ihres geschärften Sprach- und Medienbewußtseins. Das Gedicht gewinnt dadurch als kommunikativer Akt im Sozialsystem an intellektueller wie ästhetischer Glaubwürdigkeit mit Konsequenzen für die Anerkennung der Ansprüche des Dichters, wenn auch wohl eher bei bürgerlichen Intellektuellen als in der Arbeiterschicht. Und diese mögliche Erfüllung von Erwartungen und Ansprüchen in der sozialen Sphäre dürfte auch die psychische Stabilität des Systems verbessern.

III

Wenn Harrison in *v.* die Differenz von Selbstverweisung (auf dichterische Imagination, Sprache, Text) und Fremdverweisung (auf die soziale Umwelt) auszubalancieren sucht, indem er den Fokus zwischen beiden Seiten mehrfach verschiebt, so strebt er vornehmlich nach Präsizisierung des Verweises auf die außer-psychische und außer-poetische Umwelt.[35] Dies Streben scheint in einer Priorisierung der Umwelt gegenüber Dichtung und Individuum begründet zu sein und stellt die Möglichkeit der Referenz auf sie nicht in Frage. Genau diese Möglichkeit der Fremdreferentialität aber wird in W. S. Grahams Gedicht *Malcolm Mooney's Land*[36] radikal zum Problem: Wie kann das psychische System, wenn es sich der Sprache und des Schreibens bedient und durch deren Medium in seiner Autopoiesis determiniert wird, überhaupt noch auf Umwelt verweisen, überhaupt noch Zugang zu ihr gewinnen? Die Aussagen dieses Gedichtes besitzen nahezu sämtlich eine direkte oder bildliche Referenz auf Sprachliches, auf den Sprachgebrauch oder - negativ - auf die Unfähigkeit, die Sprache zu transzendieren, und sind insofern selbstbezüglich. Aber formal enthalten alle diese Äußerungen - weil es sich um Vorstellungen, um Inhalte von Beobachtungen handelt - zugleich auch immer einen fremdreferentiellen Aspekt. Dieser Aspekt wird zudem durch die narrative Modellierung der Aussagen nach dem Muster der Quest, der Expedition durch fremdes Terrain, verbunden mit der Sehnsucht nach den Daheimgebliebenen, sowie der textuellen Orientierung an der Form eines (Expeditions-)Tagebuches noch verstärkt. Beide Merkmale implizieren das Vorhandensein einer Welt "da draußen", und der Sinn dieser sprachlichen Modellierungen ist die Suche bzw. die Sehnsucht nach Außenweltkontakt.

Konkret bezieht sich der Sprecher auf eine arktische Ein-Mann-Entdeckungsreise durch das (fiktive) Malcolm Mooney's Land und die sehnsuchtsvollen Gedanken an "Elizabeth and the boy". Die besondere Art und Darstellungsform dieser Reise in Eis und Schnee, die durch umfassende Negativität definierte Umgebung (Abwesenheit von Leben, Wärme, Farbe, Geräusch) und die Eingeschlossenheit in eine individuelle Schutzhülle (Zelt, Schlafsack etc.) betonen den selbstreferentiellen Teil dieser Vorstellungen, indem der Text die mitgeteilten Details durchgängig mit Merkmalen von schriftlichem oder mündlichem Sprachgebrauch wie Schreiben, Drucken und Lesen, Sprechen und Hören vermischt oder assoziiert: z. B. "printed snow" (1, 4), "reading my instruments" (2, 13), "What is to read there / Scored out

35 Das zeigt sich auch an dem Bemühen um prononciert intensivere Umweltberücksichtigung als in Grays *Elegy*.

36 Graham 1979 (zuerst 1970): 143-147. Stellenverweise im Text nennen Abschnitte und zusätzlich die Zeile(n).

in the dark?" (3, 10/11), "Today ... holds the white / Paper up" (4, 1/2), "all their sounds make / This diary of a place / Writing us both in" (5, 23-25). Das Gedicht entwirft die Vorstellung eines in lebensfeindlicher Umgebung eingeschlossenen und einsam auf sich verwiesenen Polarreisenden als Metapher für das durch seine Sprache isolierte, sich nach Außenkontakt und Lebenswärme sehnende Bewußtsein. Wie total sich das Bewußtsein als in Sprache "eingefroren" erfährt, erhellt daraus, daß die Expeditionsmetapher die Anwesenheit in Malcolm Mooney's Land perpetuiert und kein Ziel nennt, nach dessen Erreichen die Eisreise beendet wäre.

Das Bewußtseinssystem fertigt also eine Selbstbeschreibung seiner sprachlich verursachten selbstreferentiellen Isoliertheit mittels einer fremdreferentiellen Metapher an, d.h. einer metaphorischen Fremdreferenz. Die Aussagen des Gedichts stellen zweifach die Einheit der Differenz von Fremd- und Selbstreferenz dar: nicht nur insofern Vorstellungen als beobachtete Gedanken diese Einheit immer schon repräsentieren, sondern zusätzlich darin, daß Selbst- und Fremdreferenz hier in konkreterer Hinsicht ununterscheidbar werden. Der Sprecher bezieht sich mit fast allen Äußerungen auf die Sprache, also sein Kommunikationsmedium, so daß der Text durchgängig selbstreferentiell wird. Aber hierzu verwendet er zwei miteinander verknüpfte metaphorische Strategien, die zugleich ebenso durchgängig einen fremdreferentiellen Effekt erzeugen. Zum einen handelt es sich um Verweise auf Ereignisse, Örter, Personen etc., also die Polarexpedition, die durch ihre Einbettung deutlich als metaphorisch markiert sind. Zum andern geschieht der Rückbezug auf die Sprache in Form einer Reifizierung, d. h. Vergegenständlichung und Verräumlichung, von Sprachelementen, die dadurch eine metaphorische Qualität annehmen und eine der bekannten Welt analoge externe Wirklichkeit implizieren. Eklatante Beispiele sind "grammarsow" und "wordlouse" (2, 26), "Sit / With me between this word and this" (5, 3-4), "Words drifting on words" (5, 57), "My words go through the smoking air / Changing their tune on silence" (2, 32-3).[37] Grundsätzlich kann ein System bei vorliegender Einheit der Differenz entweder die selbst- oder die fremdreferentielle Seite weiterverfolgen. Der Sprecher von *Malcolm Mooney's Land* wechselt jedoch so dicht zwischen beiden, daß Aussagen über die Außenwelt und direkte oder metaphorische Hinweise auf das Schreiben immer enger verwoben werden und schließlich nicht mehr differenzierbar sind (z. B. 1, 1-10). An einigen Stellen steigert sich die Ununterscheidbarkeit ins Extrem: "Above the bergs the foolish / Voices are lighting lamps / And all their sounds make / This diary of a place / Writing

37 Die sprachliche Selbstreferentialität ist hier metaphorisch und reifizierend angelegt und bezieht sich nicht auf die Materialität der Sprachelemente, im Sinne von Jakobsons "poetic function", wodurch die Selbstreferenz gerade verstärkt würde. Diese poetische Funktion wird von Graham demgemäß eher heruntergespielt.

us both in" (5, 21-25) Die Relation zwischen Objekt und Bewußtsein dreht sich um. Die außerhalb wahrgenommenen Stimmen "artikulieren" den Sprecher (und seine imaginierte Elizabeth), indem sie beide "niederschreiben"; sie konstituieren allererst den vorliegenden Text und geben ihm die räumlich-dingliche Qualität der externen Welt. Selbst- und fremdreferentiell Bezeichnetes haben damit in paradoxer Weise ihre Plätze vertauscht und präsentieren eine Einheit.

Auf der anderen Seite betont der Sprecher die Differenz zwischen Selbst- und Fremdreferenz, wenn er das metaphorisch Beschriebene als sprachlich gemacht, d. h. als selbstreferentiell durch bewußte Sprachverwendung und Imagination geschaffen und als letztlich nicht fremdreferentiell in der Systemumwelt vorgefunden thematisiert: "... I made / You here beside me / For a moment out / Of the correct fatigue" (5, 50-53). Durch derartige Aussagen über seine Aussagen impliziert er das Vorhandensein einer Welt jenseits des sprachlichen Mediums, aber so, daß der Zugang zu ihr problematisch oder unmöglich erscheint: "Why did you choose this place / For us to meet? Sit / With me between this word / And this, my furry queen. / Yet not mistake this / For the real thing" (5, 1-6). Die Differenz der Fremd- zur Selbstreferenz manifestiert sich somit vornehmlich in negativer Form ("... not mistake this / For the real thing"), als Schwierigkeit der externen Verweisung und als unerfüllte Sehnsucht nach ihr: "Have I not been trying to use the obstacle / Of language well? It freezes round us all" (4, 11-12). Die Prämisse einer externen Welt äußert sich fast ausschließlich in den Hinweisen auf andere Personen, die mit dem Sprecher kommunizieren könnten oder möchten (Elizabeth, "the boy", "my friend who loves owls", "Nansen's fox", "many approachers"). Hieran zeigt sich abermals, daß die Relation Selbst-/Fremdreferenz hier v. a. unter dem Aspekt der allgemeinen Kommunikationsmöglichkeit, nicht dem der Rolle der Dichtung eingesetzt wird.

Dieser Vorgang ist mit Luhmanns Unterscheidung zwischen Reflexivität, der prozessualen Selbstreferenz, und Reflexion, der selbstreflexiven Systemreferenz, genauer beschreibbar[38]. Ein Prozeß wird dadurch selbstreflexiv, daß er seine Einheit in sich zur Geltung bringt, sich somit auf sich selbst anwendet. Als Folge dessen differenziert sich dann die betreffende Funktion aus. In bezug auf den Kommunikationsprozeß heißt dies, daß über Kommunikation kommuniziert wird. Dieser Fall liegt bei Graham sowohl hinsichtlich der Selbstorganisation und Autokommunikation des Bewußtseins als auch seiner sozialen Kommunikation mittels Sprache und Schrift vor. Als Konsequenz tendiert der Sprachverwendungsprozeß dazu, sich zu verselbständigen. Dies belastet jedoch insofern den innerpsychischen Stabilisations- wie den interpersonalen Kommunikationsprozeß, als sich die externe

38 Vgl. Luhmann 1984: 601f. u. ausführlich S. 610f. bzw. 617ff.

Referenzleistung der Sprache aufzulösen droht. Aufgrund der vom Sprecher der Sprache zugewiesenen zentralen Funktion für die psychische Autopoiesis wie für die soziale Interaktion erlebt er die Selbstreflexivität der Sprache als Außenweltverlust und lebensbedrohende Isolierung: "Have I not been trying to use the obstacle / Of language well? It freezes round us all" (4, 11-12) .

Die sprachlich-textliche Selbstreflexivität tangiert ferner die Reflexion[39] des Bewußtseins, also die Operation, mit der das psychische System ein Selbstbild von sich als ganzem entwirft und so die Differenz System-Umwelt in sich einführt, d.h. sich in der Differenz zur Umwelt explizit definiert. Dabei ist die im Gedicht formulierte Selbstbeschreibung sowohl Auswirkung der störenden Effekte der Selbstreflexivität als auch kompensierende Reaktion auf sie. Da das psychische System seine Selbstreproduktion entscheidend auf das Medium von Sprache und Schrift stützt, verursacht die sprachliche Selbstreflexivität und die daraus resultierende Schwächung der Fremdreferentialität eine Störung der Selbstbeschreibung. Denn dadurch wird die Differenzierungsmöglichkeit des Bewußtseins von der (außerpsychischen) Umwelt bedroht, und die sich ausdifferenzierende Konstellation Ich-Sprache - als neue System-Umwelt-Relation - beschwört die Gefahr des Solipsismus oder des tautologischen Zirkels herauf, eine Form der Eingeschlossenheit des Bewußtseins, die dies als bedrohlich für seine Existenz erfährt. In diesem Sinne verrät die Selbstbeschreibung als einsamen Polarreisenden das Ausmaß der Störung durch die sprachliche Selbstreflexivität.

Zugleich stellt diese Selbstbeschreibung aber eine Strategie der Überwindung oder zumindest Entschärfung dieser Bedrohung dar, die sich mit Luhmanns Begriff der Asymmetrisierung spezifizieren läßt.[40] Zur Rekrutierung von Zusatzsinn und zur Unterbrechung der Tautologie reiner Selbstreferenz wählt das System Bezugspunkte, die in seinen Operationen nicht mehr in Frage gestellt werden. Dies gilt hier einerseits für das Ich, das in seiner Existenz letztlich unbezweifelt bleibt, wenn auch seine Lokalisierung in einer Außenwelt fraglich wird (1, 5). Es gilt andererseits für die metaphorische Illusionskraft der Sprache, die sich hier auf sich selbst zurückbezieht. Nicht nur werden sprachliche Elemente im Gedicht ständig verdinglicht, sondern es wird aus ihnen eine kohärente metaphorische Welt aufgebaut, in der sich das Ich bewegen kann. Als Resultat der suggestiven Reifizierungsleistung der Sprache verwandeln sich die Tagebuchaufzeichnungen über eine einsame Polarexpedition in die Sprachumwelt des sich

---

39 Vgl. ibd.: 601f. u. 617ff.

40 Vgl. ibd.: 622f. u. bes. 631ff. Luhmann betont, daß der tautologische Zirkel durch die Anreicherung mit Sinn unterbrochen wird, und bestimmt diese Verfahren dann näher "mit Hilfe des Begriffs der 'Asymmetrisierung' und seiner Derivate (Externalisierung, Finalisierung, Ideologisierung, Hierarchisierung, punctuation usw.)" (631).

selbst reflektierenden Bewußtseins. Der Schluß exemplifiziert diesen Effekt besonders klar: "I have made myself alone now. / Outside the tent endless / Drifting hummock crests. / Words drifting on words. / The real unabstract snow" (5, 54-58). Wie die metaphorische Verdinglichung von Wörtern zu "the real unabstract snow" zeigt, wird die Sprache faktisch zur eigentlichen Umwelt des Ich, zunächst in Verbindung mit und schließlich als Ersatz für eine andere nicht-sprachliche Umwelt, die vielfach - sehnsuchtsvoll - als unerreichbar impliziert wird. Im Laufe der einzelnen Abschnitte des Textes verdichtet sich die Selbstbeschreibung des Bewußtseins, als 'subject of the enounced', immer mehr zum Bilde von Abkapselung in einer lebensfeindlichen Umgebung von kompakter Sprache, jenseits deren andere Personen mit Bewußtsein vermutet und ersehnt werden, zu denen die Sprache eine trennende Barriere, aber möglicherweise trotz allem auch ein Durchgangsmedium bildet. Dies Selbstbild stabilisiert sich in prekärer Balance gegenüber den verschiedenen Ansätzen zur paradoxen sprachlichen Selbstreflexivität, v. a. durch die metaphorische Suggestionskraft der Wörter, aber auch durch die Präsentation des Schreibaktes als Führen eines Tagebuches, dessen Konvention die Reflexion über das Schreiben und die Einsamkeit der Schreibtätigkeit einschließt, das deswegen die selbstreflexiven Verweise motivieren und ihre störenden Effekte entschärfen kann.

Anders als in Harrisons *v.* thematisiert das 'enounced' somit nicht die Komposition des vorliegenden Gedichtes, und auch der Akt der 'enunciation', die besondere Form des Gedichtes, betont nicht eigens seinen Kunstcharakter (durch klanglich-metrische Mittel). Mit Hilfe dieser prekären Transzendierung der Selbstreflexivität vermag das Bewußtsein seine Operationen fortzusetzen, indem es zum einen durch das Gedicht ein kohärentes Selbstbild formulieren und sich gegenüber einer neu definierten Umwelt stabilisieren, zum andern dieses Bild den Lesern kommunizieren kann. Dadurch wird paradoxerweise für das 'subject of enunciation' die auf der Ebene des 'enounced' unüberwundene Isolation doch noch durchbrochen. Dies ist auch insofern paradox, als der Auslöser der Krise, die Sprache, unversehens zugleich zu ihrer Überwindung benutzt wird.

Hier wird auch der fundamentale Unterschied zu Harrison greifbar. Während in *v.* die Rolle des Dichters und die Relevanz der Dichtung in der Gesellschaft und als Konsequenz die sozialpsychologische innere Kohärenz des Sprecher-Bewußtseins zum Problem entwickelt werden, geht es in *Malcolm Mooney's Land* allgemein um die Sprachproblematik und die Relation des Bewußtseins zu sich und zur Umwelt überhaupt, mithin nicht um soziale, sondern um psychische Aspekte. Als auslösender Faktor ist bei Harrison die klassenbedingte gesellschaftliche Marginalisierung aufgrund seiner Dichterrolle erkennbar, bei Graham die psychisch bedingte Ausdifferenzierung der Sprache und die daher rührende Unterminierung ihrer Referenzleistung. Ob diese psychisch-kommunikative Problematik letztlich wiederum sozial bedingt ist, verrät der Text nicht und ließe sich nur durch sozialpsychologischen Analysen der Situation zeitgenössischer Dichtung klären.

Harrison und Graham ist demgemäß die Problematisierung - in unterschiedlicher Form - des Verhältnisses von Ich und Außenwelt gemeinsam. Beide Gedichte thematisieren dieses Problem bewußt, benutzen aber gewisse blinde Flecken in diesem Bewußtsein, um die durch die Selbstreflexivität des Bewußtseins drohende Selbstblockade und Selbstisolation zu durchbrechen. Prononcierter: Das 'subject of enunciation' richtet derartige blinde Flecken strategisch so ein, daß das subject of the 'enounced' dies Verfahren und seine Zwecke nicht durchschaut. Die Gedichte spielen diese Selbststabilisierung in einem sich selbst steuernden Prozeß durch, um dem Bewußtsein die Fortsetzung seiner Operationen hinsichtlich der Auto- und der Fremdkommunikation zu ermöglichen. Beide Texte gewinnen in diesem Sinne 'closure', indem sie mit der Geste reiner Fremdverweisung enden (und sich so schließen), die sich bei Harrison auf die soziale Welt seiner Herkunft, bei Graham auf die konkrete Realität der Sprache außerhalb des Bewußtseins bezieht. Aber der jeweilige Status des Ich ist unterschiedlich fest. Während sich der Sprecher in *v.* am Schluß als in der Erde aufgegangen vorstellt und sich, aufgrund der uneingestanden tiefreichenden Gefährdung, selbst auslöscht, beharrt das Ich in *Malcolm Mooney's Land* durchweg auf seiner Substanzhaftigkeit und stellt diese als solche nie in Frage. Bei Harrison überdauert das Ich nur als Sprache (im Epitaph, im Gedicht als ganzem), bei Graham als Präsenz hinter der Sprache.

Analog ist der strategische Einsatz des eigenen poetischen Textstatus und der beiden Referenzaspekte des Kunstwerkmediums verschieden. Harrison betont die Form deutlich stärker als Graham, balanciert die damit aktivierte Selbstreferenz aber durch eine Verstärkung der Fremdreferenz auf den sozialen Kontext aus. Graham kehrt diese Konstellation in Gestalt einer paradoxen Verschränkung um. Da bei Graham die Sprache praktisch zum Kontext wird, dominiert zunächst die verbal thematisierte Selbstreferenz. Doch zur Balance entzieht sich die poetische Form eher der Aufmerksamkeit und verstärkt daher gerade nicht die selbstreferentielle Komponente. Demgegenüber verwendet der Text in seinem Stil eine reifizierende Metaphorik, die die explizite Selbstreferenz auf die Sprache tendenziell in Fremdreferenz umwandelt. Die Form-Kontext-Dualität des Kunstwerks wird somit vom Bewußtseinssystem in beiden Gedichten - wenngleich mit unterschiedlichen Gewichtungen - im Sinne einer Balancierung von Fremd- und Selbstverweisung zur innerpsychischen Stabilisierung der eigenen Operationen funktionalisiert.

In beiden Fällen schließlich dient das veröffentlichte Gedicht - als Kommunikationsereignis im sozialen Bereich - potentiell der (wenigstens partiellen) Überwindung der innerpsychisch durchgespielten Probleme. Harrisons *v.* scheint aufgrund der prononcierten Thematisierung von sozialen Bezügen und der sozialen Relevanz ihrer Behandlung geeignet, den

Ansprüchen des Dichter-Ich auf Überwindung der Marginalisierung und der gesellschaftlichen Polarisierung wenigstens im literarischen Bereich und beim bürgerlichen Leserpublikum Anerkennung zu verschaffen, wohl aber nicht bei den Arbeitern und Skinheads von Leeds. Grahams *Malcolm Mooney's Land* gelingt es offensichtlich, den Kontakt zur Außenwelt herzustellen und seine Selbstsicht den Lesern zu kommunizieren. Die Sprache erweist sich also als Durchgangsmedium und letztlich nicht als Barriere.

Literatur

Easthope, A. (1983): *Poetry as Discourse*, London.

Graham, W. S. (1979): *Collected Poems 1942-1977*, London.

Harrison, T. (1987): *Selected Poems*, sec. ed., Harmondsworth.

Luhmann, N, (1984): *Soziale Systeme: Grundriß einer allgemeinen Theorie*, Frankfurt/M.

Luhmann, N. (1986): Das Kunstwerk und die Selbstreproduktion der Kunst, in: Gumbrecht, H.U./Pfeiffer, K.L. (Hg.), *Stil: Geschichten und Funktionen eines kulturwissenschaftlichen Diskurselements*, Frankfurt/M., S. 620-672.

Luhmann, N. (1987): Die Autopoiesis des Bewußtseins, in: Hahn, A./Kapp, V. (Hg.), *Selbstthematisierung und Selbstzeugnis: Bekenntnis und Geständnis*, Frankfurt/M., 25-94.

Luhmann, N. (1990): Weltkunst, in: Luhmann, N./Bunsen F.D./Baecker, D., *Unbeobachtbare Welt: Über Kunst und Architektur*, Bielefeld, S. 7-45.

Mead, G.H. (1962): *Mind, Self, and Society. From the Standpoint of a Social Behaviorist*, hg. C.W. Morris, Chicago.

Schwanitz, D. (1990a): Selbstreferentielle Systeme, in: *Zeitschrift für Literaturwissenschaft und Linguistik*, 77, S. 100-125.

Schwanitz, D. (1990b): *Systemtheorie und Literatur. Ein neues Paradigma*, Opladen.

Spinner, K.H. (1975): *Zur Struktur des lyrischen Ich*, Frankfurt/M.

Die Ausdifferenzierung der Kunst als Problem der Ästhetik

Klaus Disselbeck

I

Die Wissenschaft erklärt die Welt, die Kunst stellt sie dar, die Wirtschaft stellt Güter her und Dienstleistungen bereit, Recht und Moral gebieten oder verbieten Handlungen, die Politik setzt Ziele einer Gemeinschaft durch, und die Religion verkündet ihr Gottes Wort. Wissenschaft, Kunst, Wirtschaft, Recht, Politik und Religion erscheinen uns als getrennte Bereiche innerhalb der Gesellschaft, obwohl sie sich gegenseitig beeinflussen und Leistungen miteinander austauschen. Die Trennung der verschiedenen Bereiche innerhalb der Gesellschaft ergibt sich aus den verschiedenen Funktionen, die sie für die Gesellschaft erfüllen. Diese Funktionen wurden bereits angedeutet: Erklärung durch die Wissenschaft, Darstellung durch die Kunst, Produktion durch die Wirtschaft, Normierung durch Recht und Moral, Gemeinschaftshandeln durch die Politik und Verkündigung durch die Religion.[1]

Die Entwicklung zu gesonderten Bereichen in der Gesellschaft erfolgte mit der Aussonderung ihrer jeweiligen Funktionen. Ursprünglich bildeten in den Hochkulturen Religion, Wissenschaft und Kunst eine unauflösliche Einheit. In den Schöpfungsmythen der Religionen liegt ebensosehr der Ursprung der wissenschaftlichen Erklärung wie der dichterischen Gestaltung.[2] Tempel, Grabmäler, Wandbilder und Skulpturen im alten Ägypten dienen dem Glauben an die Unsterblichkeit. Die strenge Stilisierung des Typischen ist ganz Verkörperung des Ewigen.[3] Daß die griechische Tragödie aus einer Kulthandlung zu Ehren des Gottes Dionysos hervorging, ist allgemein bekannt.[4] Man wird also Webers Feststellung zustimmen müssen,

---

1 Für das hier vereinfacht dargestellte Theorem der funktionalen Differenzierung der Gesellschaft vgl. Luhmann 1984: 624ff.

2 Vgl. Popper 1984: 258ff.

3 Vgl. Gombrich 1977: 150f.

4 Vgl. Snell 1986: 21-47.

daß "die ursprüngliche Beziehung" zwischen Religion und Kunst "die denkbar intimste" war und die Religion eine "unerschöpfliche Quelle künstlerischer Entfaltungsmöglichkeit" (Weber 1976: 365) darstellte.

Wie sich mit der allmählichen Ablösung der Kunst von Religion und Wissenschaft die spezifische Funktion der Kunst immer deutlicher abzeichnet, soll zunächst dargestellt werden. Diesen Prozeß bezeichnen wir als Ausdifferenzierung, und sein Ergebnis ist die selbständige, die autonome Kunst. In einem weiteren Schritt wird die Ästhetik als Reflexionstheorie des ausdifferenzierten Kunstsystems behandelt. Am Beispiel Kants wird gezeigt, daß seine Ästhetik das Problem der Einheit des Kunstsystems in der Differenz von Geschmack und Genie zu lösen versucht.

Weber meint, "das spezifisch Künstlerische überhaupt *bewußt* zu entdekken", sei "intellektualistischer Zivilisation vorbehalten" (a.a.O). Solche Zivilisationen stellen in hohem Maße die von Parsons als "Saatbeet-Gesellschaften" bezeichneten dar, nämlich Israel und Griechenland. Die kulturellen Neuerungen dieser Gesellschaften erwiesen sich "als höchst bedeutsam für ein breites Spektrum von Gesellschaften [...], die nicht unmittelbar in ihrer evolutionären Nachfolge standen - nämlich Israel als Schöpfer der Religion Jahwes (oder des Judentums) und Griechenland als Schöpfer einer großartigen, weitgehend säkularen Kultur" (Parsons 1975: 149f.).

Die Säkularisierung der Kunst und damit "die Entfaltung ihrer Eigengesetzlichkeit" (Weber 1978: 555) läßt sich an der Wende vom 7. zum 6. Jahrhundert im ionischen Raum zeigen. In Homers Epen verschränken sich zwar noch Religion (Mythos), Wissenschaft (rationale Erklärung) und Dichtung, aber der Charakter der Dichtung überwiegt eindeutig die mythischen und rationalen Elemente. Davon kann man sich leicht durch einen Vergleich mit den Berichten der Genesis überzeugen. Homer erzählt genau und mit Muße. Gefühle werden oft ausführlich in direkter Rede wiedergegeben, Personen und Dinge erscheinen in scharfen Umrissen, die Episoden werden lückenlos miteinander verbunden.[5] Diesem Bemühen liegt offenkundig die Absicht zugrunde, nicht bloß zu sagen, *was* sich zugetragen hat, sondern den Zuhörer erleben zu lassen, *wie* es sich zugetragen hat. Im Unterschied zum Alten Testament legt Homer größten Wert auf die Ausmalung des Geschehens, auf seine sinnliche Vergegenwärtigung. Dadurch wird die Phantasie des Zuhörers angeregt und jener Bereich zwischen Religion und Wissenschaft konstituiert, in dem man nicht nach wahr und falsch, sondern nach fesselnd und langweilig, nach gelungen und mißlungen, nach schön und häßlich unterscheidet.[6]

Es ist eine ansprechende Vermutung, daß die Phantasie der bildenden

---

5 Vgl. dazu näher Auerbach 1977: 5-27, Popper 1982: 194-200 und Snell 1975: 13-29.

6 Vgl. Gombrich 1977: 152ff.

Künstler des 6. Jahrhunderts durch die homerischen Epen angeregt wurde, ähnlich zu verfahren. Hatte sich der Dichter die Freiheit genommen, den Mythos zu verändern, ihn auszuschmücken und die Art und Weise des Geschehens in den Vordergrund zu rücken, so mochten auch der Maler und der Bildhauer versuchen zu schildern oder zu erzählen oder zu illustrieren. Dazu mußten sie aber den überlieferten Formenschatz des alten Orients verändern; denn die stereotypen Schemata der Ägypter eigneten sich zwar zur Verkörperung zeitloser Wahrheiten, aber kaum zur anschaulichen, lebendigen Erzählung von Taten der Götter und Helden. Die Künstler mußten also die überlieferten Schemata der symbolischen Kunst der Ägypter so lange abändern, bis diese ihrem Zweck der überzeugenden, anschaulichen Darstellung dienten. Als Richtschnur ihrer Korrekturen nahmen sie die Erscheinungen in der Natur. Allerdings verschleiert die Formel von der Nachahmung der Natur den Sachverhalt eher, als daß sie ihn klärt. Man muß sich nämlich diese Annäherung der Schemata an die Natur als ein unermüdliches Experimentieren vorstellen und nicht als eine passive Betrachtung der Natur. Das Bilden kommt vor dem Nachbilden, das Schema vor seiner Berichtigung an der Natur. Deshalb ist die schematische Darstellung bei allen Völkern das Selbstverständliche und die naturgetreue Darstellung die zu erklärende Ausnahme.[7]

Sofern man bei dem Begriff der Naturnachahmung die aktive Auseinandersetzung des Künstlers mit der ihn umgebenden Welt mitbedenkt, kann man ihn als die griechische Beschreibung für die Funktion der Kunst betrachten. Die Kunst sollte die Aufgabe der Nachahmung oder besser der Darstellung oder Gestaltung der Natur, insbesondere der menschlichen Natur erfüllen. Für den Maler und Bildhauer bedeutet dies, daß er den menschlichen Körper möglichst in seinen natürlichen Proportionen darstellt; für den Dichter, daß er Menschen in Situationen darstellt, die solche Gefühle hervorrufen, wie er sie darzustellen beabsichtigt.[8]

Voraussetzung der naturgetreuen Darstellungsweise war die Lockerung des innigen Verhältnisses zwischen Religion und Kunst. Der Künstler mußte Freiheit gegenüber dem Mythos gewinnen, wenn er seine Phantasie spielen lassen wollte. Und er mußte seine Phantasie spielen lassen, wenn er den Mythos als Dichter, Maler oder Bildhauer (z.B. am Giebel der Tempel) plastisch ausgestalten wollte. Die Darstellungsweise, die Form, konnte nur dann ein selbständiges Ziel des Handelns werden, wenn es nicht mehr allein auf das Dargestellte, den Inhalt, ankam. Da es einer sakralen Kunst aber fast nur auf den Inhalt und kaum auf die Form ankommt, liegt die Vermutung nahe, daß die neue Kunstauffassung der Griechen mit der Schaffung profaner Kunstwerke aufkam. Deren Auftraggeber waren nicht mehr die

---

7 Vgl. ebd.

8 Vgl. dazu sehr instruktiv Lorenz 1983: 103f.

Priester, sondern die Stadtgemeinden oder reiche Privatleute.[9] Auch Weber vermutet, daß die Entstehung der Kunst als "einer eigengesetzlichen Sphäre [...] ein Produkt der Laienbildung" sei (Weber 1976: 365).

Im Zuge der Umwandlung einer schematischen in eine mimetische Darstellung haben die Griechen also das "spezifisch Künstlerische" (ebd.), die reine Form, entdeckt. Mit der allmählichen Ersetzung des vorstellenden Bildes durch das naturgetreue Abbild entfaltet sich die "Eigengesetzlichkeit der Kunst" (Weber 1978: 555). Das Kunstwerk löst sich von seiner kultischen Bestimmung und bindet sich an die Gesetze der künstlerischen Gestaltung. Das läßt sich insbesondere an der Entwicklung der Tragödie vom kultischen Tanz zum dramatischen Spiel verfolgen.[10] Aber auch die weite Verbreitung von Reproduktionen weist auf die neue Funktion des Kunstwerkes hin: Man umgibt sich mit Kopien berühmter Werke, weil man sich an ihrer Schönheit erfreut, d.h. aber, weil man sie ästhetisch erlebt, weil man sie als Kunstwerke erfährt. Der Kunsthistoriker Gombrich sagt dazu: "Die Behauptung, die Griechen hätten die Kunst erfunden, könnte leicht paradox klingen. Aber so betrachtet, ist sie nichts als die nüchterne Feststellung einer allerdings sehr bemerkenswerten Tatsache" (Gombrich 1977: 166). Auch der Kunstsoziologe Hauser hebt das Außerordentliche dieser Tatsache hervor: "Wir stehen hier einer vollkommen neuen Idee der Kunst gegenüber; sie ist nicht mehr Mittel zum Zweck, sie ist Zweck und Ziel in sich [...] Im 7. und 6. Jahrhundert vor Chr., zur selben Zeit, als die Griechen in Ionien die Idee der Wissenschaft als reiner Forschung entdeckten, schaffen sie auch die ersten Werke einer reinen, zweckfreien Kunst - den ersten Anklang an 'l'art pour l'art'" (Hauser 1973: 78f.). Zweckfrei - das sollte man freilich hinzufügen - bedeutet, daß ein Kunstwerk nicht mehr vorrangig oder überhaupt nicht mehr einer praktischen Bestimmung dient, z.B. als Grabmal, Tempelschmuck oder Kultbild bzw. die Musik als Mittel zur Steigerung religiöser Ekstase. Ob man diesen Schub zur Ausdifferenzierung der Kunst durch die Kolonisation und die Rückwirkungen erklären kann, "die das Leben inmitten von fremden Völkern und Kulturen auf die Griechen gehabt haben muß" (Hauser 1973: 81), bleibe dahingestellt. Klar ist jedenfalls, daß das Zusammentreffen westlicher und östlicher Kulturen im ionischen Raum zu einer bewußten und distanzierten Einstellung gegenüber den eigenen überlieferten Mythen führen mußte.[11] Diese bewußte und distanzierte Einstellung aber war ja - wie wir gesehen haben - Voraussetzung für eine literarische Ausgestaltung der Mythen, wie sie uns in der *Ilias* oder *Odyssee* entgegentritt.

---

9 Vgl. Hauser 1973: 77f.

10 Vgl. Snell 1975: 95-110.

11 Vgl. Popper 1984: 127-136.

Im Mittelalter ist das Kunstwerk wieder zu einem Mittel des Kultes geworden. Die Kunst hat der Religion zu dienen, sie hängt von ihr ab. Die Kunst ist nicht mehr als eigener Bereich erkennbar, sondern geht vollständig im kirchlichen und weltlichen Leben auf. Es gibt sie nur als angewandte Kunst, was sich im übrigen auch in der Einteilung der Künste zeigt: Malerei, Bildhauerei und Musikausübung werden den handwerklichen Techniken zugezählt (artes mechanicae), Dichtung, Musikkomposition und Architektur den Wissenschaften (artes liberales). Es gibt also weder einen einheitlichen Begriff der Kunst noch einen eigenen Ort in der Gesellschaft für sie. Auch dem ästhetischen Genuß fehlen buchstäblich die Worte. Will der mittelalterliche Mensch seiner Freude oder Bewunderung über ein Kunstwerk Ausdruck geben, so steht ihm dafür nur ein religiöses oder ein Allerweltsvokabular zur Verfügung: Er ist von Gott erfüllt oder einfach von Lebensfreude.[12]

Das Kunstwerk wird nach der Bedeutung seines Themas oder Sujets eingeschätzt und der Bestimmung, die es im kirchlichen oder weltlichen Leben hat. Es muß schön sein, weil sein Gegenstand z.B. heilig oder erhaben ist. Seine religiöse Funktion bestimmt seine Form. Ein Mosaik aus Ravenna oder eine byzantinische Ikone sind kein Werk der freien künstlerischen Phantasie, sondern erfüllen einen strengen ikonographischen Kanon. Daran ist der Künstler in seiner Darstellung gebunden, nur in der Behandlung von Details ist er einigermaßen frei. Die Mosaiken von San Vitale konzentrieren sich auf klare Unterscheidungsmerkmale; sie verlangen nicht nach geduldiger Deutung, sondern wollen den Betracher überwältigen. Der mittelalterliche Künstler setzt lediglich den in einem konventionellen Schema ausgedrückten Allgemeinbegriff ins Bild. Seine Meisterschaft offenbart sich allein in der peinlich genauen Erfüllung dieser Aufgabe, der Sicherheit der Linienführung, Farbgebung usw., weshalb die Malerei auch dem Handwerk zugerechnet wird. Das Spiel der Phantasie von Künstler und Betrachter wird also gleichermaßen beschränkt.[13] - Wie alle Dinge der diesseitigen Welt, so sind auch die Werke der Künste auf die Heilsordnung zu beziehen und gewinnen nur von ihr her Sinn und Bedeutung. Und dieser Sinn wird, insbesondere auch in der Literatur, nach der Bibelauslegung vierfach vorgestellt: wörtlich, heilsgeschichtlich, moralisch und eschatologisch (sensus litteralis, sensus allegorius, sensus moralis, sensus anagogicus). So hat z.B. Dante ausdrücklich darauf hingewiesen, daß seine *Göttliche Komödie* in einem solchen vierfachen Sinne geschrieben und zu verstehen sei.[14]

---

12 Vgl. dazu näher Huizinga 1975: 357-412.

13 Vgl. Gombrich 1977: 171ff.

14 Vgl. Japp 1981: 455.

II

Im Zeitalter der Renaissance löst sich die Kunst von kirchlicher Bevormundung, und es wird jene Vorstellung einer autonomen Kunst wiederentdeckt, die in der Antike aufgekommen und während des Mittelalters in Vergessenheit geraten war. Die Herausbildung der Kunst zu einem relativ selbständigen Bereich innerhalb der Gesellschaft läßt sich am Kunstwerk, am Künstler und am Publikum verfolgen. Städte und Höfe sind die Auftraggeber und Förderer der Kunst, Akademien sorgen für die Ausbildung und Vermittlung der Künstler, Kunst- und Buchhandel für den Vertrieb der Werke, und die Wissenschaft weist den Weg zur 'wahren' Kunst.[15]

Für das Kunstwerk werden die Prinzipien der Einheitlichkeit und inneren Folgerichtigkeit maßgebend. Der von einem Augenpunkt aus perspektivisch vereinheitlichte Raum wird als ein System von bloßen Relationen zwischen Höhe, Breite und Tiefe aufgefaßt. Die verschiedenen Objekte und Raumintervalle werden in kontinuierlicher Verkürzung nach einer mathematischen Regel dargestellt. Der psycho-physiologische Sehraum wird in einen mathematisch konstruierten überführt, das Subjektive objektiviert. Diesem Bemühen liegt die Absicht zugrunde, die verwirrende Fülle der Erfahrung zu ordnen und die Gegenstände "in ein richtiges Verhältnis" zueinander zu setzen.[16] Alberti, der große Kunsttheoretiker der Renaissance, erklärt die varietas und die concinnitas für die beiden Prinzipien der neuen Kunst. In erster Linie sei darauf zu achten, "daß alle Teile miteinander harmonieren, und sie harmonieren, wenn sie sich im Hinblick auf Größe, Funktion, Art, Farbe und andere ähnliche Eigenschaften entsprechen, um so eine Schönheit zu bilden" (zit. Panofsky 1978: 211). So wird verständlich, warum Alberti, Leonardo und Dürer eingehend die menschlichen Proportionen studieren, die sie als rationale Grundlage der Schönheit betrachten und auf allgemeine arithmetische oder geometrische Gesetze zurückführen möchten. Scaliger verpflichtet die Dichter weit strenger auf die Wahrscheinlichkeit als Aristoteles es getan hatte und stellt mit seiner Untersuchung der besonderen Bedingungen der Bühne implizit die folgenreiche Lehre der "drei Einheiten" auf: der Einheit des Ortes, der Zeit und der Handlung.[17] Gemeinsam ist all diesen Bestrebungen und Anschauungen das Prinzip der Konzentration und Geschlossenheit im Gegensatz zur

---

15 Die Darstellung zur Entwicklung der Kunst in der Renaissance folgt Hauser 1973: 282-363.

16 Vgl. dazu näher Panofsky 1964: 99-167.

17 Vgl. dazu näher Kommerell 1970: 69, 76, 242ff., 270ff., 305ff., ferner *Das Fischer Lexikon: Literatur 2/2*: 432.

Addition und offenen Reihe der gotischen Kunst.[18] Der Kunstbetrachter soll die Teile des Ganzen möglichst simultan und nicht sukzessiv erfassen; er soll das Kunstwerk als eine unteilbare Einheit erleben. Einheitsprinzipien wie die Zentralperspektive, die Proportionalität, die räumliche, zeitliche und handlungsmäßige Beschränkung des dramatischen Geschehens usw. prägen die Auffassung der folgenden Jahrhunderte vom Kunstwerk, wonach dieses ein geschlossenes Ganzes darstellen muß.

Allerdings steht das Künstleratelier in der Frührenaissance noch der mittelalterlichen Bauhütte und der Zunftwerkstatt nahe. Die Einmaligkeit des Kunstwerks wird noch nicht unbedingt als Ausdruck einer einzigartigen Künstlerpersönlichkeit aufgefaßt, weil das Werk oft eine Gemeinschaftsarbeit mit Gesellen und Schülern ist. Die eigenhändige Gestaltung des gesamten Werkes durch einen einzigen Künstler setzt sich erst mit Michelangelo durch.

Im Mittelalter ist der bildende Künstler ein besserer Handwerker, der sich meist weder nach Herkunft noch Ausbildung von seinen Zunftgenossen unterscheidet. Der Dichter führt zwar als fahrender Sänger eine von Not und sozialem Abstieg bedrohte Existenz. Immer wieder muß er an die Freigebigkeit der wechselnden Herren appellieren, das eigene Können anpreisen und seinen Gebrauch für den Gönner in Aussicht stellen.[19] Gleichwohl steht er über dem bildenden Künstler, weil er eine "freie Kunst" ausübt. In der Renaissance ändert sich das. Der bildende Künstler befreit sich allmählich von den Fesseln der Zunftverfassung und steigt vom Stande der Handwerker zu dem der Dichter und Gelehrten auf. Damit bildet sich jener einheitliche Begriff der Kunst, der für uns selbstverständlich geworden ist, aber bis zur Renaissance unbekannt war. Die Künstler des frühen Quattrocento übernehmen noch Aufträge rein gewerblicher Art, stehen zu ihrem Auftraggeber in einem regelrechten Lohnverhältnis und arbeiten gemäß seinen Wünschen und Vorgaben. Allmählich machen sich die Künstler jedoch von den Bestimmungen ihrer Zunft unabhängig, arbeiten für verschiedene Auftraggeber und beginnen Honorare auszuhandeln. Sämtliche in den Werkverträgen ausgehandelten Bedingungen verändern sich. Der Anstoß zu dieser Entwicklung scheint von den Höfen ausgegangen zu sein.[20] Die Fürsten holten sich oft ortsfremde Künstler an ihre Höfe, mußten sie aber dafür von zunftmäßigen Beschränkungen befreien. War der Auftrag aus-

18 In Panofsky 1964: 122 wird von der "Entwicklung vom Aggregatraum zum Systemraum" gesprochen.

19 Man denke z.B. an den 'Lehnsdank' des Walther von der Vogelweide an Friedrich II., der mit dem bekannten Ausruf beginnt: "Ich hân mîn lêhen, al die werlt, ich hân mîn lêhen ...".

20 Das betont vor allem Warnke 1985: 9ff.: "In den höfischen Positionen gewinnt der Künstler diejenige Qualitäten, die ihn den handwerklichen Bestimmungen und sozialen Zuordnungen der Zünfte entrücken [...]".

geführt, dann zog der Künstler weiter und nahm an einem anderen Hof wieder dieselbe Ausnahmestellung ein. Die bevorzugte Stellung des umherziehenden Hofkünstlers konnte aber nicht ohne Rückwirkung auf seine Behandlung in den Städten bleiben. Wollten diese die Konkurrenz mit den Höfen bestehen, mußten sie die neu errungene Stellung der Künstler bestätigen; anders hätten sie diese kaum für ihr Vorhaben gewinnen können. Die Befreiung der Künstler von den Beschränkungen der Zunft erfolgt letztlich aus einer wirtschaftlichen Notwendigkeit: Man braucht ihre Dienste, die Nachfrage nach fachlich geschulten Künstlern wächst.

Man hat den sozialen Aufstieg der Künstler in der Renaissance auf die Protektion der humanistischen Literaten zurückgeführt. Zweifellos erhöhte die Unterstützung durch die Humanisten das gesellschaftliche Ansehen der Künstler. Nicht nur ihr Marktwert, sondern auch ihr ideeller Wert wird jetzt öffentlich anerkannt. Entscheidend für die Aufwertung des Künstlers ist aber die Entstehung der neuen Signorien und Fürstentümer einerseits und das Wachstum und der zunehmende Wohlstand der Städte andererseits. Dadurch steigt die Nachfrage auf dem Kunstmarkt so sehr an, daß sie das Angebot übertrifft. Darin, und nicht in der Unterstützung durch die Humanisten, liegt der Hauptgrund für den sozialen Aufstieg der Künstler.[21]

Mit dem Aufstieg des Künstlers vom Stande des Handwerkers zu dem des Gelehrten und Dichters ändert sich auch die Kunstlehre. Im Mittelalter beschränkt sie sich auf Rezeptbücher, deren praktische Anweisungen die Kunst als Handwerk erscheinen lassen. Mit Giottos Naturalismus setzt eine Entwicklung ein, an deren Ende der vollständige Sieg des Naturalismus und Rationalismus über die Tradition steht. Die Nachahmung der Autoritäten, der vorbildlichen Meister, wird durch das Studium der Natur ergänzt, und der praktischen Unterweisung in den bildenden Künsten tritt zunehmend der akademische Unterricht an die Seite. In ihm wird der Schüler mit den Anfangsgründen der Geometrie und der Anatomie vertraut gemacht. Alberti erklärt, daß die Mathematik der gemeinsame Boden der Kunst und der Wissenschaft sei, da sowohl die Lehre von der Perspektive als auch von den Proportionen mathematische Disziplinen seien. Ebenso wie der Techniker und Naturforscher müsse auch der Künstler über mathematische Kenntnisse verfügen. Daraus zieht Alberti dann ein Argument für die Unterscheidung des Künstlers vom Handwerker. Die mathematische Grundlage der bildenden Künste erhebt diese zu dem Rang der "freien Künste" und stellt den Künstler dem Naturforscher gleich.[22] Weber meint, daß auch dem Malerbuch Leonardos der Ehrgeiz zugrunde liege, die Kunst zum Rang einer Wissenschaft zu erheben und den "Künstler zum Rang eines Doktors, sozial und dem Sinne seines Lebens nach" (Weber 1973: 321).

21 Vgl. Hauser 1973: 340f.

22 Vgl. Panofsky 1978: 80-124.

Aber Leonardo tut noch einen wichtigen Schritt über seinen Vorgänger Alberti hinaus und bereitet damit den modernen Begriff des Künstlers vor; denn er stellt die Malerei nicht nur mit der Wissenschaft auf eine Stufe, sondern unterscheidet beide auch. Die Wissenschaft sei "nachahmbar", d.h., sie ist - wenigstens im Prinzip - von den meisten Menschen in hohem Maße erlernbar, weil Theoriebildung nach logischen Regeln erfolgt. Die Kunst beruhe dagegen auf den angeborenen Fähigkeiten des Individuums, die sich andere nur in beschränktem Umfang aneignen können. In Par. 47 seiner *Kritik der Urteilskraft* nimmt Kant diese Unterscheidung zwischen dem Wissenschaftler und Künstler auf. Er unterscheidet dort zwischen Newton als einem großen Kopf und Homer oder Wieland als Genies. Im Wissenschaftlichen sei der größte Erfinder vom mühseligen Nachahmer und Lehrling nur dem Grade nach, dagegen von dem, welchen die Natur für die schöne Kunst begabt habe, spezifisch unterschieden.[23]

Zwar kennt schon die antike Rhetorik den Unterschied zwischen studium und ingenium, aber dieser Unterschied wird gerade nicht zur Kennzeichnung des Unterschieds zwischen dem Wissenschaftler und Künstler verwendet.[24] Mit der Betonung der schöpferischen Begabung als Grundlage des künstlerischen Schaffens bereitet die Renaissance den Geniebegriff vor. Vielleicht wird ein Grundzug dieses Zeitalters, nämlich der Individualismus als Programm, nirgendwo sichtbarer als in dieser neuen Konzeption des Künstlers.[25] Der Künstler wächst in der Frührenaissance über den Handwerker hinaus, in der Hochrenaissance über die Muster der Tradition, ja sogar über seine eigenen Werke, wenn er sich durch strenge Selbstkritik individuell weiterentwickelt. In diesem Sinne kann dann sogar die Person des Künstlers über einzelne seiner Werke, seine Leistungsfähigkeit über einzelne seiner Leistungen gestellt werden. Die Laufbahn Leonardos vom zweifellos geschätzten, aber nicht sonderlich beschäftigten Mann in Florenz über den verwöhnten Hofmaler Ludovico Moros in Mailand und dann den Kriegsingenieur Cesare Borgias bis zum Günstling und Vertrauten des französischen Königs Franz I. kann stellvetretend für die Aufwertung und Hochschätzung des Künstlers in der Gesellschaft der Renaissance stehen. Andere berühmte Beispiele sind Tizian und Karl V., Dürer und Maximilian, Velásquez und Philipp IV., Raffael und Papst Julius II., Cellini und die Medici sowie Franz I. und - vor allem - Michelangelo und die Medici sowie Julius II. In Michelangelo vollendet sich die Freiheit des Künstlers, und zwar nicht nur deshalb, weil er unabhängig gegenüber den weltlichen und geistlichen Großen auftritt. Vielmehr verbindet sich mit diesem unabhängi-

23 Vgl. Kant 1968: 162.

24 Vgl. den Artikel: Genie, in: Ritter (Hg.) 1974: Sp. 279f.

25 Vgl. dazu näher die klassische Darstellung bei Burckhardt 1928: 33-73.

gen Auftreten zugleich das Gefühl einer tiefen Verpflichtung gegenüber seiner Begabung und eine leidenschaftliche Hingabe an den Entwurf und die Ausführung seiner Werke.

Ob allein die Fürstenhöfe oder auch die Bürgerstädte die Wertschätzung der Künstler begünstigt und gefördert haben, ist insofern eine müßige Frage, als sich höfische und städtische Kultur immer mehr annähern, beide oft dieselben Künstler beschäftigen und beide der Kunst dieselbe Funktion zuweisen. Bauten wie der Mailänder oder Florentiner Dom, Santa Croce oder der Palazzo Vecchio sollten von der Selbständigkeit und Macht, dem Reichtum und Ruhm des Stadtstaates künden. So entstand ein Stil, der Nüchternheit mit Größe, Klarheit mit Erhabenheit vereint. Die Kunst der Frührenaissance sollte das bürgerliche Selbstbewußtsein repräsentieren, so wie die Kunst der Hochrenaissance dem Repräsentationsbedürfnis der Fürsten dienen sollte. Das Vorhandensein großen Reichtums, die Ausbildung des absoluten Staates und die zunehmende Aristokratisierung auch der städtischen Gesellschaft bilden die wirtschaftliche, politische und soziale Voraussetzung für die Entstehung des modernen Hofes.[26] Er wird zum Mittelpunkt, um den sich die gesellschaftliche Elite versammelt. Die exklusive und kultivierte Hofgesellschaft bildet das Publikum für einen Stil vollkommener Harmonie, der die Wirklichkeit auf die platonische Idee hin überschreitet (wie Raffael es von seiner Kunst ausdrücklich bekannt hat). In diesem gebildeten Publikum setzt sich nun eine neue Einstellung gegenüber der Kunst durch: die ästhetische Einstellung. Es entsteht der Typus des Sammlers, Kenners und Liebhabers, der die Kunst vom Standpunkt des Künstlers aus schätzt und beurteilt, nicht aber vom Standpunkt politischer Repräsentation, religiöser Erhebung, wirtschaftlicher Kapitalanlage oder sozialer Selbstdarstellung.[27] In ästhetischer Einstellung nimmt der Betrachter das Kunstwerk eher in seiner Form als in seiner Funktion, eher in seinen Stilmerkmalen als in seinen Inhalten wahr.[28] Er legt den artistischen Maßstab der Virtuosität an das Kunstwerk an. Es sind vor allem die humanistischen Literaten, die sich sowohl in ikonographischen als auch ästhetischen und kunsttechnischen Fragen zu Sachverständigen entwickeln. Die Humanisten sind "die ersten Laien, die von den Kriterien der künstlerischen Qualität eine Vorstellung haben und Kunstwerke rein ästhetisch zu beurteilen fähig sind. Mit ihnen, als einem wirklich urteilsfähigen Teil der Öffentlichkeit, entsteht das Kunstpublikum in unserem heutigen Sinne" (Hauser 1973: 330).

Dem Typus des Kenners und Liebhabers entspricht der Typus des frei

---

26 Vgl. v. Martin 1932: 32ff., 96ff.

27 Vgl. v. Martin 1932: 85ff., ferner Hauser 1973: 329f. und Haller 1934: 67-99, insbes. 95ff.

28 Vgl. dazu näher Bourdieu 1987: 57ff.

schaffenden Künstlers. Daß sich der Künstler von den Wünschen und Vorgaben des Bestellers freimacht und daß ein Publikum das Werk nach seinen formalen Eigenschaften beurteilt - diese beiden Erscheinungen haben sich allmählich als Korrelate herausgebildet; sie treten in der Renaissance gleichzeitig auf. Darüber hinaus werden Institutionen geschaffen, die die Auswahl der Künstler und die Beurteilung ihrer Arbeiten auf eine sachverständige Grundlage stellen. Zunächst holten sich die Fürsten und Stadtregierungen voneinander Rat bei der Berufung von Künstlern, wandten sich an Humanisten oder baten renommierte Künstler um Empfehlungen. An Dürer, Michelangelo und andere gingen solche Anfragen.[29] Mit der Gründung der ersten höfischen Akademie verfolgte Vasari das Ziel, die Entscheidungen über die Auswahl von Künstlern und Werken von Fachkundigen treffen zu lassen gemäß dem Satz des Plinius: "De pictore, sculptore, fictore, nisi artifex iudicare non potest" (zit. Warnke 1985: 121). Demselben Ziel dienten die Baukommissionen, die in Auftrag städtischer Körperschaften (z.B. einer Zunft) zur Beaufsichtigung von Unternehmungen gebildet wurden. Diese Kommissionen schrieben Wettbewerbe aus, beauftragten Künstler mit Entwürfen und beriefen Spezialisten zur Beurteilung der vorgelegten Probestücke. Wie solche Wettbewerbe im einzelnen organisiert waren, zeigt sehr gut die Entstehungsgeschichte der Bronzetüren des Baptisteriums in Florenz.[30]

Zusammenfassend läßt sich sagen: Den Fürstenhöfen kommt sowohl in bezug auf die gesellschaftliche Stellung des Künstlers als auch im Hinblick auf die Entstehung eines kunstverständigen Publikums eine Schlüsselrolle zu. Fürstliche Mäzene in den Städten und an den Höfen werden zu den neuen Auftraggebern der Künstler und räumen ihnen eine Sonderstellung durch bisher ungewohnte Ehrungen, Standeserhöhung und Verleihung hoher Würden ein. Gleichzeitig versammelt sich am Hof eine latinisierte Bildungselite, die sich zu einem urteilsfähigen Kunstpublikum entwickelt. Unhaltbar ist die Vorstellung eines allgemein verbreiteten Kunstverständnisses in der Renaissance. Wenn es überhaupt ein stärkeres Interesse der Mehrheit an den Schöpfungen der Kunst gegeben hat, so war es jedenfalls eher ein lokalpatriotisches, religiöses oder wirtschaftliches, aber kaum ein ästhetisches Interesse.[31]

Die Höfe waren die Instanz, die den Künstler aus den Fesseln der Zunft

---

29 Vgl. Warnke 1985: 117ff.

30 Vgl dazu näher Hauser 1973: 317f.

31 So vermutet Hauser 1973: 327; anders dagegen v. Martin 1932: 33ff.

und das künstlerische Schaffen aus der Tradition des Handwerks befreite.[32] Aber tauschte der Künstler die alte zunftmäßige und auch kirchliche Abhängigkeit nicht nur gegen eine neue ein? Im Jahre 1508 schreibt Raffael an seinen Freund Francesco Francia: "Ihr habt selbst schon erlebt, was es heißt, seiner Freiheit beraubt zu sein und in der Pflicht eines Herrn zu leben" (zit. Warnke 1985: 314). Vasari, der selbst Hofkünstler war, hat an mehreren Stellen seiner Künstlerviten zu erkennen gegeben, daß der Zwiespalt eines Engagements am Hof allgemein bewußt war. Er weist aber auch darauf hin, daß sich die Künstler einer politischen, religiösen oder sonstwie gearteten Vereinnahmung zu entziehen wußten, indem sie die Indifferenz der ästhetischen Form gegen derlei Zumutungen geltend machten. Pinturicchio soll folgende Ansicht vertreten haben: "Er sagte, daß das Beste, was ein Maler seinen Gestalten mitzugeben vermag, darin besteht, daß sie für sich gut und ohne Rücksicht darauf entstanden sind, ob sie einem Fürsten gefallen" (zit. Warnke 1985: 322). Dieser Bemerkung liegt die Unterscheidung zwischen einem Interesse am Inhalt und an der Form zugrunde. Durch diese Unterscheidung geht die künstlerische Leistung auf kritische Distanz zu politischen, religiösen oder anderen Vereinnahmungen. Die Unterscheidung zeigt, wie der Hofkünstler mit dem Zwiespalt seiner höfischen Existenz fertigzuwerden versucht. Auch Vasari selbst bemüht sich durchgehend, Inhalt und Form auseinanderzuhalten und eine ästhetische Sphäre, für die allein der Künstler Verantwortung trägt, gegen die politische abzugrenzen. Nach dem Tode seines Gönners, des Herzogs Alessandro de' Medici, erklärt er, "daß es notwendig ist, nur auf sich selbst und seine Leistung zu vertrauen" (zit. ebd.).

Faßt man die Kunst der Renaissance unter unserer Fragestellung zusammen, so ergibt sich, daß die Kunst in diesem Zeitalter weitgehend ausdifferenziert wird. Ihre Ausdifferenzierung vollzieht sich über den asymmetrischen Rollen von Künstler und Publikum.[33] Der Künstler richtet sein Handeln und das Publikum sein Erleben nach Erwartungen ein, die wir oben als ästhetische Einstellung gekennzeichnet haben. Aus systemtheoretischer Sicht bildet sich ein System, das seine Kommunikationen mit Hilfe eines binären Codes spezifiziert. Der Code unterscheidet die einlaufenden Daten aus der Umwelt des Systems nach dem Relevanzgesichtspunkt schön/häßlich.[34] Was als schön gilt, wird näher durch Stilprinzipien bestimmt, wie z.B. die oben angegebenen. Systemtheoretisch stellt die Erscheinung des unabhängigen

32 Noch pointierter formuliert Warnke: "Das, was sich unter dem Namen 'Kunst' als ein besonderes System menschlicher Tätigkeit darstellt, ist eine Folgewirkung der besonderen Formen höfischen Umgangs mit Kunst und Künstlern" (Warnke 1985: 9).

33 Vgl. dazu allgemein z.B. Luhmann/Pfürtner (Hg.) 1978: 88f. und, auf das Kunstsystem bezogen, Luhmann 1986: 620-672, insbes. 639.

34 Vgl. Luhmann 1981: 245-266, ferner Disselbeck 1987: 155-158.

Künstlers, der allein seinem ingenium folgt, die Konzeption des in sich geschlossenen Kunstwerks, die Entstehung eines urteilsfähigen Publikums und die Bildung eines einheitlichen Kunstbegriffs einen Zusammenhang dar, der sich durch den Systembegriff beschreiben und erklären läßt. Der unabhängige Künstler, das geschlossene Kunstwerk, das urteilsfähige Publikum und der einheitliche Kunstbegriff deuten auf den Aufbau eines Teilsystems für Kunst innerhalb der Gesellschaft hin, das sich entlang seiner spezifischen Funktion gegen andere Funktionsbereiche der Gesellschaft abgrenzt. Es fragt sich nun aber, welche Funktion die ästhetisch Handelnden, Erlebenden und Kommunizierenden dem Kunstsystem zuschreiben. Und: Welche Funktion für die Gesellschaft erfüllt die Kunst nach Meinung der Kunsttheoretiker der Renaissance? Darauf läßt sich knapp antworten: die Erkenntnis der Natur durch Anschauung. Daß Bildhauerei und Malerei die Stellung von artes liberales erringen und die bildenden Künstler sich nicht nur die gesamte wissenschaftliche Bildung ihrer Epoche anzueignen versuchen, sondern sogar selbst zu Naturforschern und Technikern werden, folgt aus der wissenschaftlich geprägten Kunstauffassung der Zeit. Kunst ist als Erkenntnis mit der Wissenschaft aufs engste verwandt, und deshalb muß sie auch die wissenschaftlichen Wahrheitskriterien wie Mathematisierbarkeit oder innere Folgerichtigkeit besitzen.[35] Die anschauende Erkenntnis beschränkt sich aber keineswegs auf die bildende Kunst. Im *Hamlet* spricht Shakespeare durch einen Schauspieler offenkundig seine eigene Auffassung über die Aufgabe des Theaters aus: "Suit the action to the word, the word to the action, with this special observance: that you o'erstep not the modesty of nature. For any thing so overdone, is from the purpose of playing, whose end, both at the first and now, was and is, to hold, as 'twere, the mirror up to the Nature; to show Virtue her own feature, Scorn her own image, and the very age and body of the time, his form and pressure"[36].

III

Systemtheoretisch betrachtet, hängen die zunehmende Ausdifferenzierung eines Systems und die Entwicklung von Theorien, die seine Identität reflektieren, zusammen.[37] Wenn diese Annahme eines Zusammenhangs zwischen zunehmender Ausdifferenzierung und Entwicklung von Reflexionstheorien zutrifft, müßte man bereits in der Antike auf ästhetische und kunsttheoretische Ansätze stoßen. Tatsächlich haben Platon und Aristoteles die bis weit

35 Vgl. Hauser 1973: 354-357, ferner Haller 1934: 94ff.

36 Shakespeare 1972: III, 2. Der Spiegel ist ein Symbol für die Selbsterkenntnis des Menschen.

37 Vgl. Luhmann 1986: 659f., ferner Luhmann 1990: 469-548.

in die Neuzeit hineinwirkende Nachahmungstheorie entwickelt, Kallimachos wendet sich gegen das homerische Verständnis von Dichtung als Inspiration durch die Musen und begreift die Poesie allein vom artifiziellen Können her, Horaz versucht ihre konträren Funktionen des Belehrens und Erfreuens, prodesse und delectare, zu vermitteln.[38] Für das Mittelalter müßte man nach dieser systemtheoretischen Annahme einen Stillstand in der ästhetischen Reflexion erwarten. Und wirklich gelangt selbst Thomas von Aquin über einen theologisch-intellektualistischen Schönheitsbegriff nicht hinaus.[39] Erst in der Renaissance setzt die kunsttheoretische Reflexion wieder vertieft ein. Sie wird sogar zum Medium, über das höfische Privilegien gegen die Vorschriften der Zunft durchgesetzt werden.[40] Im 17. Jahrhundert kommen dann jene beiden Begriffe auf, die bis ins 20. Jahrhundert die Reflexion über Ästhetik und Kunst bestimmen: der Geschmack und das Genie.[41]

Beide Begriffe durchlaufen eine parallele Entwicklung: Der Geschmack bezieht sich ursprünglich auf das gesamte gesellschaftliche Leben und nur deshalb, weil dazu auch der ästhetische Bereich gehört, fällt auch er unter den Geschmack. Zu einem rein ästhetischen wird der moralisch-philosophische Begriff des Geschmacks erst während des 18. Jahrhunderts. Entsprechend beim Genie: Dieser Begriff bezeichnet zunächst die Begabung, die etwas völlig Neues in der Wissenschaft entdeckt, in der Technik erfindet oder in der Kunst hervorbringt. Erst im Laufe des 18. Jahrhunderts wird der Begriff auf den Künstler eingeengt.

Bei Gracian zeichnet der gusto den Gebildeten aus, der zu allen Dingen den rechten Abstand gewinnt, so daß er ein treffsicheres Urteil in Fragen von Anstand und Sitte und Fingerspitzengefühl bei der Auswahl von Kleidung, Einrichtung, Gesprächsthemen und Lektüren zeigt. Gusto ist die Urteilsfähigkeit in allem, was gesellschaftlich passend oder unpassend ist. Erst im Zusammenhang mit der 'Querelle des Anciens et des Modernes' findet der goût in die ästhetische und poetologische Theorie Eingang. In England bestimmt Shaftesbury 'taste' als subjektive Wahrnehmung des Wahren und das hieß für ihn: als Wahrnehmung des Schönen. In Deutschland setzt Baumgarten den Geschmack in Beziehung zur Ästhetik als der "Wissenschaft des Schönen". Der Geschmack ist "die Fertigkeit, sinnlich zu beurtei-

---

38 Zu Kallimachos' Kunsttheorie vgl. Snell 1975: 244-256, ferner Schwinge 1986: 2-23.

39 Vgl. v. Aquino 1934: pars 1a q. 39 art. 8: "Nam ad pulchritudinem tria requiruntur. Primo quidem integritas sive perfectio: quae enim diminuta sunt, hoc ipso turpia sunt. Et debita proportio sive consonantia. Et iterum claritas: unde quae habent colorem nitidum, pulchra esse dicuntur."

40 Vgl. Warnke 1985: 11.

41 Vgl. als Überblick über die Geschichte beider Begriffe Ritter (Hg.) 1974: Sp. 279 ff. bzw. 444ff., ferner Gadamer 1972: 31-39.

len" (Baumgarten 1974: 39); er beurteilt die Vollkommenheiten eines Gegenstandes durch Sinnesempfindung und Gefühl. "Ein zarter oder feiner Geschmack (gustus delicatus) ist die Fertigkeit, auch die kleinen Vollkommenheiten und Unvollkommenheiten in dem Gegenstande scharfsinnig zu entdecken" (Baumgarten 1974: 40).

Wie der Geschmack allmählich seine spezifisch ästhetische Bedeutung in Abhebung gegen seine ältere gesellschaftlich-moralische gewinnt, so wird 'Genie' zu einem ästhetischen Begriff in Abgrenzung gegen den wissenschaftlichen Entdecker und technischen Erfinder. Die Kunst, die ihre Erkenntnisart auf die sinnliche Wahrnehmung und das Gefühl stützt, grenzt sich durch den Geniebegriff von der verstandesmäßigen Erkenntnisweise in den Wissenschaften und der traditionellen Regelpoetik gleichermaßen ab. Genie wird zur ursprünglichen Natur, d.h. angeborenen Fähigkeit, neue und zugleich musterbildende Werke in den Künsten zu schaffen. Wichtigstes Kennzeichen dieser Fähigkeit ist die Einbildungskraft. Dazu muß aber noch die kritische Leistung des Verstandes treten, die den kühnen Einfall, die erste Konzeption durch Beseitigung von Fehlern verbessert. Kunst und Wissenschaft, die in der Renaissance noch bruchlos ineinander übergingen, treten jetzt in subjektives emotional geprägtes Erleben und Gestalten einerseits und objektive rational konstruierte Theoriebildung und experimentelle Überprüfung andererseits auseinander. Wir können auch sagen: Kunst und Wissenschaft sind zwei gegeneinander differenzierte und in der Gesellschaft ausdifferenzierte Teilsysteme geworden, die füreinander eines unter anderen Systemen in ihrer Umwelt sind. Die Wahrheitskriterien der Wissenschaft können schon deshalb nicht mehr solche der Kunst sein, weil sich die wissenschaftliche Erkenntnis immer weiter von der anschaulichen alltäglichen Erfahrung entfernt. Die verschiedenen Farbqualitäten z.B. sind physiologisch bedingt und keine Eigenschaften der Dinge. Physikalisch entspricht ihnen lediglich der quantitative Unterschied der Wellenlängen. Zwischen Goethes phänomenologischer Betrachtung des Lichts und Newtons physikalischer besteht eben ein abgrundtiefer Unterschied. Umgekehrt kann der Astronom die mehrstimmige Musik nicht mehr zum Vergleich für die Sphärenmusik heranziehen, wie es noch Kepler in seinen *Harmonices Mundi* getan hatte[42]; denn die ästhetische Schau der Bewegungen der Himmelskörper hat sich mit Newtons Gravitationstheorie in eine abstrakte physikalische Theorie verwandelt.

Vor dem Hintergrund dieser Entwicklung löst sich der kosmologische Schönheitsbegriff auf. Die Welt kann nicht mehr als vollkommen und harmonisch, d.i. als schön an sich, betrachtet werden, wenn "ihre" mathematischen Gesetze als unsere Konstrukte durchschaut werden. Ebensowenig kann die Natur an sich als zweckmäßig - und auch dies heißt: schön -

42 Vgl. dazu näher Popper 1984: 264f.

angesehen werden, wenn der Zweckbegriff auf sie gar keine Anwendung finden darf. In dieser wissenschaftsgeschichtlichen Situation bleibt dem Denken nur die Möglichkeit, den Schönheitsbegriff aus der Welt, der Natur oder den Dingen zurückzunehmen und in den Menschen zu verlegen. Diesen Schritt vollzieht Kant in seiner Ästhetik. Diese lesen wir als Reflexionstheorie für das ausdifferenzierte Kunstsystem. Wir betrachten m. a. W. die transzendentale Begründung des Schönen und der Kunst als eine Selbstbeschreibung des ausdifferenzierten Kunstsystems, durch die es seine Einheit und Eigenart im Unterschied zu seiner gesellschaftlichen Umwelt formuliert.[43] Wie jedes ausdifferenzierte Funktionssystem bringt auch das Kunstsystem seine Einheit durch eine binäre Codierung seiner Kommunikationen zum Ausdruck: Man kommuniziert über Schönes und Häßliches. Auf einer höheren Stufe der Reflexion muß dann geklärt werden, unter welchen Bedingungen ein Gegenstand als schön beurteilt werden kann. Da es sich beim Kunstsystem um ein soziales System handelt, müssen diese Bedingungen für alle gelten, die im Kunstsystem kommunizieren. Die Bedingungen, unter denen etwas als schön beurteilt werden kann, müssen insoweit (d.h. im Funktionssystem Kunst) allgemein gelten. Kant trägt dieser Allgemeingültigkeit des ästhetischen Urteils dadurch Rechnung, daß er es transzendental begründet, d.h. auf die Ausstattung unseres Wahrnehmungs- und Erkenntnisapparates zurückführt.

Kants Kritik der ästhetischen Urteilskraft enthält aber nicht nur eine Rechtfertigung der Allgemeinverbindlichkeit ästhetischer Urteile, sondern auch Ansätze zu einer Theorie des künstlerischen Schaffens und des Kunstwerkes.[44] In den traditionellen Grundbegriffen der Ästhetik gesprochen: Sie thematisiert den Geschmack als Urteilsvermögen und das Genie als schöpferisches Vermögen. Soziologisch gesprochen: Sie thematisiert das kunstverständige Publikum und den Künstler, der Kunstwerke schafft. Von einer Reflexionstheorie des ausdifferenzierten Kunstsystems ist nun zu erwarten, daß sie die Einheit in der Differenz von Geschmack und Genie beschreibt; denn nur wenn sie dieses Problem der Einheit in der Differenz löst, kann sie als eine Beschreibung der Identität des Kunstsystems verstanden werden.

Zunächst muß also gezeigt werden, inwiefern der Gesichtspunkt des Geschmacks und der Gesichtspunkt des Genies in bezug auf die Kunst differieren; dann soll dargelegt werden, ob und gegebenenfalls wie Kant die Differenz überbrückt; schließlich wird das Problem der Einheit in der Differenz aus den divergierenden Beziehungen erklärt, die jedes ausdifferenzierte Teilsystem zur Gesellschaft einerseits (Funktionsbezug) und zu

---

43 Vgl. Luhmann 1990: 469-548.

44 Die hier vorgetragene Deutung der Kritik der ästhetischen Urteilskraft folgt teils Gadamer 1972: 39-52, teils v. Kutschera 1988: 70-73, 98-103, 136-139, 188f., 197f. u. ö.

anderen Teilsystemen andererseits (Leistungsbezug) unterhält.[45]

Wie Shaftesbury, Baumgarten und andere bezieht Kant das Beurteilungsvermögen des Geschmacks auf die Wahrnehmung von Gegenständen, die als schön oder häßlich empfunden werden. Wahrnehmung von Schönem oder Häßlichem ist immer affektive Wahrnehmung, lustvoll beim Schönen und abstoßend beim Häßlichen. Von der angenehmen Empfindung unterscheidet sich die schöne dadurch, daß sie den wahrgenommenen Gegenstand weder als lebensnotwendig noch als nützlich erlebt. Sie begehrt ihn daher nicht, ist "ohne alles Interesse" an seinem Besitz. Interesselosigkeit des Gefallens ist demnach die erste Bedingung, unter der ein Gegenstand als schön beurteilt werden kann.[46] Die zweite Bedingung ist die, daß der Gegenstand für jeden anderen dieselbe Erlebnisqualität haben kann. Obwohl sie sich der begrifflichen Objektivierung entzieht, soll die unbestimmte Erlebnisqualität sich bei allen in gleicher Weise einstellen können.[47] Damit das möglich ist, muß der wahrgenommene Gegenstand in besonderer Weise zu unserem Wahrnehmungs- und Erkenntnisapparat passen, ohne daß dieses Zusammenpassen beabsichtigt ist oder als beabsichtigt erscheint. "*Zweckmäßigkeit* eines Gegenstandes, sofern sie *ohne Vorstellung eines Zwecks* an ihm wahrgenommen wird", ist demnach die dritte Bedingung eines ästhetischen Urteils.[48] Sie ist erfüllt, wenn unsere Gestaltwahrnehmung (Einbildungskraft) kreativ angeregt wird und mit den in unserem Gedächtnis gespeicherten Wahrnehmungen, die wir Begriffe nennen, spielt.[49] Die vierte und letzte Bedingung des Geschmacksurteils ist die Auslösung der schönen Erlebnisqualität durch den Gegenstand aufgrund - wie wir heute sagen würden - von angeborenen Programmen oder kulturbedingten Programmierungen.[50] Der Zusammenhang zwischen dem Gegenstand und der auftretenden Erlebnisqualität des Schönen ist dann gesetzmäßig oder, wie Kant sagt, notwendig.[51]

Wer in ästhetischer Einstellung erlebt und urteilt, konzentriert also seine Aufmerksamkeit auf die Erscheinungsweise eines Gegenstandes und begehrt ihn nicht. Sein Urteil sagt nichts über die tatsächliche Beschaffenheit des Gegenstandes aus, sondern über die Erlebnisqualität des Wahrnehmenden. Er sieht von allen nützlichen oder lebensnotwendigen Funktionen des

---

45 Vgl. Luhmann/Schorr 1979: 34-52.

46 Vgl. Kant 1968: 48.

47 Vgl. Kant 1968: 58.

48 Vgl. Kant 1968: 77 (Hervorhebungen von Kant).

49 Vgl. Kant 1968: 55-58.

50 Vgl. dazu näher Lorenz 1983: 99-105.

51 Vgl. Kant 1968: 82.

Gegenstandes ab und erlebt lediglich die Form des Gegenstandes als besonders passend zu seinem Wahrnehmungs- und Erkenntnisapparat.

Die Konsequenzen, die sich aus der ästhetischen Einstellung des Geschmacks ergeben, sind die folgenden: Das Kunstwerk kommt nur als Form oder Struktur in Betracht. Kant definiert folgerichtig "schöne Kunst" als "eine Vorstellungsart, die für sich selbst zweckmäßig ist und, obgleich ohne Zweck, dennoch die Kultur der Gemütskräfte zur geselligen Mitteilung befördert" (Kant 1968: 158). Ein Kunstwerk ist danach lediglich ein ästhetisch ansprechendes Objekt, das aufgrund gewisser formaler Qualitäten gefällt. Da das Wohlgefallen durch das Spiel unserer Erkenntniskräfte ausgelöst wird, diese aber bei allen Individuen identisch strukturiert sind, läßt sich darüber kommunizieren. Mit einer modernen Definition könnte man die Kunst unter ästhetischem Gesichtspunkt auch bestimmen als "beseligende Wahrnehmung von Gestalt durch die Schaffung von Gestalt" (v. Weizsäcker 1985: 403).

Die ästhetische Einstellung gegenüber der Kunst ist durch Abstraktion von allem Inhalt, jedem Zweck und Interesse bestimmt. Das Werk kann uns dann weder zu einer moralischen noch politischen oder weltanschaulichen Stellungnahme herausfordern, sein religiöser oder profaner Zweck kann nichts zu unserem Verständnis beitragen, ja wir nehmen im Werk gar keine andere Bedeutung wahr als uns die Form vermittelt. Die Funktion des Werkes erschöpft sich in dem Gefallen, das es bereitet. Wenn aber das Werk keine inhaltliche Bedeutung zum Ausdruck bringt, entfällt jeder Erkenntniswert der Kunst.[52] Sie vermittelt durch die spezifische emotional getönte Erlebnisqualität, in die sie uns versetzt, keinerlei Einsichten, sondern nur Vergnügen.

Diese äußerste Konsequenz der ästhetischen Einstellung des Geschmacks veranlaßt Kant, die Kunst auch vom Standpunkt des Genies zu betrachten.[53] Danach ist das Kunstwerk Darstellung oder Ausdruck eines bedeutsamen Gehalts oder wie er sagt: Darstellung ästhetischer Ideen. "Wenn nun einem Begriffe eine Vorstellung der Einbildungskraft untergelegt wird, die zu seiner Darstellung gehört, aber für sich allein soviel zu denken veranlaßt, als sich niemals in einem bestimmten Begriff zusammenfassen läßt [...], so ist die Einbildungskraft hierbei schöpferisch [...]" (Kant 1968: 169). Kant will sagen, daß ein Kunstwerk begrifflich unbestimmbare Inhalte anschaulich

---

52 Diese Konsequenz heben zu Recht Gadamer 1972: 40, 92ff. und v. Kutschera 1988: 179-185, 268 ff., 275f. hervor.

53 Kutschera weist auf die Inkonsistenz hin, die mit diesem Wechsel des Gesichtspunktes entsteht: "Im Kontext seiner Überlegungen zur Kunst sagt Kant nun auch, Schönheit sei 'Ausdruck ästhetischer Ideen'. Damit wird Schönheit, die vorher nur formalistisch bestimmt wurde, zu einer auf Inhalte bezogenen Qualität. Nach Kant ist ein Kunstwerk also erstens ein ästhetisch ansprechendes Objekt [...] und [...] Ausdruck i. e. S. einer ästhetischen Idee. All das paßt kaum zusammen" (v. Kutschera 1988: 198).

zum Ausdruck bringt. Die Wahrnehmung des Schönen im Kunstwerk ist - wie er am Symbolbegriff erläutert - stets auch indirekte Mitwahrnehmung eines sittlich Guten, also von Werten, so daß ein Kunstwerk, das diesen Namen verdient, einen bedeutsamen und keinen trivialen Gehalt ausdrückt.[54] Aber dieser Gehalt wird nur im Erleben des Werkes zugänglich, so daß Form und Gehalt des Werkes eine untrennbare Einheit bilden. Genau diese Untrennbarkeit von Form und Gehalt, die Mitwahrnehmung unausschöpfbarer Bedeutungen in der Wahrnehmung der Form kennzeichnet die ästhetische Idee. Sie ist der gelungene Ausdruck eines bedeutsamen Gehaltes und belebt und erweitert "das Gemüt [...], indem sie ihm die Aussicht in ein unabsehliches Feld verwandter Vorstellungen eröffnet" (Kant 1968: 169). Dem so verstandenen Kunstwerk kommt der Betrachter um des dargestellten Gehaltes willen durchaus mit intellektuellem Interesse entgegen;[55] um diesen besser verstehen zu können, wird er auch den religiösen oder profanen Zweck des Werkes berücksichtigen, und in der Einsicht, die ihm der Gehalt vermittelt, sieht er durchaus einen Wert des Werkes.

Die Differenz zwischen den Gesichtspunkten des Geschmacks und des Genies in bezug auf die Kunst läßt sich also durch folgende Differenzen erläutern: Interesselosigkeit versus intellektuelles Interesse, Zweckfreiheit versus Zweckbestimmtheit, Form versus Ausdruck (= Einheit von Form und Gehalt) und Wohlgefallen versus Erkenntnis.

Wie löst Kant das Problem der Einheit in diesen Differenzen, so daß er eine Formel für die Identität des Kunstsystems angeben kann? Seine Lösung fällt überraschend einfach aus. Er integriert die ästhetische Einstellung und Beurteilung des Geschmacks in das Genie.[56] Der Künstler läßt sich von seiner Phantasie, seiner Intuition und seinem Formgefühl leiten, aber zugleich zieht er die Kritik zu Rate, die sein Geschmack am ersten Entwurf übt. Der Geschmack vergleicht die Ausführung mit dem ursprünglichen Einfall und korrigiert sie ggf. In der künstlerischen Arbeit wechseln sich Schöpfung und Selbstkritik ab.[57] Nur durch den Wechsel von Schöpfung und Selbstkritik verhindert der Künstler, "daß, da es auch originalen Unsinn geben kann" (Kant 1968: 161), er in die Irre geht. Nur so können seine Werke nicht nur Originalität, sondern auch Mustergültigkeit erlangen (ebd.).

Das Genie vereinigt jene beiden Instanzen in sich, die im Kunstsystem in

---

54 Vgl. bei Kant 1968: 211-215 den Par. 59, der überschrieben ist 'Von der Schönheit als Symbol der Sittlichkeit'.

55 Vgl. Kant 1968: 149-155, 'Von dem intellektuellen Interesse am Schönen'.

56 Vgl. Kant 1968: 174f.

57 Vgl. Popper 1984: 255-265.

zwei verschiedene Rollen auseinandertreten. In diesem erscheint der Künstler nur noch als Schöpfer und das Publikum nur noch als Kritiker. Die Formel für die Einheit des Kunstsystems liegt damit in der Zusammengehörigkeit von Künstler und Publikum. Diese Einheit ist dynamischer, nicht statischer Art. Sie ist von der Spannung zwischen der Kreativität des künstlerischen Schaffens und der Konventionalität des Geschmacks gekennzeichnet. Der Künstler wird teilweise vom Geschmack seines Publikums gesteuert; umgekehrt steuert aber auch sein Geschmack den des Publikums; beide Seiten stehen also miteinander in Wechselwirkung, und der Geschmack beider Seiten ist nicht starr, sondern plastisch. Insbesondere reagiert der Geschmack des Künstlers auf neue Ideen und läßt sich durch neue Versuche beeinflussen und verändern.[58]

Wir haben gesehen, daß Kant in seiner Ästhetik zwischen der streng formalen Betrachtungsweise des Geschmacks und der expressiven des Genies schwankt. Unter dem ersten Blickwinkel erscheint das Kunstwerk als Form, die Gefallen erregt, unter dem zweiten als Ausdruck eines bedeutsamen Gehalts, der Einsicht vermittelt. Dieser Differenz liegen zwei verschiedene Referenzen des Kunstsystems zugrunde. Sie treten infolge seiner Ausdifferenzierung immer deutlicher auseinander. Der Funktionsbezug des Kunstsystems liegt in der affektiv befriedigenden Wahrnehmung von Gestalten oder Formen durch das Schaffen von Gestalten oder Formen. Schon Max Weber hatte darauf hingewiesen, daß sich die Kunst durch die bewußte Wahrnehmung der Form von der Religion absondert. Der Leistungsbezug des Kunstsystems liegt in den Gehalten, die durch die künstlerische Gestaltung ausgedrückt werden; denn diese Gehalte beziehen sich stets auf andere Teilsysteme innerhalb der Gesellschaft. Sie sind moralischer, politischer, religiöser, pädagogischer, historischer oder auch wissenschaftlicher Art. Der Komplementarität zwischen Ausdrucksmitteln (Formen) und Ausdrucksinhalt (Gehalt) entspricht die unvermeidliche doppelte Beziehung von Funktion und Leistung im ausdifferenzierten Kunstsystem.[59]

Wie läßt sich aber angesichts dieses Sachverhaltes die Autonomie des Kunstsystems verstehen? Nur so, daß die Reflexion des Systems die beiden divergierenden Systemreferenzen miteinander verknüpft. Daß moralische, politische, religiöse, pädagogische, historische, wirtschaftliche oder wissenschaftliche Gehalte in Kunstwerke einfließen, heißt ja durchaus nicht, daß diese nach Kriterien moralischer, politischer usw. Nützlichkeit zu be-

---

58 Vgl. Popper 1974: 281.

59 Heisenberg meint, daß das "Wechselspiel [...] zwischen dem Ausdrucksinhalt und der Beschränktheit der Ausdrucksmittel [...] die unumgängliche Voraussetzung dafür" sei, "daß wirkliche Kunst entsteht" (Heisenberg 1984: 232).

werten seien. Die Formel l'art pour l'art meint Kunst um des Werkes willen.[60] In bezug auf den Künstler besagt sie, daß seine Person hinter sein Werk zurücktreten muß. Über die Hingabe an sein Werk muß der Künstler sich selbst und das Publikum vergessen. In bezug auf das Publikum besagt die Formel, daß das Werk keinen externen Zwecken unterworfen werden darf und allein nach künstlerischen Maßstäben bewertet werden muß. Der ästhetische Genuß, den ein Kunstwerk bereitet, oder die Einsicht, die sein Gehalt vermittelt, sind beide unzertrennlich mit seiner Form verbunden, so daß der Genuß und die Einsicht nur durch das Erleben des Werkes erreicht werden können. Insofern sind hier Genuß und Einsicht keine externen Zwecke, sondern machen zusammen mit den künstlerischen Mitteln die nicht substituierbare Funktion der Kunst für die Gesellschaft aus.[61]

Literatur

v. Aquino, Th. (1934): *Summa theologiae*, Leipzig.

Auerbach, E. (1977): *Mimesis. Dargestellte Wirklichkeit in der abendländischen Literatur*, Bern.

Baumgarten, S.G. (1974): Von dem Beurteilungsvermögen, in: *Materialien zu Kants 'Kritik der Urteilskraft'*, hg. von J. Kulenkampff, Frankfurt/M.

Bourdieu, P. (1987): *Die feinen Unterschiede. Kritik der gesellschaftlichen Urteilskraft*, Frankfurt/M.

Burckhardt, J. (1928): *Die Kultur der Renaissance in Italien*, Leipzig.

Disselbeck, K. (1987): *Geschmack und Kunst. Eine systemtheoretische Untersuchung zu Schillers Briefen 'Über die ästhetische Erziehung des Menschen'*, Opladen.

Gadamer, H.G. (1972): *Wahrheit und Methode. Grundzüge einer philosophischen Hermeneutik*, Tübingen.

Gombrich, E.H. (1972): *Kunst und Illusion. Eine Studie über die Psychologie von Abbild und Wirklichkeit in der Kunst*, Stuttgart/Zürich.

Haller, J. (1934): Pius II., ein Papst der Renaissance, in: J.H., *Reden und Aufsätze zur Geschichte und Politik*, Stuttgart/Berlin, S. 67-99.

60 Die Kommunikationen über ein Kunstwerk innerhalb des Kunstsystems werden durch das Werk gebündelt und teilweise vorgegeben. Man darf aber solche Kommunikationen nicht mit dem Werk verwechseln. Das Werk erschöpft sich nicht in der Summe der Kommunikationen, die es anregt. Vielmehr behauptet es diesen gegenüber eine selbständige Existenz, und zwar schon deshalb, weil man sonst nicht einmal sagen könnte, daß eine bestimmte Äußerung über das Werk dessen Charakter verfehlt. So wichtig also der kommunikative Aspekt des Werkes aus soziologischer Sicht ist, so beiläufig ist er aus künstlerischer Sicht. Aus dieser Sicht läßt es sich am ehesten als eine Potentialität auffassen, die immer wieder aufs neue durch den Geist des Menschen erfaßt und gedeutet werden kann. Vgl. dazu näher Popper/Eccles 1982: 533f.

61 Vgl. dazu auch v. Kutschera 1988: 271-276.

Hauser, A. (1973): *Sozialgeschichte der Kunst und Literatur*, München.

Heisenberg, W. (1984): *Schritte über Grenzen. Gesammelte Reden und Aufsätze*, München.

Huizinga, J. (1975): *Herbst des Mittelalters. Studien über Lebens- und Geistesformen des 14. und 15. Jahrhunderts in Frankreich und den Niederlanden*, Stuttgart.

Japp. U. (1981): Hermeneutik, in: *Literaturwissenschaft. Grundkurs 2*, hg. von H. Brackert und J. Stückrath in Verbindung mit E. Lämmert, Reinbek bei Hamburg.

Kant, I. (1968): *Kritik der Urteilskraft*, Hamburg.

Kommerell, M. (1970): *Lessing und Aristoteles. Untersuchung über die Theorie der Tragödie*, Frankfurt/M.

v. Kutschera, F. (1988): *Ästhetik*, Berlin/New York.

Lorenz, K. (1983): *Der Abbau des Menschlichen*, München/Zürich.

Luhmann, N. (1981): Ist Kunst codierbar ?, in: N.L., *Soziologische Aufklärung 3*, Opladen.

Luhmann, N. (1984): *Soziale Systeme. Grundriß einer allgemeinen Theorie*, Frankfurt/M.

Luhmann, N. (1986): Das Kunstwerk und die Selbstreproduktion der Kunst, in: *Stil. Geschichten und Funktionen eines kulturwissenschaftlichen Diskurselements*, hg. von H.U. Gumbrecht und U. Link-Heer, Frankfurt/M., S. 620-672.

Luhmann, N. (1990): *Die Wissenschaft der Gesellschaft*, Frankfurt/M.

Luhmann, N./Pfürtner, St. (Hg.) (1978): *Theorietechnik und Moral*, Frankfurt/M.

Luhmann, N./Schorr, K.E. (1979): *Reflexionsprobleme im Erziehungssystem*, Frankfurt/M.

v. Martin, A. (1932): *Soziologie der Renaissance. Zur Physiognomik und Rhythmik bürgerlicher Kultur*, Stuttgart.

Panofsky, E. (1964): Die Perspektive als "symbolische Form", in: E.P., *Aufsätze zu Grundfragen der Kunstwissenschaft*, hg. von H. Oberer und E. Verheyen, Berlin, S. 99-167.

Panofsky, E. (1978): *Sinn und Deutung in der bildenden Kunst*, Köln.

Parsons, T. (1975): *Gesellschaften. Evolutionäre und komparative Perspektiven*, Frankfurt/M.

Popper, K.R. (1974): *Objektive Erkenntnis. Ein evolutionärer Entwurf*, Hamburg.

Popper, K.R. (1984): *Auf der Suche nach einer besseren Welt. Vorträge und Aufsätze aus dreißig Jahren*, München/Zürich.

Popper, K.R./Eccles, J.C. (1982): *Das Ich und sein Gehirn*, München.

Ritter, J. (Hg.) (1974): *Historisches Wörterbuch der Philosophie Bd. 3 (G-H)*, Darmstadt.

Schwinge, E.R. (1986): Die Dichtungstheorie des Kallimachos als Grundlegung der neuen Poesie, in: E.S., *Künstlichkeit von Kunst. Zur Geschichtlichkeit der alexandrinischen Poesie*, München, S. 2-23.

Segal, Ch. (1986): *Interpreting Greek Tragedy. Myth, Poetry, Text*, Ithaca/London.

Shakespeare, W. (1972): *Hamlet, Prince of Denmark*, London.

Snell, B. (1975): *Die Entdeckung des Geistes. Studien zur Entstehung des europäischen Denkens bei den Griechen*, Göttingen.

Warnke, M. (1985): *Hof-Künstler. Zur Vorgeschichte des modernen Künstlers*, Köln.

Weber, M. (1973): Wissenschaft als Beruf, in: M.W., *Soziologie - Universalgeschichtliche Analysen - Politik*, Stuttgart, S. 311-339.

Weber, M. (1976): *Wirtschaft und Gesellschaft. Grundriß der verstehenden Soziologie*, Tübingen.

Weber, M. (1976): *Gesammelte Aufsätze zur Religionssoziologie Bd. 1*, Tübingen.

v. Weizsäcker, C.F. (1985): *Wahrnehmung der Neuzeit*, München.

"Dadaistische Gartenzwerge" versus "Staatsdichter"

Ein Blick auf das Ende der DDR-Literatur mit systemtheoretischer Optik

Ekkehard Mann

1. Streit um die 'wahre' Literatur in der DDR

In der Diskussion um die Aufarbeitung der DDR-Vergangenheit nimmt die Literatur im Vergleich zu den sonstigen (Un-)Taten des Regimes ganz offensichtlich einen übergewichtigen Platz ein. 1990 redeten alle Feuilletons über Christa Wolfs Erzählung *Was bleibt*[1], und im Oktober 1991 trat Wolf Biermann eine Lawine von Vorwürfen um die Stasi-Verstrickungen von Schriftstellern los. Die kritische DDR-Literatur - von Stefan Heym bis Volker Braun, von Christa Wolf bis Christoph Hein - galt bis 1989 als angesehener und aufrichtiger Sprecher der intellektuellen Opposition in der DDR. Ihre Bücher schienen Dokumente einer besseren DDR zu sein, aus denen auf die Befindlichkeit der DDR-Bürger geschlossen werden konnte. Hinweise auf einen bevorstehenden Zusammenbruch des Staates aber hatte dieser DDR-Literatur niemand entnehmen können.[2] Nach der Wende erfolgte konsequenterweise ihr Sturz vom Podest, zu dem Christa Wolfs Erzählung den Anlaß lieferte. Ulrich Greiner und Frank Schirrmacher warfen ihr (und ihren Kollegen) Blindheit für und Mitschuld an den Zuständen der DDR vor, denn auch sie sei "Repräsentantin des Systems"[3], "Staatsdichterin"[4] gewesen. Und nachdem Greiner ihr die falsche Gesinnung in jener Erzählung gerade vorgerechnet hatte, forderte er wenig später eine Abkehr von der "Gesinnungsästhetik" und Hinwendung zur wahren Ästhetik.[5]

---

1 Christa Wolf, Was bleibt, Frankfurt/M. 1990.

2 Auch die Soziologie hatte keine auch nur annähernd die Realität vorhersehenden Szenarien zu entwickeln vermocht, siehe z.B.: Meyer/Schröder (Hg.) 1988.

3 Frank Schirrmacher, Dem Druck des härteren, strengeren Lebens standhalten, in: Frankfurter Allgemeine v. 2.6.1990.

4 Ulrich Greiner, Mangel an Feingefühl, in: Die Zeit v. 1.6.1990.

5 Ulrich Greiner, Die deutsche Gesinnungsästhetik, in: Die Zeit v. 2.11.1990.

Walter Jens dagegen bejubelte die Rolle der DDR-Literatur: "Welch konsequente Absage an harmonistische Weltbilder und, statt dessen, welch eine Entschlossenheit, innerhalb der sozialistischen Gesellschaft Widersprüche, nachwirkende - ja gesteigerte! - Entfremdungstendenzen, Antagonismen zwischen oben und unten, Führern und Geführten sichtbar zu machen!"[6]

Kaum im westlichen Blick gewesen war vor 1989 eine Kulturszene, die sich seit Ende der 70er Jahre entwickelt hatte, sich der offiziellen verweigerte und künstlerische Unabhängigkeit gegenüber genehmigungspflichtigen Publikations-, Ausstellungs- oder Auftrittsmöglichkeiten vorzog. Hier wollte man in einer anderen Sprache sprechen, die jenseits der "Sklavensprache" (Elke Erb) Authentizität und Identität ermöglichte, die mit provozierendem Gestus die herrschende Medien- und auch literarische Sprache destruierte, die sprachbewußt und -kritisch mit Formen und Ausdrucksmöglichkeiten experimentierte. Ihre Protagonisten zielten auf eine andere "neue Sprache" als die, die Christa Wolf in *Was bleibt* herbeisehnte und die nicht mehr war, als der Wunsch, endlich ohne äußeren und inneren Zensor über die Realität reden zu können. Nach dem Nimbusverlust der anerkannten DDR-Literatur wurde nun hier Ort und Hort des wahren künstlerischen Widerstandes entdeckt. "Die sogenannten 'jungen Dichter' (von denen manche im Herzen, aber nicht an Jahren jung waren) verweigerten eine Rolle, die im Laufe der Zeit bei den 'fortschrittlichen' SchriftstellerInnen zur inneren Gefangenschaft geführt hatte" (Grunenberg 1990b: 26). Wolf Biermann bot die Aufdeckung der Stasi-Mitarbeit Sascha Andersons, "der Leitfigur" der Szene, eine Handhabe, diese "bunte Kulturszene am Prenzlauer Berg, die ein blühender Schrebergarten der Stasi war", auch ästhetisch in die Pfanne zu hauen. "Spätdadaistische Gartenzwerge mit Bleistift und Pinsel. [...] Die Stasigärtner mendelten dort einen manirierten Stil für demoralisierte Genies und eingeschüchterte junge Leute, die vor sich hinblödelnd dadaistisch entschliefen, als der große Streit mit der Obrigkeit drohte, endlich ernst zu werden."[7] Nicht mehr als billige Rechtfertigung erscheinen angesichts solcher Enthüllungen natürlich Behauptungen Andersons wie: "Auch wenn unsere Freiheit nur eine Scheinfreiheit war, hatte unsere Arbeit doch Wirkung. [...] viel wichtiger und noch viel staatsfeindlicher war es, das Druckgenehmigungssystem des Staates zu unterlaufen. Wir waren kein Schriftstellerverband, wir waren keine anklagbare Gruppe. Wir hatten eine Infrastruktur, ein Kommunikationssystem, das staatsfeindlich war. Darauf bestehe ich."[8]

---

6 Walter Jens, Plädoyer gegen die Preisgabe der DDR-Kultur, in: Süddeutsche Zeitung v. 16./17.6.1990.

7 Wolf Biermann, "Laß, o Welt, o laß mich sein!" Rede zum Eduard-Mörike-Preis, in: Die Zeit v. 15.11.91.

Woher solche Gegensätzlichkeiten? Ganz offensichtlich werden unterschiedliche Literaturbegriffe ins Feld geführt, es geht um den Zusammenhang von Literatur und Moral, von Ästhetik und Ethik. Christa Wolf meinte ihr eigenes poetisches Selbstverständnis, als sie die Rolle der "bewußt in Opposition stehende[n] Literatur" 1990 bilanzierte. Diese hätte sich "die Aufgaben gestellt" gehabt, durch "Benennen von Widersprüchen [...] bei ihren Lesern kritisches Bewußtsein zu erzeugen oder zu stärken, sie zum Widerstand gegen Lüge, Heuchelei und Selbstaufgabe zu ermutigen, unsere Sprache und andere Traditionen aus der deutschen Literatur und Geschichte, die abgeschnitten werden sollten, lebendig zu halten und, nicht zuletzt, moralische Werte zu verteidigen"[9]. Das von Christa Wolf formulierte Literaturprogramm ist nicht neu. Seit der Aufklärung ist die "Beförderung der Humanität" (Herder), das Erziehen der Menschheit ein Topos der Literatur geblieben. National-konservative bis proletarisch-revolutionäre Parteiungen haben sich seiner bedient. Nach 1945 wurde die geistige Erneuerung als "Erziehung des Publikums im Geiste der neuen Zeit" (Heukenkamp 1991: 24) verstanden. Die antifaschistischen Kulturpolitiker und Schriftsteller waren bereit, zwecks Durchsetzung der besseren Gesellschaft sich einem präskriptiven sozialistischen Realismus zu unterwerfen, der - sich im Besitz der absoluten Wahrheit des historischen Prozesses wähnend - mit der Widerspiegelung einer idealisierten Wirklichkeit die Bildung eines neuen Menschen erreichen wollte. Diese "Überschätzung des Einflusses der Literatur auf die politisch-moralische Situation" (ebd.) in der DDR-Frühzeit ist noch in den heutigen poetischen Maßstäben Biermanns erkennbar, dem im Falle der früheren Stasi-Verbindungen Helga Novaks als Entschuldigung genügt, daß sie "trotz alledem und immer wieder wildradikale Texte gegen diese Bande geschrieben" habe.[10] Die ausgetragene Moral bestimme also die Qualität des Textes.

Biermann, Jens und Christa Wolf argumentieren, als hätte es eine künstlerische Moderne nie gegeben. Zur Zeit der Aufklärung war noch ein 'vernünftiges' Weltbild denkbar, dessen Vermittlung durch u.a. Kunst die Menschheit sittlich bessern sollte. Aber schon in der entstehenden bürgerlichen Gesellschaft ließ sich die komplizierter werdende Welt nurmehr durch Reduktion auf Subjektivität als Einheit denken, Kunst wurde zum

8 Iris Radisch, Das ist nich so einfach: Ein ZEIT-Gespräch mit Sascha Anderson, in: Die Zeit v. 1. 11.1991.

9 Christa Wolf, Zwischenrede: Rede zu Verleihung der Ehrendoktorwürde der Universität Hildesheim (gehalten am 31.1.1990), in: C.W., Im Dialog: Aktuelle Texte, Frankfurt/M. 1990, S. 159.

10 Wolf Bierman, "Laß, o Welt, o laß mich sein!": Rede zum Eduard-Mörike-Preis, in: Die Zeit v. 15.11.91.

subjektiven Ausdruck von Welterfahrung. Kant, Goethe u.a. war die Eigengesetzlichkeit des Ästhetischen bewußt geworden, Schiller ging es bloß noch um eine "ästhetische Erziehung" des Menschen, die ihn für Moral erst konditionieren sollte. Ende des 19. Jahrhunderts gelang auch keine Reduktion der sozialen Komplexität auf eine subjektive Weltinterpretation mehr, folglich mußte Literatur von der Vorstellung, selbstidentischer Ausdruck einer Subjektivität zu sein, Abschied nehmen. Das Subjekt erkannte sich als sprachlich konstituiert, d.h. als fremd, und Literatur setzte sich von jetzt an als Moderne mit der Materialität ihrer Ausdrucksmittel auseinander, dem Moralisieren entschlug sie sich zunehmend. Hatte dagegen die DDR-Literatur den Anschluß an die gesellschaftliche Modernisierung verloren, so daß sie sich vormoderner Argumente bediente?

2. Restratifizierte Gesellschaft DDR

Hier soll ein Versuch gemacht werden, mit einem systemtheoretischen Ansatz die Debatten um die DDR-Literatur zu analysieren. Luhmann beschreibt Gesellschaft bekanntlich als selbstreferentielles soziales System, das sich gegen seine Umwelt differenziert und als Kommunikationssystem konstituiert.[11] Mittels Kommunikation wird Information sowohl über die Umwelt als auch über das System selbst auf verstehbare, kommunizierbare Formen reduziert, aus denen ein soziales System seine Struktur selegiert. Seine Identität gewinnt ein solches System aus der Spiegelung der Differenz zwischen System und Umwelt an der eigenen Selbstbeschreibung, d.h. seinem Sinn. Zur Selbsterhaltung ist es zu systeminternen Reaktionen auf diese Differenz genötigt. Daher kann man vom Standpunkt des Systems aus sagen, soziale Systeme 'erzeugen' ihre Elemente, die Kommunikationen, selbst und evoluieren "autopoietisch" (ein Begriff, den Luhmann bei Maturana entlehnte). Da soziale Systeme im Laufe ihrer Evolutionsgeschichte immer komplexer werden, müssen sie bestimmte Kommunikationsprobleme zunehmend auf effektivere Teilsysteme verteilen. Moderne Industriegesellschaften kennzeichnen sich nach Luhmann durch funktionale Differenzierung, d.h., stets mehr Probleme werden in spezialisierten, ausdifferenzierten, autonomen Teilsystemen (sogenannten symbolisch generalisierten Kommunikationsmedien) bearbeitet, die aus den Sinneinheiten und Kommunikationen der Umwelt die ihrer Problemspezifik (ihrem sogenannten Mediencode) entsprechenden selegieren und zu ihrem subsystemischen Sinn, ihrer Spezialsemantik, verarbeiten. Da Teilsysteme nur Kommunikationen selegieren, die unter ihren Code fallen, sind sie nach Luhmann ebenfalls autopoietisch. Das

---

11 Im wesentlichen wird sich ohne weitere Angabe bezogen auf die Begrifflichkeit aus Luhmann 1984.

moderne Literatursystem (als Subsystem des Kunstsystems) ist ein solches Teilsystem, es hat - wie alle Teilsysteme - eine unverzichtbare Funktion für die Konstitution von moderner Gesellschaft.

Betrachtet man jedoch rückblickend die sozialistischen Gesellschaften, hier insbesondere die DDR, konnte von autonomen Teilsystemen wie z.B. Rechtssystem (Mediencode recht/unrecht), Wissenschaftssystem (wahr/falsch), Moralsystem (gut/schlecht), Wirtschaftssystem (Zahlungen/Nichtzahlungen) und politischem System (Regierung/Opposition) nicht die Rede sein. Den jeweiligen Systemsinn, die marxistische Teleologie, bestimmte die von der Partei beherrschte "Staats- und Parteibürokratie, die wir wegen der ständischen Kriterien, die zur Aufnahme in ihren Kreis berechtigen, den herrschenden Stand [...] nennen" (Konrád/Szelényi 1981: 224), wobei das Entscheidungszentrum vom Zentralkomitee bzw. Politbüro, dem "Hochadel" (ebd.: 253), gebildet wird. Die sozialen Teilsysteme hatten sich unterzuordnen: Recht, wahr, gut, Gewinn, schön war, was der Marxismus-Leninismus "lehrte". Die DDR war "nach feudalem Muster organisiert: abgeschlossen nach außen und in sich stratifiziert in Form gegeneinander abgeschotteter Sozialgebilde, im wesentlichen ständischer Natur", es sei die "Zwangsgewalt eines neuen sozialistischen Adelsstandes mit einem absolutistischen Souverän an der Spitze [...]" gewesen.[12] Dieser "vormundschaftliche Staat" (Henrich 1989) kämpfte "in einem verzweifelten Bemühen um die Eingliederung der ganzen lebendigen Gesellschaft in die kristalline Struktur des Staates" (Bahro 1977: 44). Das Entstehen des Sozialsystems der DDR nach 1945 war aus systemtheoretischer Sicht eine Restratifizierung, die durch die bereits im 'Dritten Reich' durchgeführte weitgehende Hierarchisierung der Gesellschaft sowie durch das Nachkriegschaos erleichtert wurde. Die 'Elite' des NS-Staates brauchte 1945 nur durch eine andere ersetzt zu werden, ohne daß das Obrigkeitsverhältnis der Mehrheit der Menschen hätte neu bestimmt werden müssen. Nach Installierung der neuen Führungsschicht[13] wurden die verbliebenen funktionalen Teilsysteme durch die Enteignungen (Wirtschaft), durch die Blockbindung der Parteien (Politik), die Ideologisierung von Recht, Medien, Erziehung, Kunst usw. schrittweise entautonomisiert. Entlang der Hierarchie formierten sich neue Schichten[14], die "feu-

12 Meier 1990: 8. Vgl. außerdem S. 10: "Die realsozialistischen Gesellschaften lassen sich sozialstrukturell [...] wesentlich besser aufgrund ständischer Merkmale als nach den gewöhnlichen Kriterien der Schichtenkonzepte (Einkommen bzw. Vermögen, Beruf, Bildung, Ansehen etc.) und erst recht denen der (marxistischen) Klassentheorie erklären (Besitz/Nichtbesitz an Produktionsmitteln und darauf beruhender sozialer Stellung)."

13 "Hierarchische Investitur" (Henrich 1989: 82).

14 Der "Bürokratismus hat längst aufgehört, eine bloß übergestreifte fremde Form zu sein. Er ist zur gewissermaßen natürlichen politischen Existenzform einer großen Gruppe von Menschen mit ausgeprägten Sonderinteressen geworden, die sich um den Stamm, die Äste und die Zweige

dalsozialistische Herrschaftspyramide", die von vier großen Ständen - Nomenklatura, Bürokratie, Mittelstand und gemeines Volk - gebildet und in der die Sozialordnung durch fünf hierarchische Säulen - SED-Apparat, administrativer und militärisch-polizeilicher Apparat, Wirtschaftsapparat sowie ideologischer Apparat - beherrscht worden sei (Meier 1990: 10). In einem stratifizierten Sozialsystem wie diesem "Parteistaat"[15] ist "Ungleichheit [...] Ordnungsdimension der sozialen Welt", die "Einheit der Gesellschaft liegt in der Rangdifferenz, die nicht in Frage gestellt werden kann, ohne daß die Gesellschaft in Frage gestellt würde" (Luhmann 1985: 22f.).

Die 'Wende' im Ostblock und in der DDR war zweifellos eine derartige Infragestellung mit den entsprechenden Folgen. Sie ist mit den Vorgängen, die an der "Epochenschwelle" (ebd.) am Ende des 18. Jahrhunderts beim Übergang zur bürgerlichen Gesellschaft stattfanden, teilweise vergleichbar, obwohl natürlich komplexere Sozialsysteme vorlagen. Industrialisierung, Klassenstruktur, die Verbreitungstechniken der Kommunikation usw. entsprachen einer modernen Gesellschaft, auch die Mentalitäten der Menschen waren (und blieben) bürgerlich.[16] Der 'Ständestaat' DDR mußte daher fortwährend die evolutionär überkomplexe Struktur aufwendig und mit Zwang erhalten, mußte in seinen teilweise ausdifferenzierten Teilsystemen (unkontrollierbare) funktionale Autonomie unterbinden. Zudem war die DDR (wie der gesamte Ostblock) einer Umwelt mit schnell evoluierenden, funktional differenzierten Sozialsystemen ausgesetzt, die zu Komplexitätssteigerung zwang.[17] Zum Erhalt der Systemidentität hatte Eigenkomplexität zeitweilig mit Abkapselung (Verstärkung der Systemgrenzen durch Mauerbau) stabilisiert werden können. Die Geschichte der DDR ließe sich als ein ständiger Wechsel von Förderung und Unterdrückung funktionaler Differenzierungen darstellen.[18] Einziges Teilsystem, das sich ungehemmt entwikkelte, war die Staatssicherheit, die die unmögliche "unilaterale Kontrolle" (Luhmann 1984: 63) des Systems durch Extensivierung leisten wollte. Das Teilsystem prosperierte selbstreferentiell und so schnell, daß es schließlich

des Machtapparats kristallisiert hat" (Bahro 1977: 283).

15 Mit "Parteistaat" meint Henrich "den gedoppelten Apparat", der das "Ideologie- und das Entscheidungsmonopol" verwaltet (Henrich 1989: 60f.).

16 Siehe dazu insbes. Grunenberg 1989 und 1990a.

17 Konrád und Szelényi formulieren ähnlich: In sozialistischen Gesellschaften würde "Wirtschaftswachstum als gesellschaftliche Herausforderung von außen, als politisch definiertes Ziel verstanden, das heißt, die entwickelten westlichen Industriegesellschaften sollen eingeholt werden" (Konrád/Szelényi 1981: 79).

18 Besonders gut in der Wirtschaftspolitik zu belegen, siehe z.B. Weber 1988 (insb. 71-87).

das Gesamtsystem überholte.[19]

Die Auflösung des Gesamtsystems wird hier als Folge der sich autonomisierenden Teilsysteme gesehen, auf die die Zentralmacht Kontrolle und Zugriff verlor. Die unabhängigen Friedens-, Frauen-, Umwelt- und kirchlichen Gruppen übernahmen die Funktion des Moralsystems[20], das schließlich die Entwicklung eines neuen politischen Systems vorbereitete. Ähnliche Funktion wird hier den sich ausdifferenzierenden alternativen kulturellen Systemen zuerkannt, wovon im folgenden das Literatursystem umrissen werden soll.

Nach der Wende gab es verschiedene Ansätze, dem Gesamtgeschehen gesellschaftstheoretisch und soziologisch beizukommen. Für die meisten Kommentatoren war der Kommunismus mehr oder weniger ein Irrweg, wogegen sich nun politische (liberale), wirtschaftliche oder ethische Vernunft durchgesetzt hätte. Dahrendorf und Bell sahen darin den Sieg des Liberalismus und das Ende der Ideologien.[21] Habermas entwickelte die These von der "nachholenden Revolution", der Rückkehr zum demokratischen bürgerlichen Rechtsstaat (Habermas 1990). Ch. Meier analysierte die Wende als Folge der Überdehnung des sowjetischen imperialen Anspruchs, aus dem neben dem ökonomischen auch ein ideologischer, die Blockbindungen lockernder "Ressourcenverlust" resultiert habe.[22] Offe begründet den Zerfall psychologisch, als Mangel an "DDR-Identität" (Offe 1990). Für Habermas hat sich "in der Masse der Bevölkerung" ein "latenter Einstellungswandel vollzogen, bevor dem Staatssozialismus der Boden der Legitimation weggerutscht ist", er führt den Mentalitätswandel auf ungelöste "Verteilungsprobleme" zurück (Habermas 1990: 202). Beck sah DDR und Bundesrepublik über eine Doppelidentität, als gegenstaatliche Ost-West-Opposition, definiert, und der Wegfall der Grenze hätte den schnellen Untergang der DDR ausgelöst (Beck 1991).

Mit der obenstehenden systemtheoretischen Skizze zur Wendeproblematik seien die Vorteile angedeutet, die die Theorie selbstreferentieller sozialer Systeme für eine Soziologie des Zerfalls totalitärer Herrschaftsformen haben könnte, wenn man diese als stratifizierte Systeme beschreibt. Auch von Systemtheoretikern wurde bisher die (entscheidende) Strukturdifferenz lediglich unter Variation von "unterschiedlichen Realitäten moderner Ge-

---

19 Somit fiel der Staat der Staatssicherheit als Beute zu; Mielke ließ schließlich sogar Honecker überwachen.

20 Siehe dazu auch Lemke 1991.

21 Ralf Dahrendorf und Daniel Bell in: Die Zeit v. 29.12.1989. Für Bell hat sich nicht nur der Pragmatismus durchgesetzt, sondern es eröffne sich die Möglichkeit einer Partikularinteressen transzendierenden Moral. Siehe auch Dahrendorf 1991.

22 Meier 1991. Meier bezieht sich auf Paul Kennedy.

sellschaften" abgehandelt.[23] Ein solcher Blickwinkel näherte sich konvergenztheoretischen Ansätzen, die den Ost-West-Gegensatz verharmlosend als zwei unterschiedliche Wege zur Lösung der Probleme von Industriegesellschaften beschrieben und eine gegenseitige Angleichung erwarteten.[24]

3. Entdifferenziertes Literatursystem

Auch die westliche Literaturwissenschaft bezog oft die konvergenztheoretische Warte, wenn es um die DDR-Literatur ging. Beispielsweise ließ ihr Emmerich in seiner fundierten DDR-Literaturgeschichte methodologisch Gleichberechtigung angedeihen: "Auf der Basis einer ähnlichen Produktionsweise, der gleichen bevorzugten Technologien und einer verwandten industriegesellschaftlichen Lebensweise haben sich *symmetrische Strukturen und Prozesse in West und Ost* herausgebildet, die manchmal schon die Konvergenzen der Systeme bedeutsamer erscheinen lassen als ihre Divergenzen" [Hervorh. Emmerich]. Problemlagen wie Umwelt, Wachstum, Frauenemanzipation, Rüstung hätten symmetrisch und ähnlich wie in den westlichen Ländern auch die Literatur der DDR in den 80er Jahren dominiert (Emmerich 1989: 240), die DDR-Schriftsteller wurden z.T. wohlwollend als "Sozialliteraten" (Jäger: 1973) gewürdigt.

Solche Analysen sind seit der Wende obsolet. Ein besseres Modell für eine DDR-Literaturgeschichte, das auch ihren Strukturwandel erfassen und begründen kann, sollte aufgrund der Systemtheorie möglich sein. Ein solches Modell wird im folgenden ansatzweise skizziert und auf die These zugespitzt: Die 'subkulturelle' literarische Szene in der DDR (mit ihrem Schwerpunkt um den Ostberliner Stadtbezirk Prenzlauer Berg) hatte sich seit Beginn der 80er Jahre so verselbständigt, daß von einem autonomen Literatursystem zu sprechen ist, von einer Wende hin zum Ende des DDR-Systems.

Autonom ist "ein System, das auf der Grundlage autopoietischer Selbststeuerung spezifische, durch seine leitenden Selektionskriterien und seinen Operationsmodus vorgezeichnete Umweltbeziehungen unterhält" (Willke 1989: 48). Ein autonomes Literatursystem ist daher nicht sozial abstinent, sondern "Vollzug von Gesellschaft" (Luhmann 1986: 623). Als Indizien für

---

23 Willke 1989: 88. Willke zufolge läge in entwickelten sozialistischen Gesellschaften ein "Primat der Politik", d.h. des politischen Subsystems, vor (S. 88), das allerdings eine "drastische Beschränkung des Möglichkeitsreichtums" gegenwärtiger Gesellschaften nach sich ziehe (S. 98).

24 Die "Problemlagen", mit denen die sozialistischen Gesellschaftssysteme zu tun hätten, seien denen westlicher Systeme "so ähnlich, daß wir es uns nicht leisten können, die systemspezifischen Lösungswege, die dort eingeschlagen werden, einfach zu ignorieren" (Glaeßner 1982: 275).

die literarische Wende können die Rückkehr zu Reflexivität und Experiment, das Entstehen von Interaktionssystemen und die beginnende Ausdifferenzierung eigener künstlerisch-literarischer Vermittlungsformen gelten. Diese Entwicklung ließ eine subkulturelle, selbstorganisierende Literatur-'Szene' entstehen, die ihre Identität in Themen, Formen, Poetiken und Kommunikationsweisen jenseits der offiziellen Literatur gewann.

Luhmanns systemtheoretische Betrachtungsweise des Kunstsystems geht von einer paradigmatischen Strukturänderung beim Übergang von stratifizierten zu funktional differenzierten sozialen Systemen aus, "Kunst wird zu einem sich selbst bestimmenden, sich selbst produzierenden, sich an inneren Kohärenzen und Widersprüchen orientierenden System" (Luhmann 1986: 621). Das Kunst- und Literatursystem hatte sich um 1800 als bürgerliches Verständigungsmedium herausgebildet. Luhmann gab dafür den Mediencode "schön/häßlich" an (Luhmann 1976). (Die Opposition "schön/häßlich" soll hier semantisch nicht überbewertet werden und äquivalent den Oppositionen "mit/ohne Geschmack"[25] oder einem kommunikativen, d.h. literarischen "in/out"[26] gelten.) Wenn man über Kunst kommunizierte, hatte man 'Geschmack' und konnte sich somit als gebildeter Bürger legitimieren. Mit ihrer Ausdifferenzierung befreiten sich Kunst- und Literatursystem schrittweise von ihren ethischen Implikationen und bildeten als Ästhetik (um den Begriff "schön") eine Reflexionstheorie bzw. Selbstbeschreibung aus, die die Systeme gegen ihre Umwelt als "funktionslos" differenzierten.[27] Die Reflexionstheorie veränderte sich im 19. Jahrhundert allmählich von einer Genie- in eine Autonomieästhetik.

Die DDR-Literaturgeschichte ist entsprechend systemtheoretisch zu rekonstruieren. Nach Luhmann hat der Kommunikationsprozeß drei Dimensionen, eine Sozial-, eine Sach- und eine Zeitdimension. In jeder der drei Dimensionen hat sich das Literatursystem differenziert, als Qualitäts-(Geschmacks-)Diskussion in der Sozialdimension, als Ästhetik in der Sach- und als Literaturgeschichte in der Zeitdimension. Diese "evolutionären Errungenschaften" (Luhmann 1985: 17) des Systems wurden im restratifizierten DDR-Staat entdifferenziert. Sach- und Sozialdimension fielen im ideologischen Dogma zusammen, sozialistischer Realismus war "politischbewußte Übereinstimmung mit den realen Entwicklungstendenzen und tat-

---

25 Georg Jäger wies mit guten Argumenten darauf hin, daß sich Kunst- und Literatursystem um die "Opposition mit/ohne Geschmack" herausdifferenziert habe, daß besser diese als Mediencode zu betrachten sei (Jäger 1991: 226).

26 Das setze freilich voraus, "daß die Differenz von 'in' und 'out' die Differenz von 'schön' und 'häßlich' nicht völlig verdrängt" (Luhmann 1986: 656). Versteift man sich auf die Semantik von "schön", ist man geneigt, angesichts moderner Literatur "Pathologien" zu diagnostizieren; vgl. Gumbrecht 1987.

27 Siehe dazu Disselbeck 1987.

sächlichen Aufgaben des revolutionären Entwicklungsprozesses. Sie finden konzentrierten Ausdruck in einer richtigen marxistisch-leninistischen Politik der Partei der Arbeiterklasse."[28]

Kunst- und Literatursystem hatten allerdings schon in der NS-Zeit ihre Autonomie verloren. Die sogenannte geistige und kulturelle Erneuerung in der SBZ nach 1945 ersetzte - nach einer liberalen Übergangsphase - die eine präskriptive Ästhetik durch die nächste, völkische Dichtung durch sozialistischen Realismus. Ab 1948 wurden Kunst und Literatur unter wachsendem Druck für die Propagierung der neuen Staatsideologie funktionalisiert[29], hatten den Staat zu repräsentieren und Legitimationshilfe zu leisten. Die Zeitdimension wird als normative Vorbildlichkeit des "klassischen Erbes", der "realistischen Methode" oder der "proletarisch-revolutionären Kunst" enthistorisiert. Die Ästhetik entkleidete die historischen Stile von Kontext und Reflexivität ihrer "vergangenen Gegenwart" (Luhmann 1982) und schrieb einige als Gestaltungsnorm vor. Paradoxerweise mußte daher die sich als dialektisch verstehende Kunsttheorie auf Ontologie zurückfallen, "Schönheit" sei ein "inhärentes Maß des Menschen" (Klaus/ Buhr (Hg.) 1969: 630). Kennzeichnend ist die erneute Aufladung der Literatur mit Ethik, mit sozialistischer, kämpferischer Moral. Schriftsteller wurden zu "Parteilichkeit" verpflichtet, hatten zu "eindeutigen Entscheidungen im Sinne unserer Politik und Ethik" herauszufordern[30], hatten entsprechend den politischen Notwendigkeiten 'Planliteratur' zu liefern.[31] Weitere Stichworte zur Entdifferenzierung des Literatursystems, das unter "Literaturgesellschaft" und "gebildete Nation" (Becher) seine Selbstbeschreibung fand, sind: Beseitigung der Autonomie der Verlage und der Öffentlichkeit, politische Zensur, Privilegienwirtschaft (Schriftsteller wurden materiell vom Mäzen Staat abhängig), Beseitigung der Unterschiede von E- und U-Literatur (Verbot der "Schund- und Schmutzliteratur", alle Autoren hatten "volksverbunden" zu schreiben), Fixierung auf neue Mythen (Klassenkampf, Arbeiterheroen usw.).

Systemtheorie läßt auch die Rigidität, mit der vor allem gegen die lite-

---

28 *Zur Theorie des sozialistischen Realismus.* Hg. vom Institut für Gesellschaftswissenschaften beim ZK der SED. Berlin 1974, S. 273f.

29 Darstellung in den einschlägigen Literaturgeschichten. Zusammenfassend: Hartmann/Eggeling 1990.

30 *Einführung in den sozialistischen Realismus*, Berlin 1975, S. 167.

31 Der Zyniker Kant machte kein Hehl daraus: "In älteren Ordnungen tritt der Staat an die Künste verdeckter heran, als Steuererheber etwa oder Zensor oder auch als Sponsor. Aber sonst schert er sich nicht so sehr um Poesie und Belletristik. Er unterschätzt sie, sage ich [...] Als Planer und Regulator im Felde der Literatur ist der Staat noch neu, und oft ist er entsprechend ungelenk [...] Schriftsteller sehen manchmal kaum ein, daß Kulturpolitik sein muß." Hermann Kant, Schreiber, Leser und Verbände, in: Sinn und Form 32 (5), 1980, S. 993.

rarische Moderne vorgegangen wurde[32], in einem neuen Licht erscheinen. Das Entstehen der Moderne und der Avantgarde bedeutete eine Steigerung der Selbstreflexivität, war "reflektierte Reflexivität" (Merten 1976: 173). Die Reintegration der Literatur in den stratifizierten Parteistaat mußte daher gerade diese autonome Selbstreflexivität verhindern, um Reflexivität von Selbstreferenz auf Ideologiereferenz umstellen zu können, mußte Moderne also verbieten. 1945 war die Vorkriegsavantgarde nach den Verfolgungen im NS-Staat ohnehin nicht mehr präsent. Nachdem Bemühungen um Rückgliederung und Würdigung in der SBZ in den liberaleren ersten Jahren noch Tolerierung fanden[33], setzte die SED ab 1948 mit zunehmendem Druck den sozialistischen Realismus als Kunstprinzip durch. Moderne galt als Synonym für Unkultur, Kosmopolitismus und Imperialismus, der nationalsozialistische Vorwurf der Entartung war als antihumane Dekadenz perpetuiert. Die zielgerichtete sowjetische und SED-Kulturpolitik gipfelte in der Formalismuskampagne 1950/53, die eine - bis auf wenige Ausnahmen - verödete und monolithische Literaturszene hinterließ. Politische Ziele und sogar tagespolitische Taktik bestimmten fortan die öffentlichen Literaturdebatten. Das 'Tauwetter' nach 1953 änderte nichts an der prinzipiellen Verdammung der Moderne, die - trotz der noch offenen Grenzen - in der DDR lange Zeit (fast) nicht vorhanden und der jüngeren Generation weitgehend unbekannt blieb.[34]

In den Anfangsjahren hatten die altlinken und antifaschistischen Exilschriftsteller das große Ziel einer sozialistischen Gesellschaft in der DDR für realisierbar gehalten. Bei ihrer Heimkehr glaubten sie, dafür poetische Bedenken einer bedingungslosen Unterordnung unter die Parteilinie opfern zu müssen (Brecht, A. Zweig, Seghers, Hermlin, Heym usw.). Zu ihnen gesellten sich Jüngere, die z.T. aus Schuldgefühlen heraus sich zu den kommunistischen "Siegern der Geschichte" bekehrten (Fühmann, Bobrowski, Maurer, Christa Wolf usw.). Andersdenkenden blieb entweder nur Schweigen oder eine Flucht aus der DDR (Plivier, Kantorowicz, Koestler usw.). "Die Intelligenz bot der neuen Gesellschaftsordnung [...] ihre Loyalität und Dienste an, weil sie von der Möglichkeit der Rolle begeistert war, die ihr

---

32 "Die Zeit der Erziehung neuer Menschen muß auch die Zeit der Überwindung der pessimistischen, in sterilen Abstraktionen und formalistischen Experimenten sich erschöpfenden Strömungen in der Kunst sein." Alexander Abusch, Die Schriftsteller und der Plan (1948), in: A.A., Literatur im Zeitalter des Sozialismus, Berlin/Weimar 1967, S. 579.

33 Siehe dazu z.B. Heukenkamp 1990 (insbes. S. 44 und S. 47.)

34 "Und noch Jahrzehnte später stellt ein Lyriker der damals jüngsten Generation, Günter Kunert, mit Bedauern fest, daß ihm (und andern jungen Kollegen wohl noch mehr) lange Jahre die Literatur der Moderne, vor allem ihre Lyrik, aufgrund der eingeengten Möglichkeiten, sie überhaupt zur Kenntnis zu nehmen, fremd geblieben sei" (Emmerich 1989: 56).

diese Gesellschaft anzubieten schien."[35] Mit dem Ausbleiben der sozialen und wirtschaftlichen Fortschritte ließ sich die Repression durch die Jahre hin nicht gleichmäßig aufrechterhalten. Die Literatur fand zu "gebremster" Reflexivität zurück, was aber bei Überschreiten bestimmter Grenzen oder bei politischen Kurswechseln periodisch erneut Maßregelungen auslöste (1956 Prozeß Janka-Harich-Just, 1959 Bitterfelder Weg, 1965 11. Plenum des ZK, 1968 Okkupation CSSR, 1976 Biermann-Affäre). Entsprechend läßt sich die Literaturgeschichte der DDR als Wechsel zwischen Restriktions- und Liberalisierungsphasen schreiben.

4. Literarischer Wandel in der DDR

Seit den 60er Jahren waren in der DDR-Literatur deutliche Veränderungen zu beobachten. Die Frage nach der 'richtigen' Poetik stellte sich nach dem Mauerbau 1961 neu. Jetzt war Schreiben nicht mehr nur Bekenntnis, man war eingemauert und mußte sein Leben und Schreiben in der DDR einrichten. Hatte bisher die Notwendigkeit des präskriptiven sozialistischen Realismus mit dem Kalten Krieg begründet werden können, so war diese Beschränkung in der gesicherten neuen Abgeschlossenheit nicht mehr gleichermaßen gültig, womit die Hoffnung auf intellektuelle Offenheit wuchs. Schriftsteller sahen keinen Grund mehr, ausschließlich tagespolitischen Notwendigkeiten zu gehorchen, vertieften sich in poetische Probleme und suchten Anregung auch wieder bei der Moderne. Die Modernisierung der Literatur in der DDR seit den 60er Jahren möchte ich unter Verwendung einer von Gumbrecht vorgeschlagenen Typologie[36] spezifizieren. Mit ihr soll die Funktion einzelner Texte im Literatursystem bestimmt werden.

Ein literarischer Text ist zunächst ein Kommunikationsvorschlag, eine Selektionsofferte an das Literatursystem; Literatur wird er erst dann, wenn er als Literatur verstanden wird. Der (literarische) Kommunikationsprozeß bestimmt dann aus der Differenz zwischen dem neuen und den älteren Texten den Modus des neuen (und der alten Texte). Die Ausdifferenzierung des Literatursystems war dadurch gekennzeichnet, daß das Qualitätskriterium für Kunstwerke von (relativer) Übereinstimmung mit einer Regel radikal auf Neuheit, auf "Überraschungswert" (Luhmann 1986: 628-629 und 637) umgestellt und somit temporalisiert wurde. Ein neues Werk, das positiv bewertet werden will, hat ältere zu negieren. Solche "Negationsverhält-

---

35 Konrád/Szelényi 1981: 312. Und S. 314: "Wenn sich ihre [der Intelligenz] Arbeit eigentlich auch nicht verändert hat, so gewann sie doch plötzlich transzendente Bedeutung: Sie wurde aus einer Erwerbstätigkeit zum Beruf veredelt".

36 Siehe dazu Gumbrecht 1980 (insbes. S. 99ff.).

nisse"[37] hatte Gumbrecht anhand der kulturellen Beziehungen zwischen der Gesellschaft und Teilsystemen analysiert. Seine drei Grundtypen werden hier auf die Negationsbeziehungen zwischen Texten übertragen:

- Asymmetrische Negationen: Eine Kommunikation (literarischer Text) negiert einen Teil der Selektionserwartungen des Systems und positiviert einen Teil der vom System negierten Selektionserwartungen. Die neue Kommunikation entspricht darüber hinaus in Teilen den Selektionserwartungen des Systems.
- Symmetrische Negationen: Die neue Kommunikation negiert alle Selektionserwartungen des Systems und positiviert alle vom System negierten Selektionserwartungen. Selektionserwartungen und Kommunikation weisen keinen Bestand an gemeinsam negierten und gemeinsam positivierten Selektionserwartungen auf. Die Kommunikation steht in einem gegenbildlichen Verhältnis zu den Selektionserwartungen des Systems und erscheint aus der Perspektive des Systems als antiliterarisch.
- Rein rekursive Negationen: Eine neue Kommunikation positiviert alle vom System negierten Selektionserwartungen, ohne aber Selektionserwartungen des System zu negieren. Die Negationen der neuen Kommunikation richten sich also ausschließlich auf die Negationen des Systems. Die Kommunikation erscheint aus der Perspektive des Systems als unliterarisch, ungeformt.

Asymmetrisch negierende literarische Texte fallen in den Toleranzbereich der aktuellen Poetik, des Stils. Sie leisten stilistische Innovation und Evolution des Systems, werden als originell (Plumpe 1985: 255) rezipiert und wirken systemstabilisierend, da systemevoluierend. Rein rekursive Negationen hingegen destabilisieren ein bestehendes System, weichen dessen Strukturierung auf und können so den Übergang zu einer Systemumbildung vorbereiten. Symmetrische Negationen verhalten sich virtuell zum System, folgen gewissermaßen einer Antipoetik; sie sind daher relativ leicht vom System zu negieren, können aber so Kern eines neuen Subsystems werden. Will man den Begriff der Negation für das einzelne Werk konkretisieren, müssen einerseits die Auffächerung in die drei Dimensionen des Kommunikationsprozesses (Sozial-, Zeit-, Sachdimension) unterschieden, andererseits die Aspekte der Kommunikation selbst (Einheit von Information, Mitteilung, Verstehen) berücksichtigt werden.

Wie sich diese Typologie auf die literarischen Veränderungen in der Geschichte der Literatur in der DDR anwenden läßt, sei im folgenden angedeutet.

Durch ihre Funktionalisierung isolierte sich die DDR-Literatur anfangs für Jahrzehnte von weltliterarischen Entwicklungen. Allerdings waren schon

37 Siehe dazu auch Luhmann 1975.

in den ersten Jahren Differenzierungen in der Sozialdimension beobachtbar, denn auch bei eifrigstem Befolgen der Gestaltungsregeln entstanden Werke unbefriedigender Qualität, die trotz intensiver Literaturpropaganda kaum gelesen wurden, d.h., die Sozialdimension funktionierte nicht. Verlangt wurde z.B. "leidenschaftliche, wirkungsvolle, künstlerische Gestaltung" und die "Überwindung dogmatischer und erstarrter Formeln".[38] In offiziellen Diskussionen ging es immer um literarische Mängel, Werke seien nicht überzeugend, nicht realistisch oder nicht sozialistisch genug. Zur Abhilfe bei mangelnder Qualität gab es Versuche, modernere Vorbilder zu finden (Differenzierung in der Zeitdimension). So wies Mayer Ursachen für die literarische Mittelmäßigkeit in der DDR an: "fehlende Beschäftigung [...] mit den Tendenzen und wichtigsten Erscheinungen der modernen Künstler und Schriftsteller wird sich in jedem Falle als Stagnation und Sterilität auswirken."[39] Ästhetische Dogmatik, die mit administrativer Gewalt duchgesetzt wird, verhindert eben Evolution. Die Partei sah Abhilfe allerdings nur in einem Schwenk in den Bitterfelder Weg, der dem mangelnden Realismus der Schriftsteller am betrieblichen Arbeitsplatz auf die Sprünge helfen sollte.

DDR-Literatur wurde in den 60er Jahren bei der Leserschaft erfolgreicher, als sie zumindest in der Sachdimension partiell negierte. Die Prosa griff Stoffe auf, die wirklichkeitsnäher waren, ohne auf der Mitteilungsebene wesentlich innovativ zu werden. Dominant blieb die Erzählrealistik des 19. Jahrhunderts bei vorsichtiger Hinwendung zu und Anwendung von Mitteln der Moderne (z.B. nichtauktoriale Erzählperspektiven bei C. Wolfs *Christa T.*, Heyms *Schmähschrift*, Morgner, Bobrowski, Kants *Die Aula*, Fries' *Oobliadooh*). Der Erfolg der Prosa wurde zu Beginn der Honecker-Ära 1971 höchstinstanzlich in der "Tabu-Rede" abgesegnet.[40] Auch die Lyriker wie Sarah Kirsch, Kunert, Kunze, Mickel usw. (gesprochen wurde von einer "Lyrikwelle"[41]) wollten seit den 60er Jahren nicht mehr Ideologie als "einfache Wahrheit" (Braun) servieren, sondern als Erkenntnisprozesse am Gedicht sich entwickeln lassen. Ihre poetologischen Reflexionen intendierten

---

38 Die nächsten ideologischen Aufgaben der Partei in der Kunst: Beschluß des ZK der SED, in: Dokumente der SED Bd. 6: 130ff., zit. nach Schubbe (Hg.) 1972: 445.

39 Hans Mayer, Zur Gegenwartslage unserer Literatur. Ein Rundfunkvortrag. Sonntag 11 (49), 1956, zit. nach Mayer 1967: 372.

40 Honecker auf der 4. Tagung des ZK 1971: "Wenn man von festen Positionen des Sozialismus ausgeht, kann es meines Erachtens auf dem Gebiet von Kunst und Literatur keine Tabus geben. Das betrifft sowohl Fragen der inhaltlichen Gestaltung als auch die des Stils - kurz gesagt: die Fragen dessen, was man die künstlerische Meisterschaft nennt." Erich Honecker, Zu aktuellen Fragen bei der Verwirklichung der Beschlüsse des VIII. Parteitags, in: Neues Deutschland v. 18.12.1971.

41 Überblick in Berendse 1990.

keine Eigenwertigkeit der Poesie gegenüber einem gesellschaftlichen Auftrag, wohl aber die Suche nach dem Fortschritt gemäßen, neuen Mitteln.[42] Damit näherten sie sich zwar Problemen der Moderne, erlangten deren Sprachbewußtheit aber nur von Fall zu Fall. Dennoch blieb die Reflexionstheorie bei beschränkter stilistischer Varianz im Kern streng auf die zentrale ideologische Semantik bezogen. Die DDR-Literatur wurde besser, das kulturelle System stabilisierte sich, sogar eine gewisse Hoffnung auf bessere Zeiten tat sich unter der Bevölkerung wieder auf. In der Periode von etwa 1961 bis 1976 kann von asymmetrischen Negationsverhältnissen gesprochen werden.

Parallel und verwoben mit diesem Evolutionsprozeß war ein Negationsprozeß zu beobachten, der als rein rekursive Negation beschrieben werden kann. Das heißt, die postulierte Ästhetik wurde nicht in Frage gestellt, aber die von der Reflexionstheorie verfügten Ausgrenzungen negiert, Barock, Romantik, Symbolismus und schließlich die Moderne wiederentdeckt. Beispielsweise thematisieren zahlreiche Widmungs- und Figurengedichte früher verpönte Künstlerpersönlichkeiten. Zudem wurden wichtige Werke der Moderne nun in Auswahlbänden zögernd auch in der DDR zugänglich gemacht[43], von deren kulturpolitischer Rehabilitation jedoch konnte nicht gesprochen werden. Die Prosa thematisierte nun psychische und biographische Problemlagen, an denen auch die bürgerliche Moderne sich abgearbeitet hatte. Nicht zufällig stehen daher in Romanen der 70er Jahre Schriftsteller und Künstler im Mittelpunkt[44], die unter dem Zwiespalt zwischen bequemer Existenz und Widerspruch, an Verlust des Schaffensimpulses und Sprachverlust leiden, die vereinsamen, in Schweigen oder Selbstzerstörung flüchten.[45] Die Sprachproblematik wird diskutiert. Beispielsweise möchte Christa Wolf "an die Stelle all der bescheid- und besserwissenden, der urteilenden, auftrumpfenden oder aufgebenden Wörter" am liebsten das

42 Durch "DDR-Wirklichkeit zur Sprache zu bringen", urteilt rückblickend Heinz Czechowski, "war schon spürbar, daß fast alle diese Versuche dahin drängten, die DDR-spezifischen Gegenstände und eine diesen Gegenständen entsprechende Sprache aus der Umklammerung durch eine Wirklichkeit zu befreien, die immer nur wieder auf sich selbst verwies": H.C., Die Zeit der Wunder ist vorbei..., in: Ein Moment des erfahrenen Lebens. Zur Lyrik der zwischen 1935 und 1940 Geborenen, hg. von J.L. Flood, Dundee 1987 (= GDR Monitor Special Series 5), S. 27.

43 Proust, Musil, Joyce und auch wieder Kafka, Verlaine, Rimbaud, Trakl und andere Expressionisten, Jandl erschienen.

44 "Die Künstlerfigur steht paradigmatisch für die sich verbreitende Einsicht, daß das Ringen der einzelnen um Selbstverwirklichung zum Vorwärtskommen der ganzen Gesellschaft beiträgt [...]" (Köhler-Hausmann 1984: 145).

45 Siehe die Darstellungen bei Stahl 1984.

schlichte Wort "verkehrt" setzen.[46] Rein rekursiv negierend kann diese Entwicklung genannt werden, da es in den 80er Jahren keine aus der Literaturgeschichte bekannten stilistischen Mittel mehr gab, die explizit unerwünscht oder verboten waren; fruchtbarer Gebrauch davon wurde (außer durch Heiner Müller, Endler, Erb) allerdings nur gelegentlich gemacht. Verbote richteten sich ausschließlich noch auf ideologisch sensible Umweltreferenzen von Literatur.

Die zweite Hälfte der 70er Jahre kann als eine Wende in der Entwicklung der DDR-Literatur gelten. Nach der Zwangsausbürgerung von Biermann 1976 wegen seines kritischen Auftretens polarisierte die Literatur in der DDR. Künstler meldeten erstmals gemeinsam und öffentlich in einer Protestresolution Einspruch an, was den Machthabern Anlaß war, das intellektuelle Klima erstarren zu lassen und Restriktionen einzuleiten. In deren Folge verließ eine halbe Schriftstellergeneration das Land.[47] Die Autoren aber, die sich jetzt neu zu Wort meldeten, waren biographisch anders geprägt als ihre Vorgänger. Ihre Bildungserlebnisse setzten nach Errichtung der Mauer ein. Ihr existentielles Problem war, wie angesichts dieser Hoffnungslosigkeit unkorrumpiertes poetisches Sprechen überhaupt noch möglich sein könnte. Der Fall Biermann hatte die reale Wirkungslosigkeit sozialkritischer Literatur unter diktatorialen Verhältnissen demonstriert. Dennoch veranlaßte das die Mehrzahl derjenigen älteren Schriftsteller, die weiter in der DDR blieb, nicht, ihre Poetik zu überdenken; denn wenn man sich mit dem Minimalkonsens abfand, nämlich ebenso wie die SED für die Besserung der Welt zu sein, durfte man bei gewisser inhaltlicher und formaler Zurückhaltung auf amtliches Wohlgefallen rechnen und publizieren und sich ab und zu über gelungene, vom Zensor übersehene sprachliche Frechheiten freuen.

Dieser Konsens war einem Teil der jüngeren Generation unerträglich. Das "Prinzip Hoffnung" (Bloch), die Utopie, war verblichen, der Glaube dahin ("Glauben ersetz ich nicht/ durch weiteren Glauben", Kolbe[48]). Wollte poetisches Sprechen der eigenen Befindlichkeit 'ent-sprechen', war es gezwungen, sich von der offiziellen Sprachpraxis zu distanzieren. Bei Gebrauch der Worthülsen der allgegenwärtigen, ganz offensichtlich lügenden Herrschafts- bzw. "Sklavensprache" (Erb) fürchtete man, sich an deren Logik und Themen zu verlieren. Denn wer sich auf diese Denk- und Argu-

---

46 Christa Wolf, Büchner-Preis-Rede 1980, in: C.W., Lesen und Schreiben: Neue Sammlung, Darmstadt/Neuwied 1980, S. 322f.

47 Siehe z.B. Roos (Hg.) 1977, Walter et al. (Hg.) 1991.

48 Uwe Kolbe, Gespräch ohne Ende, in: Berührung ist nur eine Randerscheinung: Neue Literatur aus der DDR, hg. von Sascha Anderson und Elke Erb, Köln 1985, S. 39.

mentationsschemen einlasse, gefährde die "Ethik" seiner Sätze (Neumann)[49]. Mit dem Mißtrauen gegen DDR-Sprache wurden auch die legitimierten, offiziellen poetischen Sprechmöglichkeiten obsolet. Glaubhaft schien nur noch ein Sprechen, das auf die politische Realität mit einer anderen, poetischen antwortete. Die "Abwesenheit" (Hilbig) von poetischen und politischen Identifikationsmöglichkeiten zwang eine Generation, die in die DDR "hineingeboren" (Kolbe) war, sich zur Selbstfindung neuen und unverbrauchten Poetologien zuzuwenden bzw. eine eigene Poetik zu entwerfen. Viele der poetischen Entscheidungen, die jetzt getroffen wurden, waren symmetrische Negationen, denn es waren literarische Problemlösungen, die das DDR-System als 'unsozialistisch' ausgegrenzt hatte. Mit solchen Poetiken schlossen sich Schriftsteller von Publikationsmöglichkeiten weitgehend selbst aus. Die Abdrängung ins publizistische Abseits ermöglichte und beschleunigte die Ausdifferenzierung eines autonomen Literatursystems, das sich gerade um die Ausgrenzungen, also als Moderne, strukturierte.

Die jüngeren Schriftsteller waren mit der verfemten Rockmusik und Popkultur aufgewachsen, hatte ihre Sehnsüchte nach amerikanischen Vorbildern formuliert und setzten beim Erkunden von Privatem an. Sie gingen betont frei mit der Form um und verwendeten, montierten ungeformtes, alltagssprachliches Material. Die zitierte sprachliche 'Oberfläche' wurde fragmentiert und irritierte durch das scheinbar willkürliche Anordnen des Sprachmaterials dessen Bedeutungen. Bereits die bloße Nutzung verketzerter Sprechweisen mußte als politische Protestgebärde, als "Aufstand der Zeichen" (Baudrillard) gelesen werden.[50] Diese Einflüsse sind bei Böhme, Anderson, Matthies, Kolbe, Papenfuß-Gorek, Häfner und vielen anderen nachweisbar. Das Literaturfähigmachen von Zufall, Alltagserleben und -sprache wiederholte eine Intention der Avantgarde, Lebenswelt als Material in Kunst einzuholen.

Das Verhältnis der sprachbezogenen und sprachexperimentellen Texte aus den Nischen der "Literaturgesellschaft" zur dominanten Literatur kann deshalb symmetrisch negierend genannt werden, weil sie die wichtigsten Aspekte der Herrschaftsästhetik negierten. Sowohl der Wirkungs- und Erziehungsaspekt samt der Utopie wird ignoriert (und nicht durch eine neue Theorie ersetzt) als auch die "realistische" Komponente (Wirklichkeit wird nicht mehr, auch nicht subjektiv gefiltert, in Literatur 'transformiert'),

49 U.a. Neumann in: Sprache & Antwort: Stimmen und Texte einer anderen Literatur aus der DDR, hg. von Egmont Hesse, Frankfurt/M. 1988, S. 129/44; und Gert Neumann, Die Ethik der Sätze, in: Manuskripte 29 (106), 1989, S. 75.

50 "Diese Generation ist bei uns wie überall mit Radio- und Diskomusik aufgewachsen, das Musik-Englisch zumindest ist eine Heimat für sie, und der Gebrauch des Englischen ist dort ganz natürlich, wo es einleuchtender und verständlicher als die Sprache der Väter ist", Elke Erb in: *Berührung* (s. Anm. 48), S. 13.

und schließlich wird der Traditionsbezug nach eigenem Gutdünken gesetzt (Westkunst, vornehmlich die Beat Generation, russische Formalisten, namentlich Chlebnikov, französischer Symbolismus, Expressionismus, Dada usw.). Das heißt, Literatur differenziert sich wieder in allen drei Dimensionen von Kommunikation aus (Sozial-, Sach- und Zeitdimension). Zudem werden eigene Kommunikationsformen geschaffen, Autographen und Zeitschriften in Miniauflagen verteilt[51], private Lesungen und Performances organisiert. Die "Differenz von Kunst und Politk", die das bürgerliche Sozialsystem Literatur um 1800 als Autonomieästhetik "rekonstruiert" hatte (Jäger 1991: 231), bildete sich nun neu als "gegengegenwart"[52], als modernes bzw. avantgardistisches autonomes Literatursystem heraus. Während im bürgerlichen Sozialsystem Literatur die Differenz von "Form und Kontext" (Luhmann 1986: 624), d.h. die Differenz von literarischem Werk - "Kompaktkommunikation" (Luhmann 1986: 627) - und sprachlichem Alltag kommuniziert wurde, führte die Moderne zusätzlich die "Differenzierung von Handeln und Beobachten"[53] (von Produzent und Rezipient) als Kommunikation ein, die das "Immunsystem" Stil provoziert und auf Verstehenskonflikt abzielt.[54] Unter dem Druck der Umstände holte Literatur in der DDR nach langer Isolierung von äußeren Entwicklungen recht plötzlich einen Erfahrungs- und Reflexionsstand von Sprache ein, den die Moderne lange schon erreicht hatte: "Die Gegenstände sind aus der Sprache verschwunden"[55], eigentlich zitiere man nur "Metasprache" und damit "die Kollektivlüge der herrschenden Sprache".[56] Wollte man glaubhaft schreiben, mußte man sich dem uneigentlichen Sprechen stellen, mußte Sprache beim Wort nehmen[57], um "durch den freien Gebrauch verfügbarer Wörter durch das Leben einigermaßen heil durchzukommen"[58]. Nicht um "Weltkontingenz" (Luhmann 1986: 624f.) geht es avantgardistischer Literatur, sondern um die Kontingenz von Kommunikation. Die Unwahrscheinlichkeit von gelingender Kommunikation wird als Überstrapazierung der Verstehensleistung u.a. im

---

51 Bibliographie mit Kommentaren: Henkel/Russ (Hg.) 1991.

52 Bert Papenfuß-Gorek, Vorwärts im Zorn usw. Gedichte, Berlin 1990, S. 93.

53 Für das Kunstsystem nach Luhmann bei Jäger 1991: 228 expliziert.

54 Siehe dazu Luhmann 1984: 504ff. bzw. 488ff.

55 Michael Thulin (d.i. Klaus Michael), Die verschwundenen Gegenstände, in: Sprache im Technischen Zeitalter 111, 1989, S. 222.

56 Uwe Kolbe in *Berührung* (s. Anm. 48), S. 40f.

57 Gerhard Wolf, Wortlaut - Wortbruch - Wortlust: Dialog mit Dichtung, Leipzig 1988, S. 358.

58 Jan Faktor, Was ist neu an der jungen Literatur, in: J.F., Henry's Jupitergestik in der Blutlache Nr. 3 und andere positive Texte aus Georgs Besudelungs- und Selbstbesudelungskabinett, Berlin 1991, S. 108.

Sprachexperiment problematisiert. Für Papenfuß-Gorek z.B. mußten Texte, um sein "Lebensgefühl" vermitteln, kommunizierbar machen zu können, provozieren[59]. Diese Konfrontation mit abgenutzter, automatisierter Sprache erreicht zwar Grenzen der Wahrnehmbarkeit, will aber damit gerade zu Sprachbewußtheit hinlenken.

Solche symmetrische Negation bildete gewissermaßen den 'Kondensationskern' eines autonomen Literatursystems in der DDR. Dessen Verfestigung zeigte sich Mitte der 80er Jahre, wo die "Unliteratur", ohne einen Identitätsverlust zu riskieren, wieder zur Form zurückfand. Die später, Mitte der 80er Jahre hervortretenden jüngeren Autoren (Jansen, Grünbein u.a.) setzen nicht nochmals bei Provokation, radikaler Sprachdestruktion und Moderneaufarbeitung an, im kulturpolitisch bereits aufgeweichten Staat war das schon gesicherte Erfahrung geworden. Sie reflektieren mit den erprobten Mitteln wieder Subjektivität, aber wie selbstverständlich eine zwiespältige.

Als 'Gegenkultur' und 'Gegenöffentlichkeit' sich verstehend, war ein autonomes, sich ausdifferenzierendes Literatursystem entstanden, das seine Identität in der Beschäftigung mit "funktionslosen", "hermetischen" poetischen Problemen fand. Als funktional ausdifferenziertes Sozialsystem erbrachte es 'verspätet' und 'ungleichzeitig' eine der "zwei dominante[n] Leistungen" des bürgerlichen Literatursystems: "sozial soll es die Bildung eines autonomen Subjekts und darüber hinaus oft einer freien Gesellschaft" ermöglichen. Die zweite Leistung, "kognitiv eine wie immer geartete begriffslose Erkenntnis, eine letzte Sinnvergewisserung" zu ermöglichen (Jäger 1991: 229f.), ist für Literatur der Moderne überholt, nicht mit alternativem Weltsinn wird gespielt, sondern mit Kommunikation.

5. Nochmals zum Literaturstreit

In den eingangs referierten Kontroversen ging es sowohl um die Verantwortung der Schriftsteller bzw. der Intellektuellen der verblichenen DDR als auch darum, was nun die wahre DDR-Literatur gewesen sei. Die beiderseitige Verständnislosigkeit für die jeweils anderen Positionen rührt von der Vermengung von Argumenten her, die in funktionell differenzierten Sozialsystemen in verschiedenen Teilsystemen bearbeitet werden.

Folgt man dem oben dargestellten Ansatz, dann beziehen sich die Positionen, die Christa Wolf und Wolf Biermann vertraten, auf die Situation einer Literatur in einem stratifizierten Sozialsystem, wo Literatur repräsentierende und identitätsstiftende sowie moralische Funktionen innehatte, "prodesse et delectare". Die meisten der in der DDR gedruckten Schriftstel-

59 Siehe *Sprache & Antwort* (s. Anm. 49), S. 221ff.

ler identifizierten sich mit dem Sozialismus, wie menschlich oder demokratisch sie sich ihn auch gedacht haben mögen, bekannten sich somit bei allen Vorbehalten zur Semantik des herrschenden Standes. Eine literarische "Provokation für mich" (Braun) war positive Provokation, wollte den Sozialismus bessern und stabilisieren. Motive für die Problemblindheit der Intellektuellen sind im Psychologischen gesucht worden.[60]

Luhmann trennt bekanntlich zwischen psychischen und sozialen Systemen. Die "scharfe Trennung [...] ist zwar Anlaß für viele Mißverständnisse. Aber nur eine radikale Soziologisierung - und damit: Entpersönlichung - sozialer Systeme ist geeignet, deren Besonderheiten und Eigengesetzlichkeiten so zu fassen, daß das Soziale nicht zur bloßen Aggregation biologischer und psychischer Momente gerät" (Willke 1989: 44). Wenn Menschen kommunizieren, dann sind die individuellen Intentionen für die kommunikative Handlung zwar in psychischen Systemen motiviert, ihr soziales Schicksal aber, d.h., wie eine Kommunikation verstanden wird, ist Ergebnis des Verstehens und der Anschlußhandlungen im Kommunikationsprozeß. In ständischen Gesellschaften waren die Intellektuellen die Verwalter des Wissens, die Hüter der Transzendenz, oder - systemtheoretisch gesprochen - der Stand, in dessen Kommunikationen der Sinn, die Selbstbeschreibung des Gesamtsystems selegiert wurde. Mit der Komplexitätssteigerung im 18. Jahrhundert wurde die Sinngenerierung auf effektivere Teilsysteme verteilt, auf einen 'Gesamtsinn' war Welt nicht mehr zu reduzieren. Auch Intellektuelle mußten sich spezialisieren bzw. an Kommunikationen in verschiedenen Teilsystemen anschließen[61] und ihr Wissen jetzt über die Leistungen des Wirtschaftssystem, den Markt kommunizieren. Die Intellektuellen jedoch, die ihren privilegierten Status als Schicht nicht aufgeben, die "wegen sozialethischer Überlegungen" sich nicht auf dem Markt verwerten lassen wollten, gerieten - nach Konrád und Szelényi - in "eine marginale Lage". Diese "marginale Intelligenz" habe gesehen, daß der Marxismus "eine aktive Begründung einer Kultur [ist], in der die Antinomie von telos und techné nicht bloß für sich selbst, sondern auch für jede Art von intellektueller Tätigkeit aufhört", d.h. mit deren Hilfe die funktionale Differenzierung sich aufheben läßt. "In der Kultur einer derart zustande kommenden politischen Gesellschaft gehört die führende Rolle wieder dem die gesellschaftlichen Ziele formulierenden Ideologen, der [...] das rationale Gesamtwissen der Zeit in den Dienst der Teleologie stellen kann" (Konrád/Szelényi 1981: 38). Daraus habe sich das Selbstwertgefühl der Intellektuellen in sozialistischen Gesellschaften abgeleitet.

Auch als der Glaube an den Kommunismus nachließ, haben Schrift-

60 Schirrmacher (s. Anm. 3), Greiner (s. Anm. 4) und Grunenberg 1990b.

61 Handlungstheoretisch: Rollenspiel.

steller ihre Rolle als eine priviligierte Schicht in der DDR weiterspielen wollen, modifizierten den Kommunismus in eine nun humanistisch-sozialistische Utopie. Mit der außerordentlichen Wertschätzung der kritischen Literaten der DDR, in ihrer Rolle als "Ersatzöffentlichkeit" (Schröder 1988), blieb deren missionarisches Bewußtsein intakt. In den euphorischen Tagen der Wende 1989, als ihr Dulden, Ausharren und Leiden in der DDR in einer Utopie aufgehoben schien, sahen sie ihre Rolle bestätigt. Desto größer war der Schock, den die Vorwürfe der Mitschuld zuwege brachten. Die Angriffe kamen aus der (westlichen) Perspektive getrennter Teilsysteme, wo die eigenartige Mischung von Moral, Politik und Literatur, in der listige und bedächtige Doppelbödigkeit statt radikaler Opposition herrschte, nicht nachvollziehbar ist. Aber auch Kolbe formulierte seine Vorwürfe an die ältere Schriftstellergeneration (am Fall Volker Braun festgemacht): Ihre Zurückhaltung sei weniger "List als vielmehr die Scheu [...] vor dem eigentlichen Text, und zwar dem der Wirklichkeit", sei auch "als selbstkritische Instanz Teil des geistigen Ringelreihens um die Macht herum" gewesen.[62] Biermann, Christa Wolf und Jens wähnen sich in der herausgehobenen Position des Intellektuellen einer stratifizierten Gesellschaft, in der literarisches Handeln seine Funktion in moralischen, pädagogischen und politischen Aufgaben weiß, wünschen sich zu Repräsentanten eines Vernunftstaates.

Moralisch in der Intention war auch das Anliegen derjenigen meist jüngeren Schriftsteller, deren Zusammenarbeit außerhalb des Literaturbetriebes zum Ausdifferenzieren eines autonomen Literatursystems führte.[63] Sie waren nicht erst eingestiegen in Privilegien und Verstrickungen, ihr radikaler Moralismus und ihre Unabhängigkeit erst ermöglichten ihnen, sich frei für eine amoralische, apolitische Kommunikationsform Literatur, die nach einem nur literarischen Mediencode operierte, zu entscheiden. Christa Wolf und Braun haben die Bedeutung dieses anderen, subversiveren literarischen Weges gekannt. Christa Wolf wußte um "Wolfgang Hilbig und Gert Neumann, und [...] die Jungen, die am Prenzlauer Berg eine ganz neuartige subversive Kultur entwickelt haben"[64]; Braun: "Wir hatten lange auf eine neue Generation von Dichtern gewartet, und ich wußte: Wenn sie auftritt,

62 Uwe Kolbe, Der größte Anspruch: Über ein paar Zeilen bei Volker Braun, in: Neue Rundschau 4, 1990, S. 50.

63 "Auch aufklärerisch, aber vor allem moralisch sind die Wurzeln dessen, was autonomes Denken und autonome Leistung war [...]" Uwe Kolbe, Frau Wolf, warum lächeln Sie nicht? in: Gabriele Muschter/ Rüdiger Thomas (Hg.), Jenseits der Staatskultur: Traditionen autonomer Kunst in der DDR, München 1992, S.252.

64 Christa Wolf, Heine, die Zensur und wir: Rede auf dem Außerordentlichen Schriftstellerkongreß der DDR, in: C.W., Im Dialog, (s. Anm. 9), S. 167.

dann anders als erwartet."[65] Biermann hat solche Sensibilität nicht entwikkelt. Sein Sendungsbewußtsein scheint sich von dem experimentellen "Zeug"[66] bedroht zu fühlen, das den literarischen Aufklärer und Moralisten literarisch in die Marginalität drängt, denn Medien "sind schneller und wirksamer als gut gemeinte, in Kunst- und Gefühlssoße gewälzte Hinweise und Mahnungen der lieben (wirklich lieben) Transportierer."[67] In modernen Gesellschaften "kann es gerade nicht die Funktion eines ausdifferenzierten Funktionssystems sein, zu anderen Funktionsbereichen etwas beizusteuern" (Luhmann 1986: 660). Autonome Literatur trägt nicht durch die in ihr kommunizierten Inhalte, sondern durch ihre bloße Existenz zur Ausbildung bzw. zum Funktionieren eines differenzierten und somit liberalen sozialen Systems bei. Deshalb ist Andersons Behauptung, daß die 'unpolitische' alternative kulturelle Szene "viel wichtiger und noch viel staatsfeindlicher war" als die anerkannte offizielle DDR-Literatur, nicht nur als Selbstschutz eines Verräters zu sehen. In einem stratifizierten Sozialsystem ist Autonomie subversiv. Auch wenn Anderson und andere als Stasi-Spitzel oder -Akteure gegenteilige Aufträge ausführten, haben sie ungewollt die Eigendynamik des sich autonomisierenden Funktionssystems Literatur - und damit die Erosion der Diktatur - wohl mehr befördert, als die Bücher der 'gesellschaftskritisch' Schreibenden.

Literatur

Bahro, R. (1977): *Die Alternative. Zur Kritik des real existierenden Sozialismus*, Köln/Frankfurt/M.

Berendse, G.-J. (1990): *Die 'Sächsische Dichterschule'. Lyrik in der DDR der sechziger und siebziger Jahre*, Frankfurt/M./Bern/New York.

Dahrendorf, R. (1991): *Betrachtungen über die Revolution in Europa*, Stuttgart.

Disselbeck, K. (1987): *Geschmack und Kunst. Eine systemtheoretische Untersuchung zu Schillers Briefen 'Über die ästhetische Erziehung des Menschen'*, Opladen.

---

65 Braun bezieht sich hier auf den Anderson der 70er Jahre. Volker Braun, Monströse Banalität, in: Die Zeit v. 22.11.91. Dagegen schimpfte er noch in einem Essay von 1983 über den "Wortmüll" der "vermeintlichen Neutöner": Rimbaud. Ein Psalm der Aktualität, in: V.B., Verheerende Folgen mangelnden Anscheins innerbetrieblicher Demokratie. Frankfurt a.M. 1988, S. 128.

66 Biermann meinte, daß in seiner "Prosa immer noch mehr Poesie steckt als in den gedachtelten Gedichteln solcher Nebelkrähen wie Papenfuß-Gorek [...] ich habe mir das Zeug angesehen. Gequirlter Stumpfsinn." Biermann, Ein öffentliches Geschwür: Wolf Biermann antwortet seinen Kritikern in einem offenen Brief an Lew Kopelew, in: Spiegel 3, 1992, S. 167.

67 Faktor (s. Anm. 58), S. 103.

Emmerich, W. (1989): *Kleine Literaturgeschichte der DDR*, Frankfurt/M.

Glaeßner, G.-J. (1982): *Sozialistische Systeme. Einführung in die Kommunismus- und DDR-Forschung*, Opladen.

Grunenberg, A. (1989): Bewußtseinslagen und Leitbilder in der DDR, in: *Deutschland-Handbuch: Eine doppelte Bilanz 1949-1989*, hg. von W. Weidenfeld und H. Zimmermann, Düsseldorf, S. 221-238.

Grunenberg, A. (1990a): *Aufbruch der inneren Mauer. Politik und Kultur in der DDR 1971-1990*, Bremen.

Grunenberg, A. (1990b): Das Ende der Macht ist der Anfang der Literatur: Zum Streit um die SchriftstellerInnen in der DDR, in: *Aus Politik und Zeitgeschichte (Beil. zur Wochenzeitung Das Parlament) B44/90 vom 26. Okt. 1990*, S. 17-26.

Gumbrecht, H.U. (1980): Literarische Gegenwelten, Karnevalskultur und die Epochenschwelle vom Spätmittelalter zur Renaissance, in: *Literatur in der Gesellschaft des Spätmittelalters*, hg. von H.U. Gumbrecht, Heidelberg, S. 95-144.

Gumbrecht, H.U. (1987): Pathologien im Literatursystem, in: *Theorie als Passion. Niklas Luhmann zum 60. Geburtstag*, hg. von D. Baecker et al., Frankfurt/M., S. 137-180.

Habermas, J. (1990): Nachholende Revolution und linker Revisionsbedarf, in: J.H.: *Die nachholende Revolution*, Frankfurt/M., S. 179-204.

Hartmann, A./Eggeling, W. (1990): Zeitverschiebungen. Sowjetisches Modell und Kulturpolitik im Nachkriegsdeutschland, in: *Macht, Apparat, Literatur. Literatur und 'Stalinismus'* (Text & Kritik 108), München, S. 27-37.

Henkel, J./Russ, S. (Hg.) (1991): *D1980D1989R. Künstlerbücher und originalgraphische Zeitschriften im Eigenverlag*, Gifkendorf.

Henrich, R. (1989): *Der vormundschaftliche Staat. Vom Versagen des real existierenden Sozialismus*, Reinbek bei Hamburg.

Heukenkamp, U. (1990): Ein Erbe für die Friedenswissenschaft. Das Konzept der kulturellen Erneuerung in der SBZ (1945-1949), in: U.H. (Hg.): *Unerwünschte Erfahrung. Kriegsliteratur und Zensur in der DDR*, Berlin/Weimar, S. 9-71.

Heukenkamp, U. (1991): "Der Gegenwart verpflichtet und für die Zukunft bauend ...". Junge Literatur in der sowjetischen Besatzungszone, in: *Literatur in der DDR: Rückblicke*, hg. von H.L. Arnold, München, S. 23-33.

Jäger, G. (1991): Die Avantgarde als Ausdifferenzierung des bürgerlichen Literatursystems. Eine systemtheoretische Gegenüberstellung des bürgerlichen und avantgardistischen Literatursystems mit einer Wandlungshypothese, in: *Modelle des literarischen Strukturwandels*, hg. von M. Titzmann, Tübingen (= Studien und Texte zur Sozialgeschichte der Literatur 33), S. 221-244.

Jäger, M. (1973): *Sozialliteraten. Funktion und Selbstverständnis der Schriftsteller in der DDR*, Düsseldorf.

Klaus, G./Buhr, M. (Hg.) (1969): *Philosophisches Wörterbuch Bd. 2*, 4. Aufl. Leipzig.

Köhler-Hausmann, R. (1984): *Literaturbetrieb in der DDR. Schriftsteller und Literaturinstanzen*, Stuttgart.

Konrád, G./Szelényi (1981): *Die Intelligenz auf dem Weg zur Klassenmacht*, Frankfurt/M.

Luhmann, N. (1975): Über die Funktion der Negation in sinnkonstituierenden Systemen, in: *Positionen der Negativität*, hg. von H. Weinrich, München (= Poetik und Hermeneutik IV), S. 201-218.

Luhmann, N. (1976): Ist Kunst codierbar ?, in: *"schön". Zur Diskussion eines umstrittenen Begriffs*, hg. von S.J. Schmidt, München, S. 60-95.

Luhmann, N. (1982): Weltzeit und Systemgeschichte. Über Beziehungen zwischen Zeithorizonten und sozialen Strukturen gesellschaftlicher Systeme, in: N.L.: *Soziologische Aufklärung 2*, 2. Aufl. Opladen, S. 103-133.

Luhmann, N. (1984): *Soziale Systeme. Grundriß einer allgemeinen Theorie*, Frankfurt/M.

Luhmann, N. (1985): Das Problem der Epochenbildung und die Evolutionstheorie, in: *Epochenschwellen und Epochenstrukturen im Diskurs der Literatur- und Sprachhistorie*, hg. von H.U. Gumbrecht und U. Link-Heer, Frankfurt/M., S. 11-33.

Luhmann, N. (1986): Das Kunstwerk und die Selbstreproduktion der Kunst, in: *Stil. Geschichten und Funktionen eines kulturwissenschaftlichen Diskurselements*, hg. von H.U. Gumbrecht und K.L. Pfeiffer, Frankfurt/M. 620-672.

Mayer, H. (1967): *Zur deutschen Literatur der Zeit. Zusammenhänge, Schriftsteller, Bücher*, Reinbek bei Hamburg.

Meier, A. (1990): Abschied von der sozialistischen Ständegesellschaft, in: *Aus Politik und Zeitgeschichte (Beil. zur Wochenzeitung Das Parlament) B16-17/90 vom 13. April 1990*, S. 3-14.

Merten, K. (1976): Reflexivität als Grundbegriff der Kommunikationsforschung, in: *Publizistik 21 (1)*, S. 171-179.

Meyer, G./Schröder, J. (Hg.) (1988): *DDR heute. Wandlungstendenzen und Widersprüche einer sozialistischen Industriegesellschaft*, Tübingen.

Plumpe, G. (1985): Systemtheorie und Literaturgeschichte. Mit Anmerkungen zum deutschen Realismus im 19. Jahrhundert, in: *Epochenschwellen und Epochenstrukturen im Diskurs der Literatur- und Sprachhistorie*, hg. von H.U. Gumbrecht und U. Link-Heer, Frankfurt/M., S. 251-264.

Roos, P. (Hg.) (1977): *Exil. Die Ausbürgerung Wolf Biermanns aus der DDR. Eine Dokumentation*, Köln.

Schröder, J. (1988): Literatur als Ersatzöffentlichkeit? Gesellschaftliche Probleme im Spiegel der Literatur, in: *DDR heute. Wandlungstendenzen und Widersprüche einer sozialistischen Industriegesellschaft*, hg. von G. Meyer und J. Schröder, Tübingen, S. 109-129.

Schubbe, E. (Hg.) (1972): *Dokumente zur Kunst-, Literatur- und Kulturpolitik der SED*, Stuttgart.

Stahl, S. (1984): *Der Aufbruch des Subjekts aus gesellschaftlicher Konformität. Ansätze literarischer Verweigerung am Beispiel der DDR-Prosa der zweiten Hälfte der siebziger Jahre*, Frankfurt/M./Bern/New York.

Walter, J. et al. (Hg.) (1991): *Protokoll eines Tribunals. Die Ausschlüsse aus dem DDR-Schriftstellerverband 1979*, Reinbek bei Hamburg.

Weber, H. (1988): *Die DDR 1945-1986*, München.

Willke, H. (1989): *Systemtheorie entwickelter Gesellschaften. Dynamik und Riskanz moderner gesellschaftlicher Selbstorganisation*, Weinheim/München.

Literaturwissenschaft, Systemtheorie und der Begriff der Beobachtung

Stephan Mussil

In der Systemtheorie Niklas Luhmanns spielen die Begriffe "Selbstreferenz" und "Beobachtung" eine Schlüsselrolle. Um die Frage zu beantworten, was die Systemtheorie für literaturwissenschaftliche Zwecke leistet, müßte man prüfen, was die beiden Schlüsselbegriffe zu diesen Zwecken beitragen. Die Diskussion ist eröffnet. Dietrich Schwanitz hat den Begriff der Selbstreferenz auf Literatur angewandt und gezeigt, wie die drei literarischen Hauptgattungen über ihre jeweilige Selbstreferenz bestimmt werden könnten: über die Selbstreferenz der Sprache (Lyrik), des Erzählens (Roman) und bestimmter Interaktionsformen (Drama)[1]. Luhmann selbst hat den Versuch unternommen, moderne Kunst und Literatur mit Hilfe des Beobachtungsbegriffs zu beschreiben[2]. Seine These lautet: Moderne Kunst und Literatur zeigen ein paradoxes Problem, die Beobachtbarkeit des Unbeobachtbaren.

Im folgenden möchte ich den systemtheoretischen Begriff der Beobachtung näher untersuchen. Den Bezugspunkt dabei bildet die Frage, ob der Begriff in der Literaturwissenschaft anwendbar sein könnte. Meine Überlegungen gliedern sich in vier Teile. Der erste Teil behandelt den Unterschied zwischen dem herkömmlichen und dem systemtheoretischen Gebrauch von "Beobachtung". Im zweiten Teil soll die Luhmannsche Begriffsbildung von ihrer Quelle her erläutert werden, nämlich anhand von George Spencer Browns Abhandlung "Laws of Form". Im dritten Teil geht es um den Gebrauch von "Beobachtung" im Zusammenhang mit drei Aspekten der Kunst- und Literaturtheorie Luhmanns. Der vierte und letzte Teil enthält eine Kritik der Begriffsbildung. Ich werde versuchen, einige Schwierigkeiten aufzuzeigen, die sich der literaturwissenschaftlichen Anwendung des Beobachtungsbegriffs in den Weg stellen könnten.

---

1 Schwanitz 1990.

2 Luhmann 1990a: 7-45.

I

"Beobachtung" ist in der empirischen Wissenschaft ein fest verankerter und verhältnismäßig klarer Begriff. Er bezeichnet einen Vorgang, der Vorhersagen bestätigt oder scheitern läßt. Um ein Bild Quines[3] zu verwenden: Wissenschaft ist ein Netz von Sätzen, dessen Zentrum die beobachtungsfernen Aussagen der reinen Mathematik, der Logik und theoretischen Physik bilden. Zum Rand des Netzes hin nimmt die Erfahrungsnähe zu. An der Grenzlinie liegen Beobachtungssätze, d.h. Sätze, die unmittelbar auf sinnliche Erfahrung, auf nichtsprachliche Reize geprägt sind[4]. Im Kontext empirischer Wissenschaft könnte man also "Beobachtung" mit Hilfe von Ausdrücken wie "Sinnesreiz" oder "aufmerksame äußere Wahrnehmung" übersetzen, was auch alltagssprachlcher Intuition entspricht.

Im Kontext der Systemtheorie hat der Begriff eine andere Bedeutung erhalten. Zu diesem Kontext gehört die Annahme, lebende, psychische und soziale Systeme seien autopoietisch und selbstreferentiell geschlossen. Das soll heißen: Systeme dieser Art erzeugen selbst die Elemente, aus denen sie bestehen, und verknüpfen ihre Operationen ausschließlich mit eigenen Operationen. Die Frage liegt nahe, auf welche Weise selbstreferentiell-geschlossene Systeme, fensterlos wie sie der Theorie zufolge sind, etwas über ihre Umwelt erfahren und Erkenntnisse gewinnen können.

Der Beobachtungsbegriff gibt die Antwort. Luhmann bestimmt ihn im Anschluß an George Spencer Brown als Operation des Unterscheidens und Bezeichnens[5].

> "Alles Beobachten ist Benutzen einer Unterscheidung zur Bezeichnung der einen (und nicht der anderen) Seite." (Luhmann 1990: 91)

Diese Begriffsbildung ermöglicht es, eine Erkenntnislehre zu formulieren, die auf die Annahme selbstreferentieller Geschlossenheit abgestimmt ist. Kurz gefaßt besagt die Theorie: Ein System vollzieht Unterscheidungen und bezeichnet auf der Grundlage der eigenen Unterscheidungen seine Umwelt oder sich selbst. Alle Operationen des Unterscheidens und Bezeichnens sind ausschließlich interne Leistungen eines Systems. Es gibt keine Eingabe von Unterschieden oder Einheiten in das System[6]. Was das System "von draußen" erfährt, erfährt es allein durch die eigenen Operationen.

In gewisser Hinsicht ähnelt ein selbstreferentiell-geschlossenes System

3 Vgl. Quine 1979: 27-50, insbes. 47.

4 Zum Begriff des Beobachtungssatzes vgl. Quine 1980: 83-91.

5 Luhmann 1990: 73.

6 Vgl. Luhmann 1990: 29.

einem Flugzeug im Blindflug[7]. Die Bordinstrumente sind funktionale Äquivalente für Fenster. Informationen über Windverhältnisse, Außentemperatur, Flughöhe oder Geschwindigkeit sind im Inneren der Maschine einzig über die Anzeigen ihrer Instrumente verfügbar. Die Bordinstrumente entsprechen den Unterscheidungen eines Systems, die Instrumentenangaben den Bezeichnungen, die es anhand seiner Unterscheidungen vornimmt. Durch die Geschlossenheit seiner Unterscheidungsoperationen öffnet sich das System für seine Umwelt. Die Angaben über Flughöhe und Geschwindigkeit sind der Selbstreferenz eines Systems vergleichbar, die Angaben über Außentemperatur und Windverhältnisse seiner Fremdreferenz. Die Analogie soll anschaulich machen, daß auch die Fremdreferenz, d.h. der Umweltbezug des Systems, in einer systeminternen Unterscheidung gründet[8]. Bildlich gesagt: Auch Angaben über Zustände, die vom Flugzeug unabhängig sind, z.B. über die Außentemperatur, beruhen auf dem Gebrauch von Bordinstrumenten.

Das Fazit: Wirklichkeit und Erkenntnis sind Konstruktionen eines Beobachters, eines selbstreferentiell-geschlossenen Systems.

Um grundlegende Mißverständnisse zu vermeiden, ist es wichtig, die unterschiedlichen Begriffsfassungen deutlich voneinander abzugrenzen. "Beobachtung" im herkömmlichen Sinn meint eine bestimmte Art von Wahrnehmung; behavioristisch: die Eingabe von nicht-sprachlichen Reizen, die eine Ausgabe sprachlicher Reaktionen, sogenannter "Beobachtungssätze", auslöst. Derjenige, der in diesem Kontext als "Beobachter" bezeichnet werden kann, ist ein Mensch und typischerweise passiv. Er erlebt, was er beobachtet, und was er beobachtet, nennt er "die Wirklichkeit". "Beobachtung" im systemtheoretischen Sinn dagegen trifft nicht auf Menschen zu, sondern auf organische, psychische oder kommunikative Systemoperationen, die Unterschiede markieren und sich aufgrund der markierten Unterschiede auf etwas beziehen. In diesem Kontext kann nur ein Organismus, ein Bewußtsein oder ein Kommunikationssystem "Beobachter" genannt werden. Ein solches System ist typischerweise aktiv. Es erzeugt selbst die Unterschiede, aufgrund deren es etwas bezeichnet. Für ein System ist nur das wirklich, was seine Operationen im selbstreferentiell-geschlossenen Vollzug unterscheiden und bezeichnen können.

Die Gegenüberstellung der beiden Kontexte, in denen "Beobachtung" verwendet werden kann, ergibt ein schiefes Bild. Einerseits sind die Verwendungszusammenhänge des Begriffs so verschieden, daß ein Streit zwischen Empirismus und Systemtheorie über Beobachtung kaum mehr als ein Mißverständnis, ein verkappter Streit um Definitionen sein kann. Ein Systemtheoretiker, der behauptet, der Beobachter konstruiere die Wirklichkeit, spricht

---

7 Ich habe hier einen Vergleich von Humberto R. Maturana abgewandelt; vgl. Maturana 1987: 89-118, 105.

8 Vgl. z.B. Luhmann 1990: 78, 290.

nicht über Menschen und ihre Sinnesreize oder äußeren Wahrnehmungen, sondern über die Operationen des Unterscheidens und Bezeichnens. Ein Empirist, der entgegnet, Wirklichkeit sei keine Konstruktion, beabsichtigt damit sicherlich nicht, über die Unterscheidungen und Bezeichnungen eines geschlossenen Systems zu sprechen.

Andererseits sind die Kontexte nicht so verschieden, daß ein Streit durch den Hinweis auf verschiedene Begriffsverwendungen zu vermeiden wäre. In beiden Kontexten kann "Beobachtung" als eine Explikation des Erkenntnisbegriffs und damit als eine Erläuterung wissenschaftlichen Selbstverständnisses aufgefaßt werden. Unter diesem Gesichtspunkt würde ein Empirist die systemtheoretische Definition von "Beobachtung" als eine extravagante Umwidmung seines eigenen Schlüsselbegriffs betrachten. Er könnte argwöhnen, die Umwidmung ziele auf das Herzstück bewährter Wissenschaftsauffassung: den Unterschied von Theorie und Erfahrung oder, um das Bild Quines noch einmal zu verwenden: auf den Unterschied zwischen dem wissenschaftlichen Aussagennetz und dem, was von außerhalb auf das Netz einwirkt. Der Empirist ist geneigt zu sagen: Wissenschaft spielt sich im Sichtflug ab. Ein Anhänger der Systemtheorie würde den Unterschied zwischen Theorie und Erfahrung, wie jeden Unterschied, den Operationen eines Systems zurechnen. Er könnte auf die Unterscheidungsabhängigkeit dessen verweisen, was der Empirist als "Erfahrung" oder "Wirklichkeit" bezeichnet, und auf diese Weise versuchen, den empiristischen auf den systemtheoretischen Beobachtungsbegriff zurückzuführen. Er könnte sagen, die Unterscheidung von Theorie und Erfahrung sei in Wahrheit eine Unterscheidung innerhalb des theoretischen Netzes. Auch Wissenschaft spiele sich im Blindflug ab.

Wie läßt sich die systemtheoretische Umprogrammierung des Beobachtungsbegriffs im einzelnen verstehen? Zu diesem Zweck möchte ich im nächsten Abschnitt näher untersuchen, was mit den definierenden Begriffen "Unterscheidung" und "Bezeichnung" gemeint ist.

II

Die Quelle der systemtheoretischen Definition des Beobachtungsbegriffs ist George Spencer Browns mathematisch-logisch-philosophische Abhandlung *Laws of Form* (Brown 1971). Der Autor legt hier einen formalen Kalkül in neuer Notation vor, den sogenannten "calculus of indications" [9]. Bemerkenswert an der Abhandlung ist neben der Notation, die nur ein Grundsymbol vorsieht, Browns philosophische Deutung des Kalküls. Die Sprache mathema-

9 Für eine allgemeine Einführung in Browns Ansatz und seine Anwendung im Rahmen von Psychatrie und Psychosomatik vgl. Simon 1988; für eine eher technische Darstellung und Einschätzung des Kalküls vgl. Orchard 1975 und Cull/Frank 1979.

tischer Formeln wird als Beschreibung der Grundstruktur von Sein und Erkenntnis interpretiert. Auf die Frage, wie Mathematik, Erkenntnis und Sein zusammenhängen, findet man bei Brown die folgende Antwort:

> "The discipline of mathematics is seen to be a way, powerful in comparison with others, of revealing our internal knowledge of the structure of the world, and only by the way associated with our common ability to reason and compute." (Brown: XIII)

Mathematik vermag demnach "unsere innere Kenntnis" der Welt-Struktur zu entschlüsseln. Das folgende Zitat, in dem Brown das Leitmotiv seines Buches umschreibt, gibt einen Hinweis, worin diese Kenntnis bestehen könnte:

> "[...] a universe comes into being when a space is severed or taken apart. The skin of a living organism cuts off an outside from an inside. So does the circumference of a circle in a plane. By tracing the way we represent such a severance, we [...] can begin to see how the familiar laws of our own experience follow inexorably from the original act of severance." (Brown: V)

Kenntnis der Welt beruht diesem Gedanken zufolge auf der ursprünglichen Abtrennung (severance) eines Raumes, auf dem Einschluß einer Innen- und der Ausgrenzung einer Außenseite.

Wenn Mathematik, wie Brown behauptet, "unsere innere Kenntnis der Weltstruktur" zu enthüllen vermag, so müßte sie also in der Lage sein nachzuvollziehen, wie "lebende Organismen" Abtrennung, Ein- und Ausgrenzung darstellen. "Darstellen" (to represent) ist hier doppelsinnig. Das Wort kann ontologisch als "existieren" und erkenntnistheoretisch als "vergegenwärtigen" oder "beschreiben" gelesen werden. Man könnte demnach sagen: Lebende Organismen existieren als Grenzen im Raum, den sie mit ihrer Haut in eine Innen- und eine Außenseite teilen. Zugleich beschreiben sie die Welt, indem sie Grenzen ziehen und sich an ihnen orientieren.

Brown entwickelt seinen Kalkül auf der Grundlage einer lapidaren Weisung:

> "Construction
> Draw a distinction." (Brown: 3)

(Um sich den Sinn der Weisung klar zu machen, kann man auf einem leeren Blatt Papier eine geschlossene Kreislinie zeichnen.)

Die Definition von "Unterscheidung" (distinction) ist eine Präzisierung des intuitiven Begriffs "Abtrennung" (severance):

> "*Distinction is perfect continence.*
>
> That is to say, a distinction is drawn by arranging a boundary with separate sides so that a point on one side cannot reach the other side without crossing the boundary. For example, in a plane space a circle draws a distinction." (Brown: 1)

Eine Unterscheidung im Sinne Browns hat genau zwei Seiten: eine Innenseite, den sogenannten "marked state", und eine Außenseite, den "unmarked state" (Brown: 4f.). Die Innenseite ist durch eine Grenze vollkommen eingeschlossen (perfect continence). Den Raum, den eine Unterscheidung teilt, also markierte Innen- und unmarkierte Außenseite zusammen, nennt Brown "die Form einer Unterscheidung" (Brown: 4).

Die Inhalte einer Unterscheidung müssen ihrem Wert nach verschieden sein:

> "There can be no distinction without motive, and there can be no motive unless contents are seen to differ in value." (Brown: 1)

Mit jeder Unterscheidung ist also notwendigerweise ein Wertunterschied der unterschiedenen Seiten gegeben. Entweder weist die markierte Seite einen bestimmten Wert auf und die unmarkierte einen anderen oder gar keinen, oder das Umgekehrte gilt.

Der Unterscheidungsbegriff nach Brown umfaßt somit drei Merkmale:
1. Zweiseitenstruktur (Form als Gesamtheit der markierten Innen- und der unmarkierten Außenseite).
2. vollkommener Einschluß der Innenseite (in einer Grenze).
3. Wertunterschied der abgetrennten Seiten.

"Unterscheidung" wird von Brown nicht nur als ein Begriff für einen Zustand oder eine Struktur eingeführt, sondern vor allem für einen konstruktiven Akt. Brown erläutert, wie oben zitiert, vollkommenes Enthaltensein, indem er einen Akt der Grenzziehung beschreibt.

Ohne eine Grenze zu ziehen, d.h. ohne zu unterscheiden, ist es nicht möglich, etwas zu bezeichnen:

> "We take as given [...] that we cannot make an indication without drawing a distinction." (Brown: 1)

Um nachzuvollziehen, was Brown unter "Bezeichnung" (indication) versteht, kann man sich das philosophische Leitmotiv seiner Abhandlung noch einmal vor Augen halten: Kenntnis der Welt beruht auf einem ursprünglichen konstruktiven Akt der Abtrennung oder Unterscheidung, der innen und außen teilt. Der Kalkül wird dementsprechend aufgebaut: Er führt eine Unterscheidung ein, auf die sich alle weiteren Operationen beziehen. "Bezeichnen" im Sinne Browns steht nun für die Verweisung auf eine der beiden Seiten der ersten Unterscheidung, also entweder auf die markierte oder die unmarkierte Seite. Mit dem Akt des Unterscheidens wird eine Grenze gezogen, mit dem Akt des Bezeichnens wird eine Grenze überschritten oder, wie Brown sagt, "gekreuzt" (Brown: 2, 5, 6).

Der Zusammenhang von Unterscheidung und Bezeichnung läßt sich anhand des Grundsymbols " ⏋ " erläutern. Brown nennt es "Kreuz" (cross).

Das Symbol ist systematisch mehrdeutig, d.h., es erfüllt innerhalb des Kalküls mehrere Funktionen zugleich:
1. Es stellt selbst eine Unterscheidung oder Form dar, indem es graphisch eine Abtrennung von innen und außen andeutet, und zwar in der Fläche (z.B. eines Blattes Papier), auf der es eingezeichnet ist (Brown: 5).
2. Es drückt die Weisung aus, die Grenze der ersten, konstruktiv eingeführten Unterscheidung zu kreuzen (crossing) (Brown: 5, 81).
3. Es zeigt an, wohin das Kreuzen führt, nämlich in die markierte Innenseite (Brown: 5).
4. Es dient als Name des jeweiligen Wertes dieser Seite. (Welche Werte man den beiden Seiten der ersten Unterscheidung zuschreibt, ist gleichgültig, solange die Werte verschieden und die Zuordnungen eindeutig sind.)

Im Kontext der Aussagenlogik kann das Symbol " ┐ " dementsprechend interpretiert werden: als graphisches Symbol für die Unterscheidung der beiden Wahrheitswerte; als Weisung, in die markierte Seite der Unterscheidung von Wahrheit und Falschheit zu kreuzen, als Anzeige dieser Seite und schließlich als Name des Wertes der markierten Seite. Wenn man den Wert "wahr" der markierten Seite zuordnet, bedeutet " ┐ " "wahr", im anderen Fall "falsch" (Brown: 113).

Es gibt genau zwei Arten des Bezeichnens. Die Operation kreuzt entweder von außerhalb einer Form in deren markierte Seite hinein (calling) oder wechselt innerhalb einer Form von der markierten auf die unmarkierte Seite hinüber (recrossing) (Brown: 1f.). Für die beiden Arten des Bezeichnens gilt jeweils ein axiomatisches Gesetz, das sogenannte "law of calling" bzw. das "law of crossing" (Brown: 1f.). Die beiden Axiome sind die Gesetze der Form. Sie legen fest, wie mit Unterscheidungen (Grenzen, Abtrennungen) operiert werden kann.

Das erste Axiom (law of calling) wird symbolisch folgendermaßen ausgedrückt (Brown: 5):

┐ ┐ = ┐

Man könnte dies etwa so umschreiben: Ein zweifaches Kreuzen *in die markierte Seite hinein* bezeichnet die markierte Seite bzw. deren Wert.

Das zweite Axiom liest sich in symbolischer Darstellung (Brown: 5):

┐┐ =

Das soll heißen: Ein Kreuzen *in die markierte Seite hinein und wieder aus ihr heraus* (recrossing), bezeichnet die unmarkierte Seite bzw. deren Wert, ausgedrückt durch eine Leerstelle.

Das Bezeichnen/Kreuzen führt gemäß den beiden Axiomen entweder auf die markierte oder die unmarkierte Seite einer Unterscheidung, niemals zwischen sie, in ein Drittes oder in beide zugleich. Deshalb ist eine Unterschei-

dung als Gesamtheit ihrer beiden Seiten, d.h. als Form, nicht zu bezeichnen. "Form" ist somit im Brownschen Symbolsystem ein paradoxer Begriff. Er benennt etwas, was in der Notation nicht ausgedrückt und gemäß den Axiomen des Systems nicht bezeichnet werden kann[10]. Unterscheiden ist untrennbar mit dem Bezeichnen einer der beiden unterschiedenen Seiten verbunden. Das Symbol " ⏋ " markiert zwar in der Fläche, auf der es eingezeichnet ist, eine Unterscheidung, aber es bezeichnet diese Unterscheidung nicht. Für sich betrachtet, bezeichnet es die eigene Innenseite; als Zeichen gesehen, ist es eine Weisung, in die erste Unterscheidung zu kreuzen. Alle Bezeichnungen des Kalküls bewegen sich innerhalb dieser grundlegenden Zwei-Seiten-Struktur:

> "The calculus of indications consists of a set of ways of indicating one or the other of the two states distinguished by the first distinction[...]" (Brown: 112)

Die Entwicklung des Kalküls verläuft von der Konstruktion der ursprünglichen Form bis zu dem Punkt, an dem diese selbstbezüglich wird und sich selbst in einer ihrer beiden Seiten einschließt. Man könnte sich den Selbsteinschluß der Form (re-entry) etwa so verdeutlichen[11]:

Markierte Seite Markierte/unmarkierte Seite	=	⏋⏋
Unmarkierte Seite Markierte/unmarkierte Seite	=	⏋

Dabei zeigt sich, daß die Form durch sich selbst nicht eindeutig bezeichnet werden kann. Tritt sie in ihre markierte Seite ein, so wird diese unsichtbar. Es ergibt sich eine doppelte Markierung (im Sinne des Ausdrucks " ⏋⏋ "). Die Form bezeichnet dann gemäß dem Axiom des Kreuzens ihre eigene unmarkierte Seite. Tritt sie dagegen in ihre unmarkierte Seite ein, gerät diese gewissermaßen aus dem Blick. Die unmarkierte Seite enthält eine einzige Markierung " ⏋ ", wodurch die andere, die markierte Seite bezeichnet wird. Die Selbstbezeichnung der Form führt so zu einem ständigen Kreuzen ihrer Grenze, zu einem Hin-und-Her zwischen markierter und unmarkierter Seite. Auch sich selbst ist die Form nur als die eine oder die andere ihrer beiden

---

10 Die Kalligraphie am Anfang des Buches von Brown in der zitierten Ausgabe liefert dazu die passende Weisheitsformel. Es entspricht der folgenden Stelle im Daudedsching (Tao-te-king): "Namenlos des Himmels, der Erde Beginn" (Laudse (Lao-tse) 1980: 51).
Francisco Varela hat vorgeschlagen, den Kalkül der Bezeichnungen um ein Symbol und einen dritten Wert zu erweitern. Das Symbol " ⊐ " steht bei ihm für Selbstbezeichnung. Es bezeichnet, was nach Brown nicht zu bezeichnen ist: Unterscheidung, Form. Vgl. Varela 1975.

11 Der folgende Darstellungsversuch stammt von mir und findet sich so nicht bei Brown; vgl. Brown: 69-76.

Seiten zugänglich, also nie als Einheit oder als Ganzes.

Gegen Ende seiner Darstellung setzt Brown eine eigenartige philosophische Pointe. In seinem Kommentar zum Selbsteinschluß der Form gibt Brown dem Wertunterschied der ersten Unterscheidung eine metaphysische Deutung. Er interpretiert die ursprüngliche Form als Abtrennung der Welt in zwei Seiten. Der markierten Seite wird die Welt-als-Beobachter zugeordnet, der unmarkierten Seite die Welt-als-Beobachtetes. Brown betrachtet damit die ursprüngliche Form als Weltform, als Form ihrer Selbstunterscheidung:

> "Thus we cannot escape the fact that the world we know is constructed in order (and thus in such a way as to be able) to see itself [...]. But *in order* to do so, evidently it must first cut itself up into at least one state which sees, and at least one other state which is seen. In this severed and mutilated condition, whatever it sees is *only partially* itself. We may take that the world undoubtedly is itself (i.e. is indistinct from itself), but, in any attempt to see itself as an object, it must [...] act so as to make itself distinct from, and therefore false to, itself." (Brown: 105, vgl. auch 76)

Man könnte im Sinne Browns sagen, daß jeder wahrnehmungsfähige Organismus eine Schnittstelle bildet zwischen dem Weltsubjekt und dem Weltobjekt. Diese Schnittstellen markieren die Selbstabtrennung, die Selbstunterscheidung der Welt, und damit die Grenzen, über welche die Welt sich selbst bezeichnet. Brown weitet damit seinen Grundgedanken, daß Abtrennen bzw. Unterscheiden ein ursprünglicher Akt sei, zur Kosmologie aus. Sein und Erkennen, Weltstruktur und Kenntnis der Weltstruktur erscheinen als Aspekte einer universalen Selbstreferenz. Die Welt kann sich in ihrem Selbstbezug aber nicht als Einheit vergegenwärtigen, als Ganzes oder Form bezeichnen. Nach dem oben angegebenen, abstrakten Schema des Selbsteinschlusses führt der Versuch, dies zu tun, nur zu einem unaufhörlichen Kreuzen zwischen den beiden Seiten der Form: zwischen der Welt-als-Beobachter und der Welt-als-Beobachtetem. Bezeichnet sich die Welt als Beobachter, bezeichnet sie sich als Beobachtetes, und umgekehrt. Der paradoxe Selbsteinschluß der Welt gleicht einem Versteckspiel:

> "[...] the world, when ever it appears as a physical universe, must always seem to us, its representatives, to be playing a kind of hide-and-seek with itself. What is revealed will be concealed, but what is concealed will again be revealed." (Brown: 106)

Der Versuch, die systemtheoretische Definition des Beobachtungsbegriffs an ihrer Quelle nachzuvollziehen, hat in einen sonderbaren Mischkontext aus Mathematik und Metaphysik geführt. Ich habe versucht, den philosophischen Ansatz anhand des Symbols und der beiden Axiome zu verdeutlichen und umgekehrt einen kleinen Teil des mathematischen Symbolismus anhand der philosophischen Kommentare Browns zu erhellen, so dunkel diese zum Teil anmuten. Brown selbst geht in seiner Darstellung auf diese Weise vor: Kalkül und philosophische Gedanken sollen einander erläutern. Eine solche wechselseitige Erläuterung ist aber noch keine Begründung. Weder läßt sich

der mathematische Wert des Kalküls durch dessen philosophische Interpretation rechtfertigen, noch werden Browns philosophische Gedanken allein schon dadurch begründet, daß sie in der Form eines Kalküls präsentiert werden. Es erscheint deshalb erstaunlich, daß er seine neu eingeführten Begriffe und Symbole ohne weitere Umschweife im Sinne einer kosmologischen Erkenntnistheorie oder mathematischen Schöpfungsgeschichte verstanden wissen möchte: vom Ur-Knall der ersten Unterscheidung zum Sündenfall paradoxer Selbsterkenntnis (re-entry). Begriffserläuterung wird bei Brown zur Welterklärung, Mathematik zur Ersten Philosophie.
Für die Untersuchung des systemtheoretischen Beobachtungsbegriffs kommt es vor allem darauf an, wie "Unterscheidung" und "Bezeichnung" im Sinne von "Laws of Form" zu verstehen sind. Ich möchte zu diesem Zweck drei Definitionen vorschlagen. Sie sollen den dort entwickelten begrifflichen Kontext zusammenfassen und verdeutlichen. Die Definitionen können als Regeln gelesen werden, die angeben, wie die Sätze "x ist eine Unterscheidung", "x vollzieht eine Unterscheidung" und "x vollzieht eine Bezeichnung" innerhalb des Brownschen Begriffszusammenhangs zu paraphrasieren sind.

x ist eine Unterscheidung =Df
x hat eine vollkommen eingeschlossene, markierte Innenseite und eine unmarkierte Außenseite, und der Wert der einen Seite ist mit dem Wert der anderen nicht identisch.

x vollzieht eine Unterscheidung =Df
x zieht eine Grenze, so daß eine vollkommen geschlossene Innenseite und eine Außenseite entstehen, und der Wert ...usw.

x vollzieht eine Bezeichnung =Df
x kreuzt entweder in die markierte oder in die unmarkierte Seite einer Unterscheidung.

Gemäß der Systemtheorie Luhmanns müßte man als Werte der Variablen "x" lebende, psychische oder soziale Systeme annehmen. Eine Aussage wie z.B. "Kommunikationssysteme beobachten" kann nun anhand der vorgeschlagenen Definitionen übersetzt und damit näher analysiert werden. Die Analyse macht ein Grundproblem der Begriffsbildung deutlich: Der Versuch, den systemtheoretischen Begriff der Beobachtung zu klären, führt zu Begriffen, die ihrerseits klärungsbedürftig sind. Für mathematische Zwecke mögen die Ausdrücke "vollkommen eingeschlossen", "markierte Seite", "unmarkierte Seite", "Grenze", "Wert" und "Kreuzen" hinreichend klar sein. Ob dieser äußerst abstrakte begriffliche Zusammenhang aber auch außerhalb der Mathematik klar und sinnvoll ist, muß sich erst noch erweisen.

Für diese Frage bietet Luhmanns Kunsttheorie einen Testfall. Sie bietet insbesondere eine Gelegenheit zu prüfen, inwieweit der systemtheoretische Beobachtungsbegriff für literaturwissenschaftliche Zwecke nützlich sein könnte.

III

Luhmann entwickelt in seinem Aufsatz "Weltkunst" Browns mathematische Metaphysik der Form zu einer Kunst- und Literaturtheorie[12]. Der formale Beobachtungsbegriff[13] dient als Angelpunkt der Beschreibung: Wesentliche Aspekte der Kunst wie Kunstwerk, Produktion, Rezeption, Ästhetik und Kommunikation werden als Beobachtungszusammenhänge ausgewiesen. Ich möchte mich bei der Darstellung des Ansatzes auf die Frage beschränken, was im Sinne dieser Theorie beobachtet wird, wenn Kunst beobachtet wird.

Luhmann verwendet eine beobachtungstheoretische Unterscheidung, um damit einen kunstgeschichtlichen Unterschied zu markieren. Unter "Beobachtung erster Ordnung" ist ein unterscheidendes Bezeichnen zu verstehen, das sich auf einfache Gegenstände, also nicht wiederum auf Unterscheidungen bezieht. "Beobachtung zweiter Ordnung" meint im Gegensatz dazu das Beobachten von Beobachtungen, das Unterscheiden und Bezeichnen von Unterscheidungen[14]. Diese Distinktion soll moderne gegen vormoderne Kunst abgrenzen. Vormoderne Kunst unterscheidet und bezeichnet Dinge. In diesem Sinne ist sie Objektkunst. Sie macht diesen oder jenen Gegenstand im Unterschied zu allen anderen sichtbar. Das Kunstwerk erscheint als ein schöner Gegenstand oder als eine Abbildung schöner Gegenstände. Sein Betrachter ist ein Beobachter erster Ordnung. Moderne Kunst führt dagegen Unterscheidungen vor, die dem Betrachter nur in der Beobachtung zweiter Ordnung, also durch das Unterscheiden und Bezeichnen von Unterscheidungen zugänglich werden. Das Kunstwerk ist jetzt nicht mehr nur ein Ding bzw. die Nachahmung von Dingen, sondern im wesentlichen Unterscheidung, Form. Damit entwickelt es ein neues, nicht mehr ontologisches Weltverhältnis[15].

> "Die vielleicht wichtigste Einsicht ist, daß die moderne Kunst eine auf eigenes Unterscheiden gegründete Welt konstruiert. Sie ist genau in diesem Sinne Weltkunst." (Luhmann 1990a: 26)

Der Übergang von vormoderner Objekt- zu moderner Weltkunst vollzieht

---

12 Wenn im folgenden von Kunst oder Betrachter die Rede ist, sollen damit stets auch Literatur und Leser gemeint sein.

13 Luhmann bezeichnet den Beobachtungsbegriff selbst als "extrem formal" (Luhmann 1990: 73).

14 Vgl. Luhmann 1990a: 23-25.

15 Vgl. Luhmann 1990a: 7-8.

sich als Übergang von Repräsentation zu Setzung[16], von der Nachahmung einer Welt vorhandener Dinge zur Konstruktion von Formen, die Welt erzeugen. Kunst wird zum Beobachter. Dies soll wiederum beobachtet werden:

> "Sie [moderne Kunst, S.M.] legt es darauf an, selbst als Beobachter beobachtet zu werden. Sie sucht Verständigung im wechselseitigen Beobachten des Beobachtens." (Luhmann 1990a: 9)

Was sieht nun der Betrachter, wenn er moderne Kunst auf deren Beobachtungen hin beobachtet? Luhmann beantwortet die Frage unter drei Gesichtspunkten:

1. Der Betrachter sieht, daß das Kunstwerk die Unterscheidung von wirklicher und fiktionaler Wirklichkeit verkörpert[17]. Als Form ist es beides: wirkliches und fiktionales Gebilde. Dieser im Kunstwerk verkörperte Unterschied läßt reale und fiktionale Realität insgesamt auseinandertreten. Wirklichkeit wird doppelsinnig. Die reale Realität umfaßt für Luhmann den Alltag, den Bereich vertrauter Erwartungen. Auf der anderen Seite der Form können unvertraute und überraschende Ordnungsmöglichkeiten, alternative Versionen der Realität durchgespielt werden. In der Konfrontation der realen Realität mit dem Bereich anderer Möglichkeiten besteht die soziale Funktion der Kunst:

> "Die Funktion der Kunst ist das, was sie als Eigenes zur gesellschaftlichen Kommunikation beisteuert. Sie zeigt, daß und wie im Überschreiten des Wirklichen im Hinblick auf das nur Mögliche Form zu gewinnen ist." (Luhmann 1990a: 39)

2. Der Kunstbetrachter kann die Formgewinnung beobachten, wenn er beobachtet, daß und auf welche Weise Künstler sich an ihre Mittel halten. Die Mittel des Künstlers sind die Unterscheidungen, mit denen er Kunst produziert[18]. Das fertige Kunstwerk erscheint daher als Komposition aus einer Vielzahl von Unterscheidungen, als Verdichtung aufeinander bezogener Formen. Beispiele solcher Formen sind:

> "Farben, Gewichte, Linienführung, Vordergrund/Hintergrund im Bild; Gleichzeitigkeit bzw. Nahwirkung/Fernwirkung von verschiedenen Tönen oder Tonfolgen in der Musik; Verschiedenheit der Perspektiven von unterschiedlichen Charakteren und die Notwendigkeit des Zufalls ihrer Begegnung im Roman [...]" (Luhmann 1990a: 16-17)

Man könnte diesen Gedanken Luhmanns weiterführen: Der Leser eines Romans übernimmt in normaler Einstellung die Perspektive der geschilderten

---

16 Vgl. Luhmann 1990a: 23.

17 Vgl. Luhmann 1990a: 13.

18 Luhmann 1990a: 9-10.

Charaktere, aber solange er nur das unterscheidet, was sie unterscheiden, solange er nur die geschilderten Ereignisse verfolgt, bleibt er im Prinzip ein Beobachter erster Ordnung. Erst wenn er die Figurenperspektiven, die Konstellation der Charaktere, die Bauweise des plots, die Anlage des Sujets unterscheidet, beobachtet er, wie sich der Erzähler/Autor seiner erzählerischen Mittel bedient und mit ihnen den Roman als einen Zusammenhang miteinander korrespondierender Formen gestaltet. Der Leser, der den Roman auf diese Weise beobachtet, ist ein Beobachter zweiter Ordnung.

Nach Luhmanns Auffassung fordert moderne Kunst nicht nur das Beobachten ihrer eigenen Beobachtungen und Weltkonstruktionen, sondern legt ihre Betrachter auch darauf fest, wie die Beobachtung zweiter Ordnung zu vollziehen sei:

> "Das Kunstwerk bestimmt, wie es gesehen sein will, und selbst Mehrdeutigkeiten sind so einkomponiert, daß sie als Mehrdeutigkeiten wirken. Kunstwerke werden geschaffen, um Beobachter festzulegen [...]" (Luhmann 1990a: 27)

> "Man hat den im Kunstwerk festgelegten Anweisungen zu folgen - oder man versteht es nicht." (Luhmann 1990a: 26)

3. Das Wort "Anweisung" erklärt sich aus dem Zusammenhang mit Browns Weisung "Vollziehe eine Unterscheidung", die in *Laws of Form* unter der Überschrift "Konstruktion" steht: Der Beobachter soll die Unterscheidungen und damit die Weltkonstruktion des Kunstwerks nachvollziehen. Wenn nun der Beobachter versucht, den "Anweisungen" zu folgen, so zeigt sich eine Paradoxie: das Kunstwerk will Welt beobachten und ihre Beobachtungen wiederum beobachten lassen, aber die Welt bleibt als Einheit unsichtbar[19]. Weltkunst löst sich von den Dingen, denen die Objektkunst verhaftet war, aber dies wird bezahlt mit einer Paradoxie:

> "Der Beobachter gewinnt Distanz. Er gewinnt die versprochenen neuen Möglichkeiten des Sehens. Aber er kann in dem Formenspiel, das er beobachtet, weder die Welt noch sich selbst wiederfinden: oder dies nur mit Hilfe weiterer Unterscheidungen, mit denen sich das Problem nur wiederholt. Jede Form realisiert die Paradoxie der Lösung eines unlösbaren Problems." (Luhmann 1990 a: 14)

Das unlösbare Problem liegt darin, daß jede Beobachtung blind ist für die Unterscheidung, die sie jeweils zugrunde legt, um das Unterschiedene zu bezeichnen. Anders gesagt: Wenn Erkenntnis auf Differenz gründet, wird die Erkenntnis von Einheit zum paradoxen Grundproblem. Beim Beobachten tritt nur das Unterschiedene hervor, aber nicht die Einheit der vollzogenen Unter-

---

19 Vgl. Luhmann 1990a: 16, 20, 42.

scheidung. Für den Beobachter ist diese ein blinder Fleck[20]. Die Form selbst bleibt im Moment ihres Vollzugs unsichtbar. Dies gilt für jedes Beobachten. Da es Weltkunst aber darauf anlegt, beim Beobachten beobachtet zu werden, wird die Blindheit des Beobachtens und die Unsichtbarkeit der konstruierten Welt, gerade hier zum zentralen Problem.

Die Beobachtung von Beobachtung kann das Problem nicht lösen, sondern nur dadurch kompensieren, daß sie den blinden Fleck verschiebt. Beobachter B vermag die Unterscheidungen von Beobachter A zu unterscheiden und bezeichnen. Auf diese Weise kann B sehen, was A sehen kann und wofür dieser blind ist. Bs Beobachtungen lösen aber das Problem des blinden Sehens nicht; sie verschieben es nur, denn B ist für Unterscheidung, mit der er A beobachtet, seinerseits blind. C kann dies wiederum beobachten usw. ad infinitum. (Bei A, B und C kann es sich auch um denselben Beobachter zu drei verschiedenen Zeitpunkten handeln.) Der blinde Fleck verschwindet nicht, er zirkuliert. Sichtbarkeit erzeugt Unsichtbarkeit, und umgekehrt.

Es bleibt "die Beobachtbarkeit des Unbeobachtbaren"[21]. Der Beobachter kann aus der Beobachtung der Blindheit anderer auf seine eigene Blindheit rückschließen. Er kann dann sehen, daß er nicht sehen kann, was er nicht sehen kann[22]. Diese Einsicht ist gewissermaßen die kybernetische Variante der sokratischen Skepsis. Die Formel vom Wissen des Nicht-Wissens wird paraphrasiert in der Formel von der Beobachtbarkeit des Unbeobachtbaren.

Als literaturgeschichtliches Beispiel dieses allgemeinen Zusammenhangs führt Luhmann den Roman des 18. Jahrhunderts an. Seine These: Über das Romanthema der Individualität differenziert sich Literatur zu einem autonomen Funktionssystem aus[23]. Das Bezugsproblem literarischer Kommunikation wird die Differenz von Manifestem und Latentem, Bewußtem und Unbewußtem, Sehenkönnen und Nichtsehenkönnen, dargestellt an der individuellen Perspektive von Romanfiguren[24].

> "Schicksal wird zum Problem der Perspektive, und Perspektive wird dargestellt als etwas, das nur für die Romanfigur zwingend, für den Beobachter ihrer Beobachtungen dagegen kontingent ist." (Luhmann 1990a: 33)

Indem Literatur die Blindheit des Sehens als typisches Problem des Individuums herausstellt und psychologisiert[25], verändert sich ihr Weltverständ-

---

20 Vgl. Luhmann 1990a: 14-15, 24.

21 Luhmann 1990a: 20; vgl. auch Luhmann 1990: 92-102.

22 Vgl. Luhmann 1990a: 24, 33, 43.

23 Luhmann 1990a: 33.

24 Vgl. Luhmann 1990: 33-36.

25 Vgl. Luhmann 1990a: 34.

nis[26]. Welt erschließt sich nun nicht mehr einer "gemeinsamen und übereinstimmenden" Beobachtung (Luhmann 1990a: 34) dessen, was ist, sondern nur noch durch das wechselseitige Beobachten von Beobachtern. Welt ist Weltkonstruktion geworden und von ihrer individuellen Perspektivierung nicht mehr abzulösen. Indem Literatur dies an den Romanfiguren vorführt, ermöglicht sie dem Leser die Beobachtung des Unbeobachtbaren: der latenten Blindheit des Sehens, "der letzte[n] Selbstintransparenz" der Individualität (ebd.), der unbewußten Motive, des Nicht-Kommunizierbaren, der Kontingenz von Weltkonstruktionen, die als unausweichliches Schicksal erfahren werden. Im Rückschluß auf sich selbst vermag der Leser dann zu sehen, daß auch er nicht sehen kann, was er nicht sehen kann[27]. Welt und Beobachter geraten in einen infiniten Regreß von Beobachtungen von Beobachtungen von Beobachtungen... usw.

Zusammenfassend kann man sagen, daß Luhmanns Beschreibungsansatz auf die Frage, was beobachtet wird, wenn moderne Kunst beobachtet wird, die folgenden drei Antworten bietet:
1. Unter dem Aspekt des Kunstwerks als der Verkörperung des Unterschieds von realer und fiktionaler Realität wird die Doppelsinnigkeit der Realität beobachtet, die Konfrontation von vertrauten mit neuen, überraschenden Ordnungsmöglichkeiten;
2. unter dem Aspekt des Kunstwerks wird beobachtet, daß und wie sich Künstler an ihre Mittel, d.h. an Unterscheidungen halten und einen Zusammenhang miteinander korrespondierender Formen schaffen, die ihre Beobachter (zweiter Ordnung) festlegen;
3. unter dem Aspekt der vom Kunstwerk geforderten Beobachtung zweiter Ordnung zeigt sich das paradoxe Problem der Beobachtbarkeit des Unbeobachtbaren.

In dieser Zusammenfassung sind wichtige Gesichtspunkte der Luhmannschen Kunsttheorie nicht zur Sprache gekommen, etwa die Frage nach dem Code des Kunstsystems, nach der Funktion des Stilbegriffs und nach der Ästhetik als Beobachtung dritter Ordnung. Gleichwohl geben die drei genannten Aspekte Aufschluß darüber, auf welche Weise der Beobachtungsbegriff im Zusammenhang mit Kunst und Literatur verwendet werden könnte.

IV

Man kann Luhmanns Weltkunst-Aufsatz unter zwei Gesichtspunkten betrachten: als Versuch, Kunst anhand des Beobachtungsbegriffs zu beschreiben; und umgekehrt als Erläuterung des Beobachtungsbegriffs am Beispiel

26 Vgl. Luhmann 1990a: 36.

27 Luhmann 1990a: 33.

Kunst. Einerseits könnte man begrüßen, daß der Begriff einen einheitlichen Zugang zu allen wesentlichen Aspekten der Kunst eröffnet, andererseits könnte man kritisieren, daß man wenig über Kunst, aber viel über die Begriffsbildung und ihre innere Logik erfährt. Dasselbe Problem zeigt sich im Ansatz von *Laws of Form*. Festsetzung und Gebrauch von Begriffen gehen so ineinander über, daß eine klare Trennung zwischen Begriffserläuterung und Welterklärung kaum mehr möglich erscheint. Man könnte z.B. argumentieren, daß die These vom blinden Fleck, der jeder Beobachtung zugrunde liegt, eher eine Konsequenz der Begriffsbildung als der Begriffsanwendung darstellt. Trifft das Argument zu, wäre die These und ihre Anwendung auf Kunst nichtssagend. Sie wiederholte nur, was bereits durch die Definition von "Beobachtung" festgelegt ist, nämlich daß eine Bezeichnung entweder auf die eine oder die andere Seite einer Unterscheidung führt und eine Unterscheidung deshalb nicht zugleich vollzogen und bezeichnet werden kann. Die These spräche also gar keine Erkenntnis über (Kunst-) Beobachtungen aus, sondern paraphrasierte lediglich den Definitionszusammenhang des Begriffs der Beobachtung.

Wenn man Erläuterung und Gebrauch des Beobachtungsbegriffs auseinanderhält, ergeben sich für die Frage, ob er in der Literaturwissenschaft nützlich sein könnte, zwei Bezugspunkte: erstens die Klarheit und Stimmigkeit der Begriffsbildung, zweitens die Anwendbarkeit des Begriffs auf Literatur.

Bei der Begriffsbildung zeichnen sich zwei grundlegende Schwierigkeiten ab. Die erste betrifft Luhmanns Deutung der Grundbegriffe von *Laws of Form*.

Für Brown ist Welt als Ganzes unzugänglich, weil sie als Form, als Gesamtheit der markierten und der unmarkierten Seite, nicht bezeichnet werden kann. Luhmann scheint sich diesem Gedanken anzuschließen, wenn er sagt:

> "Welt muß [...] verstanden werden als die in allen Unterscheidungen vorausgesetzte Einheit, als das Nicht-Schematische der Schemata oder auch als der blinde Fleck aller Beobachtungen, also das, was man nicht sehen kann, wenn man das, was man beobachtet, mit Hilfe einer bestimmten Unterscheidung bezeichnet." (Luhmann 1990a: 20)

An anderer Stelle heißt es dann aber, "daß jedes Beobachten, Beschreiben, Konstruieren, Herstellen Formen aktiviert, die den 'unmarked state' der Welt verletzen [...]" (Luhmann 1990a: 39). Was Luhmann damit meinen könnte, ergibt sich aus dem Zusammenhang mit einer anderen Formulierung: Jeder Unterscheidungsgebrauch mache "die Welt als die Einheit des vorausliegenden 'unmarked state' (Spencer Brown) sichtbar und unsichtbar [...]" (Luhmann 1990a: 15).

Diese Formulierungen erscheinen verwirrend. "Welt" wäre demgemäß nicht im Sinne von "Gesamtheit von markierter und unmarkierter Seite" zu erläutern, sondern als "Einheit der unmarkierten Seite". Nicht ganz einsichtig ist, daß Luhmann annimmt, die unmarkierte Seite sei vorausliegend und werde durch Formen verletzt. Die unmarkierte Seite wäre nach dieser Annahme ursprünglicher als die Form, ursprünglicher als die erste Unterscheidung im Sinne Browns. Luhmann folgend, müßte man also sagen, die erste Unterscheidung verletze die unmarkierte Seite. Daß Luhmann dies meint, legt ein Zitat aus seiner Wissenschaftstheorie nahe:

> "'Draw a distinction' - so lautet die *in einem 'unmarked state'* gesetzte Erstanweisung des Formenkalküls von George Spencer Brown." (Luhmann 1990: 374, Hervorhebung S.M.)

Nach dem Verständnis, das ich bei der Darstellung Browns zugrundegelegt habe, müßte man dagegen sagen: Markierte Innen- und unmarkierte Außenseite werden durch den Akt der Grenzziehung oder Abtrennung zugleich erzeugt. Wenn dies den Grundgedanken Browns korrekt wiedergibt, kann man nicht sinnvoll davon sprechen, die unmarkierte Seite sei vorausliegend oder werde von Formen verletzt.
Da es sich hier um einen Punkt handelt, der für das Verständnis des Beobachtungsbegriffs wichtig ist, möchte ich die beiden kontroversen Lesarten einander schematisch gegenüberstellen:

1. Lesart:

Form
marked space vs. unmarked space
Unterschiedenes vs. Unterschiedenes

2. Lesart:

Form		
marked space	/	unmarked space
Unterschiedenes vs. Unterschiedenes	/	Nicht-Unterschiedenheit

Nach der ersten Lesart ist mit jeder Unterscheidung eine markierte und eine unmarkierte Seite gegeben, und das Beobachten ein Kreuzen entweder *in die markierte oder in die unmarkierte Seite*. Form ist in dieser Lesart die Gesamtheit beider Seiten.

Nach der zweiten Lesart, der Luhmann zu folgen scheint, ist Beobachten das Bezeichnen anhand einer Unterscheidung, die *innerhalb der markierten Seite* liegt. Form wäre somit zu verstehen als Einheit einer Unterscheidung, die sich auf der markierten Seite befindet. Der Ausdruck "unmarkierte Seite" bezöge sich dann auf das Außerhalb jeder Unterscheidung, auf den Bereich des Nicht-Unterschiedenen, der Differenzlosigkeit[28].

Meines Erachtens ist die zweite Lesart nicht überzeugend. Ihr widerspricht die Verwendung, die Brown für die beiden Ausdrücke " ⌉ " und " ⌉⌉ " festsetzt. Mit ihnen sollen markierte bzw. unmarkierte Seite bezeichnet werden, aber nicht zwei Seiten innerhalb der markierten Seite. Der zweiten Lesart widerspricht auch die aussagenlogische Interpretation, die Brown für seinen Kalkül vorschlägt (" ⌉ " und die Leerstelle "   " als Zeichen der beiden Wahrheitswerte). Der Unterschied der beiden Wahrheitswerte wird von Brown als Unterschied zwischen markierter und unmarkierter Seite interpretiert und nicht als Unterschied innerhalb der markierten[29].

Die zweite Schwierigkeit, die sich aus der systemtheoretischen Begriffsbildung ergibt, betrifft den Ausdruck "Beobachtung von Beobachtung" ("Beobachtung zweiter Ordnung"). Es erscheint fraglich, ob dieser Ausdruck mit den Definitionen und Axiomen Browns in Einklang steht. Der springende Punkt ist, daß man in Browns Bezeichnungssystem immer nur eine der Seiten einer Unterscheidung bezeichnen kann, nicht aber die Unterscheidungen selbst. Form bleibt unsichtbar. Die beiden axiomatischen Gesetze, denen auch der Selbsteinschluß der Form unterliegt, verbieten es, beide Seiten zugleich zu bezeichnen. Wie können dann aber Unterscheidungen bezeichnet werden? Indem Luhmann mit dem Begriff der Beobachtung von Beobachtung diese Möglichkeit vorsieht, weicht er von dem System ab, auf das er sich bei seiner Begriffsbildung bezieht. Die Distinktion zwischen Beobachtung erster und zweiter Ordnung kann in Browns System nicht ausgedrückt werden und widerspricht ihrem Grundprinzip: Bezeichnet werden kann immer nur eine Seite. Das Einfügen einer Unterscheidung in eine andere würde nach dem Muster des Selbsteinschlusses der Form zu einem ständigen Wechsel der Bezeichnung zwischen den beiden unterschiedenen Seiten führen, nicht jedoch zur Bezeichnung der Unterscheidung selbst.

Von den Gesetzen der Form her gesehen, gibt es damit keine "Kompensation" für die Unbeobachtbarkeit der Welt. Warum aber sollte man diese Gesetze nicht außer Kraft setzen, wenn es, wie Luhmann zeigt, nützlich sein könnte, das Unterscheiden und Bezeichnen von Unterscheidungen zuzulassen? Dies entspräche auch einem intuitiven Verständnis, demzufolge Ausdrücke wie "die Unterscheidung zwischen x und y" unproblematisch sind. Sofern allerdings Browns Formgesetze verbindlich sein sollen, gibt es für die Begriffsbildung "Beobachtung von Beobachtung" keinen Spielraum.

Zusammenfassend läßt sich sagen, daß die Bildung des systemtheoretischen

---

28 Zu dieser Lesart paßt Luhmanns Behauptung, wenn die Unterscheidung zwischen System und Umwelt einmal vollzogen sei, könne "... man nicht mehr zurück in den 'unmarked state'" (Luhmann 1990a: 42). Nach Brown aber braucht man nur aus der markierten Seite heraus zu kreuzen, um in den unmarked state, auf die unmarkierte Seite zu gelangen; siehe oben S.189.

29 Siehe oben, S.189.

Beobachtungsbegriffs Schwierigkeiten aufwirft; zum einen im Hinblick auf die Deutung, die Luhmann den von Brown übernommenen Begriffen gibt; zum anderen in bezug auf die Einführung des Ausdrucks "Beobachtung von Beobachtung". Beide Schwierigkeiten sind grundlegend; sie beeinträchtigen das Verständnis des systemtheoretischen Beobachtungsbegriffs und damit auch der Luhmannschen Kunsttheorie, die, zumindest in dem Aufsatz "Weltkunst", ganz auf diesen Begriff zugeschnitten ist.

Die hier zur Diskussion gestellten allgemeinen Einwände gegen die Begriffsbildung lassen die Anwendbarkeit des Beobachtungsbegriffs innerhalb der Literaturwissenschaft fraglich erscheinen, und damit erst recht seinen Nutzen. Es ist aber zu überlegen, ob nicht die Ideen und Absichten der Weltkunsttheorie Luhmanns in heuristischer Hinsicht nützlich sein könnten, wenn man sie etwa in ein anderes Vokabular, in einen anderen theoretischen Kontext überträgt. So ließe sich z.B. Beobachtung von Beobachtung als metasprachliche Beschreibung von Literatur auffassen. Der Gebrauch eines Wortes macht normalerweise das, was es erwähnt, sichtbar und das Wort selbst unsichtbar. Doch das Wort wird sichtbar, indem man es in einer Metasprache erwähnt. Hier zeigt sich eine gewisse Parallele zu dem, was Luhmann über Unterscheidungen sagt. Ähnliche Grundmotive wie in Luhmanns Kunsttheorie finden sich aber vor allem im Strukturalismus: Daß Unterscheidungen Weltmodelle begründen und literarische Texte als Zusammenhänge von Unterscheidungen analysierbar sind, würde ein Strukturalist ohne weiteres bejahen. Ein offenes Problem ist allerdings, ob sich der Unterscheidungsbegriff Browns und Luhmanns sinnvoll auf sprachliche Unterscheidungen, insbesondere auf semantische Oppositionen übertragen läßt. Die weitere Diskussion zwischen Literaturwissenschaft und Systemtheorie müßte dieses Problem klären.

Literatur

Cull, P./Frank, W. (1979): Flaws of Form, in: *International Journal of General Systems, Vol.5*, 201-211.

Brown, G. S. (1971): *Laws of Form*, London 1971.

Laudse (Lao-tse) (1980): *Daudedsching (Tao-te-king)*, übs. E. Schwarz, München.

Luhmann, N. (1990): *Die Wissenschaft der Gesellschaft*, Frankfurt/M.

Luhmann, N. (1990a): Weltkunst, in: N. Luhmann, F.D.Bunsen, D. Baecker, hg. von *Unbeobachtbare Welt*, Bielefeld.

Maturana, H.R. (1987): Kognition, in: *Der Diskurs des Radikalen Konstruktivismus*, hg. S.J. Schmidt, Frankfurt/M.

Orchard, R.A. (1975): On the Laws of Form, in: *International Journal of General Systems, Vol.2*, 99-106.

Quine, W.V.O. (1979): Zwei Dogmen des Empirismus, in: W.V.O.Q., *Von einem logischen Standpunkt*, Frankfurt/M.

Quine, W.V.O. (1980): *Wort und Gegenstand*, Stuttgart.

Schwanitz, D. (1990): *Systemtheorie und Literatur*. Ein neues Paradigma, Opladen.

Simon, F.B. (1988): *Unterschiede, die Unterschiede machen*, Berlin.

Varela, F.J. (1975): A Calculus for Self-Reference, in: *International Journal of General Systems, Vol.2*, 5-24.

Variationen im Metakontrapunkt

Eine systemtheoretische Analyse musikalischer Interaktionsprozesse*

Christiaan de Lannoy

THEMA ...

Der Kontrapunkt ist zweifellos eine der spannendsten musikalischen Techniken. Wer kennt nicht den verwirrenden und faszinierenden Effekt, den die Konfrontation mit verschiedenen gleichzeitig ablaufenden Melodien (Themen) auslöst? Diese Faszination wirft indessen eine wichtige Frage auf: Wie ist es möglich, Vergnügen an einer Wahrnehmung zu empfinden, deren Inhalt unmöglich diskriminiert werden kann? Oder anders gefragt: Was eigentlich geschieht da, warum eigentlich wird jener Prozeß als positiv erfahren?

... METATHEMA

Einleitung

Die Experimente von R. Francès (1958) haben gezeigt, daß sich Polyphonie auf unterschiedlichste Weise wahrnehmen läßt: Entweder man konzentriert seine Aufmerksamkeit auf das Gesamtgeschehen und nimmt dieses als ein diffuses, komplexes Ganzes wahr, oder man konzentriert sich auf prägnante Ausschnitte aus der Stimmenvielfalt, um solchermaßen selber ein kontrapunktisches Interessenfeld zu konstituieren.

Solche kontrapunktische Interpretation auditiver Wahrnehmung hat ihren Ursprung nicht nur in der experimentellen Musikpsychologie. Außerhalb dieser ist man in der Linguistik (Ruwet 1972), der kognitiven Psychologie (Neisser 1963, 1982) und sogar der Egopsychologie (Ehrenzweig 1953) zu ähnlichen Ergebnissen gelangt. Merkwürdigerweise ähneln sich die

---

* Dieser Beitrag wurde von Matthias Prangel aus dem Niederländischen übertragen.

Ergebnisse all dieser Ansätze, obwohl sie ihr gemeinsames Objekt doch unter ganz verschiedenen methodischen Vorzeichen untersuchen. Ist die Vermutung da so abwegig, daß möglicherweise auch die Psychologie als ein Konglomerat von Verhaltens- und Menschenmodellen auf einem analogen methodologischen Kontrapunkt beruht? Kontrapunkt meint also mehr als nur eine spezifische Verarbeitung musikalischer Themen. Es soll dieser Begriff hier als allgemeine Metapher für die Homologie simultaner Beziehungen zwischen musikalischen Prozessen und Hörprozessen verwendet werden.
Den gedanklichen Rahmen für diesen Beitrag liefert die Systemtheorie. Sie wird hier eingesetzt, da sie gegenüber anderen theoretischen Modellen eine unbestreitbar größere Integrationskraft besitzt und sich zur Struktur des Untersuchungsgegenstandes kongruent verhält. Welches also sind die wesentlichsten Aspekte eines derartigen Modells?

Zirkularität und Kontrapunkt

Die integrierende Kraft der Systemtheorie beruht auf der Möglichkeit, ganz unterschiedliche, sogar widersprüchliche Erscheinungen in einem kohärenten Modell zu erfassen. Mit den klassischen Modellen der Gestalt- und Verhaltenspsychologie war eben dies nicht möglich, da sie sich als Kohärenzmodelle immer nur auf ein einziges heuristisches Prinzip einließen.

Die Gestaltpsychologie ging von der Aktivierung angeborener Organisationsgesetze aus. Die Lern- und Verhaltenstheorie dagegen stützte sich auf das Prinzip der konditionierten Agglutination von einfachen zu immer komplexeren Stimulus-Respons-Ketten. Ein derartiges, für den Wissenschaftsbetrieb in unserer Kultur typisches reduktionistisches Denken, das durch die Suche nach monokausaler Eindeutigkeit bestimmt ist, ließe sich als lineares Denken bezeichnen. Die sterilen Diskussionen, die häufig genug zwischen diesen Schulen wüteten, haben inzwischen zu der Einsicht geführt, daß innerhalb ein und desselben Prozesses durchaus mehrere heuristische Prinzipien gleichzeitig aufeinander einwirken können.

Die Annahme einer doppelseitigen, mehrfachen, komplexen Kausalität - mit anderen Worten die Verschiebung vom linearen zum zirkularen Denken - durch die Kybernetik muß wohl als einer der einschneidendsten Wendepunkte im wissenschaftlichen Denken des zwanzigsten Jahrhunderts gesehen werden. Für die Kybernetik besteht die Einheit allen organisierten Verhaltens in der Rückkoppelung, im Feedback. Verhalten ist danach nicht länger Reaktion, sondern Interaktion. Es ist immer Bestandteil einer endlosen Reihe von Ursachen und Folgen, innerhalb welcher verschiedenste Einflüsse retro-aktiv aufeinander einwirken. Daneben bot das Prinzip der Zirkularität die Möglichkeit, Komplemetarität und interne Gegensätze, die man im Rahmen anderer Konzepte als inkohärent oder inkongruent bezeichnen würde, als strukturimmanente Faktoren des Interaktionsprozesses selbst zu integrieren.

Die Systemtheorie ist ein integratives Modell. Sie stützt sich auf das kybernetische Prinzip der Zirkularität. Diese aber wird nicht nur als Organisationsprinzip der unterschiedlichen Systemelemente angesetzt, sondern auch als das Prinzip, von dem her sich das Verhältnis dieser Elemente zu ihrem Kontext bestimmt. An diesem Punkt nähert sich die Systemtheorie dann wieder der Gestalttheorie. Die Systemtheorie geht von einem Ganzen aus, interpretiert dieses Ganze jedoch nicht als (statische) Form, sondern als (dynamischen) Prozeß, wodurch sie sich schließlich wieder den Lehr- und Verhaltensmodellen nähert. Tatsächlich legt die Systemtheorie starken Nachdruck auf unaufhörliche Anpassungsprozesse. Durch den retro-aktiven Charakter dieser Prozesse entsteht eine Hierarchie interaktionaler Äquilibrationsniveaus (bei Mittelstaedt Kalibrationsniveaus genannt). Bateson (1972, 1979) hat diese mehr oder weniger systematisiert. Er unterscheidet vier Niveaus:
- 'Zero-Lernen' als das unmittelbar sinnliche oder körperliche, präkonzeptuelle Erfahren der Umgebung;
- 'Primo-Lernen' als das Konstruieren und Erkennen von Unterschieden;
- 'Deutero-Lernen' als das Interpretieren von Unterschieden zwischen Unterschieden oder das Lernen-Lernen;
- 'Trito-Lernen' als das Lernen-Lernen als existentielles Erfahrungsniveau, das an oder oberhalb der Grenze unseres Konzeptualisierungsvermögens liegt.

In den folgenden Abschnitten nun soll gezeigt werden, daß die Verschiedenartigkeit und Spezifizität der künstlerischen Interaktion und insbesondere der Interaktion der Musikwahrnehmung nicht nur von jedem einzelnen dieser Kalibrationsniveaus her begriffen werden kann, sondern auch und vor allem von ihrer Kombination in einem komplexen interaktionalen Kontrapunkt her.

Kontrapunkt und 'Wirklichkeit'

Wird der Inhalt eines bestimmten Lernniveaus (retro-aktiv) immmer wieder aufs neue in dasselbe System eingeführt, so entsteht ein sich stets weiter ausdehnendes, organisiertes Ganzes, eine autonome 'Welt', die für das System die Bedeutung einer 'Wirklichkeit' erlangt. Parallel zu den vier Lernniveaus lassen sich demzufolge vier Welten oder Wirklichkeiten unterscheiden:
- die erste Wirklichkeit oder Standard- bzw. Bildwirklichkeit. Diese Welt beruht auf den Realia, die über logische Ordnung und empirische Wahrneh-

mung als wahr angenommen werden. Sie meint eine Welt von Objekten, die man objektiv beschreiben zu können glaubt. Wahrnehmung und Ordnung sind indessen nur in strikter Dependenz von Subjekten möglich, die die Bilder über die Wirklichkeit und den Konsens hinsichtlich deren Interpretation erst konstituieren. Daher eben ist diese Wirklichkeit als Bild- oder Standardwirklichkeit zu bezeichnen;

- die Zero- oder Dingwirklichkeit. Da subjektindependente Wahrnehmung unmöglich ist und jede Benennung der Wirklichkeit nur ein Bild darstellt, stellt sich zwangsläufig die Frage nach der Wirklichkeit hinter dem Bild. Diese Wirklichkeit aber läßt sich mit Sicherheit unmöglich festlegen, da jede Festlegung Interpretationsaktivität des Wahrnehmenden innerhalb seiner ersten Wirklichkeit voraussetzt. Dennoch muß ihre Existenz aufgrund ihrer Bildspuren angenommen werden. Demzufolge muß diese Wirklichkeit als Kontext aller sonstigen Wirklichkeit angesetzt werden;
- die zweite oder Erfahrungswirklichkeit. Jegliche Wahrnehmung oder logische Ordnung ereignet sich nicht nur im Konsensrahmen eines sozialen Bildkontextes, sondern auch innerhalb eines subjektiven Erfahrungskontextes. Diese persönlichen Erfahrungen werden zumeist als Beurteilungen, Gefühle, Phantasien oder Träume beschrieben. Ihre Intensität, Spezifizität wie ihr Zusammenhang verleihen ihnen den Charakter einer eigenen Wirklichkeit. Bei der Wahrnehmung künstlerischer Phänomene spielen sie eine besonders wichtige Rolle;
- die dritte oder systemische Wirklichkeit. Als Folge versuchter Generalisierung und Eliminierung der Unterschiede von Unterschieden zwischen den diversen 'objektiven' bzw. 'subjektiven' Welten entsteht schließlich ein abstraktes (Meta-)Modell jeder der anderen Wirklichkeiten. Dieses Meta-Modell bildet seinerseits wieder eine in sich geschlossene eigene Wirklichkeit, die aus Zusammenhängen von Elementen und Beziehungen zwischen stabilen Mustern und Regeln besteht, die als systemisch bezeichnet werden können.

Codetta-1

Der Kontrapunkt, das heißt der simultane Verlauf mehrerer äquivalenter Ereignisse, konstituiert sich inhaltlich wie strukturell auf mehreren Niveaus gleichzeitig:

- als musikalische Erscheinung kann er als Objekt der Wahrnehmung aufgefaßt werden;
- als Wahrnehmungsmodalität verweist er auf die unterschiedlichen Lern- und Kalibrationsniveaus, die beim Vorgang der akustischen Wahrnehmung aufeinander bezogen sind;
- als Wahrnehmungsmodell verweist er auf die verschiedenen Welten bzw. Wirklichkeiten, die während ein und desselben Interaktionsprozesses aufeinander einwirken können.

In diesem Sinne läßt sich der gesamte musikalische Wahrnehmungsprozeß als Kontrapunkt des Kontrapunkts oder als Metakontrapunkt auffassen.

Musikalische Diskommunikation

Eine systemtheoretische Interpretation der musikalischen Wirklichkeit stellt nicht nur einen Versuch dar, diese Wirklichkeit als Operation oder Interaktion zu beschreiben. Ein derartiger Ansatz nimmt vielmehr auch hinsichtlich der Interpunktion und Interpretation zirkularer Prozesse einen funktionalistischen Standpunkt ein. Das bedeutet, daß nicht länger nur der Sender (Komponist) für die Wirkung und Bedeutung der Musik verantwortlich ist, sondern auch und vor allem dem Hörer eine bestimmende Rolle zufällt. Interaktion und Kommunikation werden so praktisch synonym. Kommunikation, wie sie im Rahmen linearer Beschreibungsmodelle zumeist begriffen wird, setzt den Sender als bedeutungskonstituierende Instanz. Sie impliziert darüber hinaus interpretativen Konsens oder Kongruenz zwischen der Bedeutung, wie sie vom Sender intendiert oder vorgegeben ist, und der Bedeutung, wie sie vom Empfänger (Hörer) wahrgenommen werden muß. Von einer funktionalistischen Warte her besehen ist solcher Konsens in Sachen Bedeutung freilich keineswegs zwingend. Unter dieser Perspektive ist gerade der Empfänger für den Effekt (auch den semantischen) bestimmend. Es ist also der Hörer, der Bedeutung zuweist. Es läßt sich denn auch jedes wahrgenommene musikalische Phänomen als Interaktion bezeichnen, wobei allerdings die Frage offen bleibt, worin dann das Spezifische von künstlerischen Interaktionen liegt.

Die Antwort ist m.E. in der komplementären Homologie der (meta)kontrapunktischen Struktur der künstlerischen Interaktion zu suchen, das heißt in der gleichzeitigen Bestätigung und Verneinung der Strukturgleichheit zwischen wahrgenommenen klanglichen Prozessen und ihrem jeweiligen Kontext. Bateson (1969) nennt dies *double bind*. Eindeutige Verhaltenssteuerung wird so besehen problematisch. Daher wollen wir diese Interaktionsstruktur in Analogie zum ebenso ambivalenten Sonanzcharakter der musikalischen Dissonanz hier *Diskommunikation* nennen.

Komplementäre Homologie, simultane Evokation und Negierung ein und desselben Kontextes auf unterschiedlichen Kalibrationsniveaus kann sowohl zwischen verschiedenen Kontexten als auch zwischen identischen Kontexten stattfinden. Im ersten Fall könnte man dann von ontologischer Komplementarität sprechen (z.B. bei der Imitation von Vogelgesang oder natürlichen Geräuschen in der Musik); im zweiten Fall dagegen ließe sich von serieller Komplementarität reden (z.B. im Vergleich gleichzeitiger oder aufeinander folgender 'Kunstwerke' hinsichtlich Stil, Schreibweise usw.). Für die Kunstgeschichte ist diese letztere Variante von Komplementarität zweifellos die wichtigere.

Diskommunikation hat als ein erstes allgemeines Merkmal musikalischer Interaktion zu gelten, das indessen in großer Diversität auftritt. Betrachtet man diese Diversität unter musikhistorischem Vorzeichen, so muß sogar angenommen werden, daß sie für den gesamten Interaktionsprozeß normative Bedeutung hat. Der Zusammenhang zwischen Diskommunikation und Diversität ist ein zirkularer: Diskommunikation ist die Folge unausgesetzter Innovation der Ordnungsmittel, gleichzeitig aber auch die Ursache unausgesetzter Adaptation und Neudefinition langlebiger Ordnungsprinzipien. Die sich daraus ergebende Diversität läßt sich mittels der Kategorien Kontext, Struktur und Kalibrationsniveau des Interaktionsprozesses, das heißt als *Variationen des musikalischen Metakontrapunkts* beschreiben.

Im folgenden nun sollen drei Gruppen solcher Variationen vorgestellt werden, die sich auf den Ebenen der ersten, der zweiten und der dritten Wirklichkeit ereignen.[1] Die Nummerierung innerhalb der Variationsgruppen verweist dabei immer auf das jeweils zu diskutierende Kalibrationsniveau.

Die folgende Tabelle faßt das gesamte Spektrum der kontrapunktischen Variationen zusammen:

Wirklichkeit	0	1	2	3
Kalibrationsn. 0		1.0	2.0	3.0
" " 1		1.1	2.1	3.1
" " 2		1.2	2.2	3.2
" " 3		1.3	2.3	3.3

Variationsgruppe 1: Künstlerische Erfahrungsbilder

Die musikalischen Interaktionen dieser ersten Variationsgruppe beziehen sich auf am Erfahrungsbild aufgedeckte oder diesem zugewiesene Eigenschaften.

---

1 Da Inhalte der Zero-Wirklichkeit per definitionem präkonzeptuellen Charakter tragen, können diese nur a posteriori, von der Warte 'höherer' Wirklichkeitsmodelle her, als Hypothesen konstituiert werden. Inhalte dieser Zero-Wirklichkeit sollen daher im folgenden auf dem Zero-Niveau der entsprechenden übrigen Wirklichkeitsbilder angesiedelt werden.

Variation 1.0.: Sensorische Desorientierung

Variationen auf dem Zero-Niveau betreffen die Selektion und Transformation des künstlerischen Basismaterials. Dieses Material kann einem schon eher definierten musikalischen oder nicht-musikalischen Kontext entstammen. Die für dieses Niveau typische Operation jedoch besteht in der kontextuellen Inversion: Nicht-musikalische Tonquellen werden in einem neuen, musikalischen Kontext situiert (z.B. Kuhglocken im klassischen Orchester, wie etwa in Mahlers 6. Sinfonie), oder es gelangen umgekehrt musikalische Tonquellen oder Aufführungsweisen auf ungewöhnliche oder 'nicht-musikalische' Weise zur Anwendung (z.B. Trommeln auf dem Schallkörper der Violine). Der Effekt solcher kontextuellen Inversionen liegt in sensorischer Desorientierung und der Erzeugung von 'double binds' im Prozeß der musikalischen Wahrnehmung. Obwohl solche 'double binds' ein Merkmal des künstlerischen Erlebnisses bilden, bestimmt die Wahl des klanglichen Basismaterials die Artistizität des Gesamtprozesses doch nur in geringem Maße. Erst die Existenz analoger 'double binds' auf höheren Kalibrationsniveaus vermag das zu errreichen.

Variation 1.1.: Kognitive Desorganisation

Die Organisation des klanglichen Basismaterials zu erkennbaren Formen oder Inhalten bildet das wesentlichste Interaktionsthema auf dem nächst höheren Kalibrationsniveau. Auch hier wird in musikalischen bzw. künstlerischen Interaktionen 'double bind' erzeugt. Bei den Interaktionen dieses Kalibrationsniveaus geschieht das durch ontologische Komplementarität der Inhalte unterschiedlicher Welten.[2] Inhalte der ersten Wirklichkeit werden nicht nur evoziert oder abgebildet. Sie werden zugleich nach Inhalt und Form bis zu jenem Grade deformiert, an dem für den Hörer zeit-räumliche Chaotisierung bzw. Derealisation eintritt. In der 6. Sinfonie etwa evoziert Beethoven ein Gewitter. Dabei setzt er die Evokation des Donners vor jene des Blitzes. Das Künstlerische jener Passage liegt also nicht so sehr im Realismus, mit dem die erste Wirklichkeit abgebildet wird, als vielmehr gerade in der Abweichung von dieser. Zumeist werden derartige literarische

2 Solche Komplementarität manifestiert sich z.B. auch auf dem Gebiet der bildenden Kunst. So wurde Picasso einmal die 'Häßlichkeit' seiner Frauen-Porträts vorgeworfen. Als ein Bekannter ihm ein Photo seiner Schönen zeigte, reagierte Picasso: 'Sie ist recht klein, nicht wahr? Und wohl auch ziemlich platt?' Dies Beispiel soll demonstrieren, daß unter künstlerisch-interaktionellem Gesichtspunkt immer mehrere einander ausschließende Wirklichkeiten aufeinander bezogen werden und die Standardwirklichkeit genauso durch Konvention bestimmt ist wie die Erfahrungswirklichkeit.

bzw. programmatische Inhalte in der Musik jedoch stark relativiert oder sogar völlig eliminiert und statt dessen durch rein abstrakte Klangrelationen im musikpsychologischen Zeit-Raum-Gefüge ersetzt. Die Aufmerksamkeit des Hörers wird dadurch ganz auf das Erkennen der Unterschiede zwischen diesen klanglichen Ereignissen konzentriert.

Variation 1.2.: Musikalische Autopoiesis

Dieses Erkennen von Unterschieden ist eine unerläßliche Voraussetzung für das Verstehen klanglicher Ereignisse. Bedeutung, insbesondere künstlerische Bedeutung ist aber mehr als nur das Fixieren von Unterschieden zwischen bekannten oder üblichen und nicht üblichen Formen oder Inhalten. Sie zielt vielmehr vor allem auf eine Klassifikation aufgrund von *differences that make a difference* (Bateson) im Hinblick auf eine kontextuelle Reihe komplementär-äquivalenter Werke. Das heißt, es werden die beobachteten Unterschiede sowohl innerhalb einzelner Werke als auch zwischen ganzen Kompositionsreihen in ein Netzwerk vergleichbarer Muster plaziert. Klangliche Prozesse erhalten hierdurch eine autonome und äquivalente Rolle und Bedeutung im Vergleich zu anderen Ereignissen und Inhalten der ersten Wirklichkeit. Solche Emanzipation der Musik stimmt genau zu dem, was Maturana und Varela (1980) für den Bereich der Biologie *Autopoiesis* genannt haben. Diese Autopoiesis meint einen Prozeß, bei dem die Elemente eines Systems imstande sind, ihr eigenes (re)produktives Verhalten zu reproduzieren.

Mit der Annahme musico-poietischer Autonomie stellt sich der Hörer in einen mehr oder weniger geschlossenen Interaktionskreislauf. Jede neue Realisation bildet eine Nachricht über die Beziehung des Komponisten zum gemeinsamen musikalischen Kontext und dessen Implikationen (vgl. Meyer 1973, Narmour 1977). Perspektive und Analyse müssen dem Hörer die strukturelle Bedeutung oder Funktion jedes Klangereignisses aufzeigen. Das Hören von Musik wird so zum Akt der Problemlösung. Adorno (1968) beschrieb dies als eine für den Experten wie den geübten Hörer charakteristische Haltung, die aber sowohl für den Hörer wie für den Komponisten paradoxe Auswirkungen hat. Denn Problemlösungen sind ausschließlich über die Eliminierung struktureller 'Nebensächlichkeiten' und den Aufbau eines hierarchischen Strukturschemas (d.h. durch reduktives Hören) möglich. Die Erzeugung eines solchen Schemas aber zerstört das ursprüngliche Objekt. Was aufgedeckt wird, ist dann lediglich noch ein Skelett, das jene ästhetische und sensorische Attraktion, die die Analyse anregte, verloren hat. Die Analyse, so ließe sich sagen, macht den Analysierenden rational glücklich, doch sensorisch arm.

Für den Komponisten dagegen ergibt sich der paradoxe Entscheidungszwang zwischen dem Erfolg durch Bestätigung der Publikumserwartung und die vollkommene Redundanz seiner Arbeit einerseits und dem Durchbrechen des Erwartungshorizonts und der Programmierung des Vorwurfs von Hermetismus und Nonmusikalität andererseits. Solches Paradox ist leicht erkennbar in dem Dilemma, dem sich manche Protestmusik aussetzt, wenn sie die musikalische Sprache der zu bekämpfenden Kultur verwendet oder umgekehrt in der Avantgardemusik, die die fundamentale Innovation der musikalischen Inhalte praktiziert, sich gerade dadurch aber in die Isolation vom Publikum begibt.

Unter kybernetischer Perspektive gilt die Regel, daß jede Selektion immer auch ihr Gegenteil impliziert. So schließt der Avantgardismus zugleich den Kitsch ein und zunehmende Spezialisierung und Hermetisierung zugleich Massifizierung. Die Überbrückung der Kluft zwischen 'gutem' und 'schlechtem' Geschmack von Kennern, Liebhabern, Dilettanten und Spezialisten hängt demnach nicht in erster Linie vom Akzeptieren der betreffenden Nachricht ab, sondern vielmehr vom Akzeptieren von deren Kontext und der Autonomie der künstlerischen Wirklichkeit.

Variation 1.3.: Musik als Paradox

Die konsequente Anwendung des Prinzips der Zirkularität impliziert notwendigerweise dessen Anwendung auch auf Komplementaritäten innerhalb des jeweiligen Systems. Es führt solche zyklische Komplementarität freilich zu einem unaufhörlichen Prozeß von Reinversionen: Immer mehr vom Umgekehrten führt zu demselben und immer mehr vom selben führt zum Umgekehrten. Im Rahmen eines evolutionären bzw. historischen Kontextes erhalten künstlerische Nachrichten des zweiten Kalibrationsniveaus Wert, Charakter und Effekt eines (pragmatischen) *Paradoxes* und wird künstlerische Interaktion zugleich auch paradoxe Interaktion[3]. Das Auftreten und der Einfluß solcher Paradoxe bildet eines der Leitmotive der Kunstgeschichte. Ein konkretes Beispiel aus der Musikgeschichte mag diesen scheinbar höchst abstrakten Prozeß illustrieren. Eine bekannte Erscheinung ist in der Musik das Phänomen der Dissonanz. Unter ihm haben wir Klangkonstellationen zu verstehen, die innerhalb eines bestimmten historischen Kontextes als 'nicht wohllautend' beurteilt werden. Dennoch stellt man fest, daß solche Nicht-Wohllaute in der Musik immer wieder Verwendung fanden. Die Erklärung dafür liegt in ihrer paradoxen Wirkung. Dissonanzen erzeugen nicht nur lokale sensorische Spannungen, sondern auch konjunktive Konsonanzeffekte. Da auf Dissonanzen seit der Renaissance immer auflösende Konso-

3 Unter einem pragmatischen Paradox verstehen wir hier die Folgen, die die Erkennung bzw. Konstruktion von Widersprüchen zwischen einander implizierenden Nachrichten oder zwischen Nachricht und Kontext für Verhalten und Interpretation haben.

nanzen folgten, erhielten die Dissonanzen den Charakter von 'double bind'. Sie implizierten durch die Provokation ihrer klanglichen Opposition das Gegenteil ihres lokalen (Dis-)Sonanzcharakters. Durch die Aufnahme von immer mehr Dissonanzen wurde also letztlich eine Verstärkung der Konsonanz bewirkt. Konsonanzverstärkung gerade auf diesem Wege wurde zudem immer notwendiger, um die konsonante Erwartungshaltung des Hörers zu neutralisieren. Im gleichen Maße, in dem im Kontext romantischen Lebensgefühls 'Sehnsucht' wichtiger wurde als 'Besitz' (dies mit Sicherheit wohl eine Metaphorik des Gegensatzes zwischen bloßer Hoffnung auf Veränderung und dem faktischen Kampf gegen bürgerliches Machtstreben und Materialismus), empfand man auflösende Konsonanzen als immer billiger. Sie wurden daher durch schier endlose, einander verdrängende Dissonanzen immer weiter hinausgezögert. Die Opern Wagners illustrieren ein Weltbild, in dem 'Leben' mit mentaler und psychischer Dissonanz (Leiden) äquivalent ist, die erst mit dem Tod in Konsonanz mündet. Bei Debussy und Schönberg gelangte die syntaktische und ästhetische Emanzipation der Dissonanz dann zur Vollendung. Die paradoxe Entwicklung künstlerischer Phänomene führte aber dazu, daß gerade Dissonanzen die Konnotation größeren klanglichen Reichtums und autonomer Spannkraft bekamen. Mit anderen Worten, Dissonanzen erhielten jetzt den gleichen Kontext wie zuvor die Konsonanz. Durch diese Emanzipation der Dissonanz war es nur noch in Ausnahmefällen möglich, Dissonanzen durch (Ex-)Konsonanten 'aufzulösen'![4]

Diese musikhistorischen Tatsachen zeigen, wie auf der Ebene der klanglichen ersten Wirklichkeit durch transgenerationelle Verhaltenskoordination zwischen Publikum und Komponist ein Kontrapunkt serieller Komplementaritäten auf unterschiedlichen Kontext- und Komplexitätsniveaus zustande kommt: auf dem Niveau des klanglichen Basismaterials (als Klangkonstellation), auf dem Niveau der musikalischen Mikrostrukturen (als Folge von Klangkonstellationen oder Harmonisierung), auf dem Niveau der musikalischen Makrostrukturen (als Formen, Stile, Genres) und schließlich auf dem Niveau eines allgemeinen ästhetischen Weltbildes.

Mentale Dissonanzen und Paradoxe induzieren demnach eine ungeheure Dynamik. Immer waren Dissonanzen und Paradoxe bevorzugtes Jagdterrain für Theologen, Logiker und Therapeuten. Für die einen, weil sie zwar notwendig waren, jedoch in dieser Notwendigkeit nicht anerkannt werden durften; für die anderen, weil schon ihre pure Existenz im Widerspruch zu allen Normen der Intelligenz oder des 'normalen' Denkens und Tuns zu stehen

4 In diesen Prozeß sollten im Laufe des zwanzigsten Jahrhunderts noch etliche weitere spektakuläre Inversionen eingeführt werden: Kurz nach oder schon gleichzeitig mit Schönberg schockierte Stravinsky seine avantgardistischen Anhänger, als er ihnen eine Reihe neoklassizistischer Werke präsentierte. Einige Zeit später sollte sich Ähnliches dann durch die Richtungen der *new simplicity* und *new complexity* wiederholen.

schien. Bis vor kurzem waren sogar im Systemdenken umfangreiche Analysen über den pathogenen Effekt pragmatischer Paradoxe (vgl. Watzlawick 1967) zu finden. Einer der ersten, die hier für Veränderung sorgten, war Bateson (1972), als er meinte, im Paradox den eigentlichen Kern 'gesunden' Verhaltens in Spiel und Humor erblicken zu dürfen. Doch war auch ihm damals der strukturelle Unterschied zum pathogenen Paradox noch unklar.

Es gilt mir als sicher, daß dieser Unterschied nur auf einer Ebene von Wirklichkeit und auf einem Kalibrationsniveau in den Griff zu bekommen ist, auf denen Paradoxe als Bestandteil umfassender Äquilibrationsprozesse auftreten. Dies aber ist nur dann möglich, wenn Paradoxe und 'double binds' an ihre komplementären Entsprechungen gebunden sind und in ihr Gegenteil aufgelöst werden. Hierzu muß das System über die Möglichkeit der Modulierung der einen Welt in die andere (z.B. der ersten in die dritte), sowie über die Möglichkeit einer gegenparadoxen Regression auf niedrigere Interaktionsniveaus bzw. über Dekalibration verfügen. Diese Modulierungen und Dekalibrationen bilden das Thema des letzten Abschnitts dieses Beitrags ('Gegenthema'). Vorläufig muß der Hinweis genügen, daß das Terrain künstlerischer Interaktion dazu geeignet ist, die Transformation dissonanter Paradoxe zu erlernen. Daß dieser Prozeß nicht illusorisch oder utopisch ist, wird am Beispiel therapeutischer Modelle deutlich, in denen analoge Transformationen systematisch zur Anwendung gelangen. Darüber hinaus ist es möglich, künstlerische Interaktionen auf soziale und kulturelle Wirklichkeit zu beziehen und sie als allgemeines heuristisches Interaktionsmodell zu untersuchen.

Variationsgruppe 2: Künstlerische Bilderfahrung

Die Konstatierung desorientierender, desorganisierender und paradoxer Effekte bei der musikalischen Interaktion provoziert zweifellos die Frage nach der Funktionalität solcher Erscheinungen. Die Antwort darf natürlich nicht von der Ebene der ersten, sondern nur der einer anderen Wirklichkeit erwartet werden. Diese andere Wirklichkeit ist die zweite Wirklichkeit, die nämlich des subjektiven, besonders des emotionalen Erlebens. Sie verhält sich komplementär zur ersten Wirklichkeit, und Verhaltensweisen, die von hieraus begründet werden, hat man denn auch häufig als merkwürdig, bizarr, extrem oder sogar pathologisch bezeichnet.

Bereits vor vielen Jahren untersuchte J. Bahle (1936) den Einfluß dieser zweiten Wirklichkeit auf die Motivation von Künstlern. Er gelangte zu dem Ergebnis, daß das Verhalten von Künstlern noch stärker als das von Kunstrezipienten durch emotionale, ideologische oder ästhetische Momente, also durch Motive der zweiten Wirklichkeit (oder gar der dritten) bestimmt wird. Motive aus diesen Welten waren häufig stärker als beispielsweise externe Anreize in der Form von Statuszuwachs oder Geld.

Einen der interessantesten Beiträge der Systemtheorie bildet jedoch die eupsychische Interpretation symptomatischen Verhaltens bzw. eines Verhaltens, das (unter dem Aspekt der ersten Wirklichkeit) als 'ungewöhnlich' bezeichnet wird. Der funktionale Charakter solchen Verhaltens erhellt aus dessen Zusammenhang mit dem Gesamtkontext des Systems. Zumeist wird dann schnell sichtbar, daß pathologisches Verhalten oft die Funktion hat, das Gleichgewicht oder sogar die Existenz eines disfunktionalen Systems zu sichern. In der Psychotherapie, besonders in der Familientherapie, hat sich dieser Ansatz als äußerst wirkungsvoll erwiesen. Aber auch auf andere Gebiete, in denen 'merkwürdiges' oder 'außergewöhnliches' Verhalten signalisiert wird, trifft diese Interpretation zu. Der Bereich künstlerischer Interaktion ist als in diesem Zusammenhang ganz besonders relevant zu betrachten.

Variation 2.0.: Musik als Sprache der Gefühle

Musik ist in unserer Kultur seit je eng mit emotionalen Erwartungen verbunden (vgl. Broeckx 1981). Emotionalität läßt sich leicht an bioenergetische Prozesse koppeln, das heißt an Veränderungen im Spannungs- oder Energiezustand des Wahrnehmers. Musikpsychologie und experimentelle Ästhetik haben in der Tat festgestellt, daß während des auditiven Wahrnehmungsprozesses beim Hörer zahlreiche sehr einschneidende psycho-physiologische Veränderungen (Blutdruck, Atmung, Muskeltonus, EEG usw.) auftreten. Klinische Untersuchungen haben darüber hinaus gezeigt, wie früh (teilweise bereits pränatal) solche Reaktionen vorkommen (vgl. Tomatis 1975, Céleste/Delalande/Dumaurier 1982). Es ist daher nicht verwunderlich, daß Musik von vielen Wissenschaftlern als Sprache der Gefühle bezeichnet wird.

Variation 2.1.: Musik als klangenergetische Analogie

Dennoch beruht die Auffassung von Musik als Sprache der Gefühle auf einem Irrtum. Klärend waren für diesen Zusammenhang die Experimente S. Schachters (1965). Diese haben gezeigt, daß chemische Präparate dieselben neurophysiologischen Veränderungen zu verursachen vermochten wie Emotionen. Die von den Versuchspersonen vollzogene Identifikation der Veränderungen als Gefühle bezog sich also mehr auf die physiologischen Veränderungen selbst als auf die Ursache dieser Veränderungen. In Analogie zu den Untersuchungsergebnissen Schachters läßt sich festhalten, daß auch bei musikalischen Interaktionen ein und dieselbe Komposition mehrere unterschiedliche neurophysiologische Veränderungen zuläßt, während umgekehrt ein und derselbe Effekt auch durch ganz unterschiedliche Quellen verursacht werden kann. Mit anderen Worten, zwischen musikalisch-künstlerischen Stimuli und emotionalen Effekten herrscht Äquifinalität bzw. Mehrdeutigkeit. Kunst bzw. Musik als solche transportieren keine Gefühle, sondern bewirken (innerliche) Veränderungen, die Gefühlen ähneln und daher fälschlicherweise auch mit diesen verwechselt werden können. Diese Erscheinung nennt man Kollusion.

Faszination durch ein künstlerisches Ereignis entsteht also nicht nur aufgrund von Strukturgleichheit, sondern auch aufgrund der Erkenntnis von Nicht-Identität. Das heißt, sie ist das Ergebnis des mehr oder weniger bewußt gewordenen 'double bind' zwischen verschiedenen Wirklichkeiten und Interaktionsniveaus.

Ein sich zu dem beschriebenen Mißverständnis der Musik als Gefühlssprache analog verhaltendes Mißverständnis betrifft den logischen Aufbau musikalischer Werke und die daraus abgeleitete Formel von der Musik als logischem Gedankengang (vgl. Coker 1972, Broeckx 1981). Auch hier müssen bloße Analogie und Identität unterschieden werden und ist es gerade die Kollusion zwischen beiden, die die künstlerische Pointe ausmacht.

Variation 2.2.: Metempirische Paradoxe

Oben wurde bereits ausgeführt, daß das Erfahrungsthema der künstlerischen Interaktion ein analoges Erleben von Erlebnissen der ersten Wirklichkeit auf der Ebene der zweiten Wirklichkeit darstellt. Die Manipulation oder Organisation solchen Erlebens von Erleben kann man als *metempirisches* Wirkungsfeld künstlerischer Interaktion auffassen.

Die Organisation dieses Nexus von erster und zweiter Wirklichkeit beruht auf zielorientierten, systematischen Operationen bzw. Erfahrungsstrategemen von Hörer und Komponist. Wegen des indirekten Charakters der zirkularen (Dis-)Kommunikation zwischen Hörer und Komponist erhält dieser Kreislauf simultaner Projektion und Introjektion wechselseitig angenommener Erwartungen eine kontrapunktische und 'gekreuzte' Struktur. Dabei kann A nur vermuten (nicht jedoch wissen), was B erfährt und erwartet und was B erwartet, daß A erwartet (Erwartungserwartung). Künstlerische Manipulation oder Neuorganisation solcher Kreuztransaktionen geschieht durch die Erstellung von Sequenzen von Paradoxen und Gegenparadoxen.

Wir wollen einige dieser Erfahrungsstrategeme aufzeigen und den paradoxen bzw. gegenparadoxen Charakter von problematischen Lösungen und lösenden Problemen sichtbar machen.

Variation 2.2.1.: Zweckhandlungen

Als ein erstes Erfahrungsstrategem können Zweckhandlungen aufgefaßt werden. Künstlerische Produkte können in den Dienst von Effizienznormen der ersten Wirklichkeit gestellt werden. Es ist dies etwa der Fall bei der Einsetzung von Musik in konkreten Situationen wie Arbeit, Handel, Krieg, Therapie usw.

Zur besseren Illustration betrachten wir das Muster eines Interaktionsstrategems genauer: die Verwendung von Musik in der Arbeitssituation. Untersuchungen haben gezeigt, daß Musik in hohem Maße Tempo, Rhythmus, Zeitdauer usw. einfacher repetetiver Arbeitsvorgänge beeinflußt und welche parametrischen Merkmale der Musik dabei den größten Effekt zeitigen. Dissonanzen, harte Klangfarben, allerlei komplizierte oder asymmetrische Rhythmen, hohe Register usw. erwiesen sich als störend und wurden denn auch bei der Zusammenstellung spezifischer Arbeitsmusik eliminiert.

Das Paradox dieser Art von Interaktionen auf der Ebene der zweiten Wirklichkeit tritt damit deutlich hervor: Effizienz und (ästhetische) Auffälligkeit verhalten sich umgekehrt proportional. Wenn solche Musik ihre Bedeutung und ihren Wert durch den erzielten Effekt erhält, so wird ästhetische Unauffälligkeit zur Norm und die Musik demnach 'besser', je weniger subjektiv und künstlerisch eigenständig sie ist. Ihre Bestimmung ist es, so ließe sich sagen, zwar wahrgenommen, doch nicht bewußt gehört zu werden und jedenfalls dem Wahrnehmenden seine Dekognitisierung (oder Robotisierung) nicht ins Bewußtsein zu rücken. Solche Musik wird von Künstlern denn auch außerhalb des Bereichs der künstlerischen Aktion angesiedelt.

Dennoch gibt es Komponisten, die merkwürdige künstlerische und gegenparadoxe Kompositionen geschaffen haben, die auf einer Art kontextueller Inversion eben solcher funktionaler Musik beruhen. Besonders interessante Beispiele liefern in dieser Hinsicht die *musique d'ameublement* E. Saties oder die Gebrauchsmusik Hindemiths: Hintergrundmusik für den Hausgebrauch.

Variation 2.2.2.: Der Weg der Nicht-Aktion

Eine entgegengesetzte paradoxe Handlungsstrategie beruht auf verordneter Nicht-Aktion. Die Wirkung dieser Strategie läßt sich beim gewissermaßen obligatorisch auferlegten Nur-Hören bei unserer heutigen Konzertpraxis erkennen, die auf die unmögliche, paradoxe Auflage hinausläuft, sich nicht zu verhalten (vgl. Watzlawick 1967). Der besonders intensive 'double bind'-Effekt dieser Strategie beruht auf der Kombination einer bewußten motorischen Inhibition - die die emotionale Entladung im Applaus vorbereitet -

mit der Vorstellung oder Erfahrung von Musik als einem kinästhetischen Ereignis (das mit Begriffen wie Melodieführung, Intervalsprung, fallende Tonleiter usw. beschrieben werden kann). Wird 'double bind' dann noch mit kognitiver Stille kombiniert, das heißt mit der Blockade bewußter verbaler oder nonverbaler schematisierender Klassifikationen durch extreme Komplexität oder Neuheit, so entsteht ein spezifischer Zustand, der im Zusammenhang mit dem folgenden Kalibrationsniveau noch ausführlicher zur Sprache kommt (vgl. 2.3.).

Variation 2.2.3.: Abduktives Hören

Man ist versucht, das menschliche Verhalten als von einem unvermeidlichen Bedürfnis der Bedeutungszuweisung bestimmt aufzufassen. Ausgehend von den bereits in Variation 1.2. besprochenen paradoxen Effekten und den mit ihnen verbundenen Kollusionen zwischen autonom-klanglichen und logisch-semantischen Analogien kann der Hörer den Versuch unternehmen, ausgehend vom eigenen, internen Bereich durch Phantasieren oder abduktives Hören (durch *feed forward*) Bedeutung zu kreieren.[5] Auf der Grundlage aufgedeckter Analogien kann er die Struktur musikalischer Ereignisse an willkürliche außermusikalische Inhalte koppeln und diese Analogien als Bedeutungszusammenhänge bezeichnen. Auch hier aber beruht Bedeutung, wie sich versteht, auf einer Kollusion von Inhalten der ersten und zweiten Wirklichkeit (nur in umgekehrter Richtung). Der paradoxe Effekt dieser Strategie (musikalische Ereignisse werden um so bedeutungsvoller, je breiter der Assoziationsbereich ist, mit dem sie zusammenhängen) wird in der Decouvrierung erkennbar, die stattfindet, sobald der Hörer den projektiven Charakter der Bedeutung entdeckt und feststellen muß, daß dieser Bedeutungszusammenhang nicht so sehr ein Spiegelbild der Welt als vielmehr seiner selbst ist. Der Spiegel hütet sein Geheimnis.

Variation 2.3.: Ästhetische Trance

Erfahrungen dritten Grades gehören seit je zu den unzugänglichsten Forschungsgebieten. Bis vor kurzem näherte man sich ihnen fast ausschließlich von der Psychopathologie oder dem unübersichtlichen Terrain der Esoterik und Mystik her. Sie bilden ein Gebiet, das, wie G. und M.C. Bateson (1987)

---

5 Diese Variation kann man als Modulation oder Transfer von der ersten zur zweiten Wirklichkeit bezeichnen. Bedeutung meint hier ganz anderes als in Variation 1.2. Ging es in Variation 1.2. um die Aufdeckung syntaktischer Funktionen als bedeutungstragender Dimensionen, so werden hier konnotative Analogien bestimmend.

es ausdrücken, sogar Engel nicht zu betreten wagen: das *tremendum et fascinans* von Otto, die *peak experience* von Maslow.
Es ist eines der wesentlichen Verdienste der humanistischen Psychologie, daß sie dieses Terrain als einer der ersten Wissenschaftszweige eupsychisch angegangen ist. Eine eupsychische bzw. funktionale Interpretation (scheinbar) eigenartigen, disfunktionalen oder pathologischen Verhaltens ist allerdings auch für den systemtheoretischen Ansatz kennzeichnend. Solches Verhalten ist systemtheoretisch als Erfahrung dritten Grades, das heißt als Erfahrung der Erfahrungserfahrung aufzufassen.

Wodurch nun ist dieses Erfahrungsniveau gekennzeichnet? Wie sich aus den Schriften von Mystikern, Künstlern und Kunstliebhabern ableiten läßt, besteht eines seiner auffälligsten Merkmale in seinem surverbalen oder transdifferentiellen Charakter. Im Gegensatz zur überwiegend intuitiven oder sub- und präverbalen Art der Erfahrungen des Zero-Niveaus sind Erfahrungen auf diesem Kalibrationsniveau so unlöslich mit Abstraktionsprozessen verbunden, daß sie mittels verbaler Differenzierungen nicht mehr beschreibbar sind. Ein zweites wichtiges Charakteristikum dieser Variationsgruppe betrifft die Beziehung zwischen Subjekt und Kontext. Diese wurzelt im 'double bind' von extremer Entgrenzung bzw. transpersönlicher Distanzierung und genauso extremer innerlicher Beteiligung. Das wichtigste und treffendste Merkmal jedoch ist das der mentalen Veränderung: All jene, die derartige Erfahrungen beschreiben, signalisieren eine deutliche Verengung der Aufmerksamkeit, das Zerfließen oder völlige Verschwinden der räumlich-zeitlichen Ordnung (in einem ewigen Jetzt), womit dann einschneidende vegetative Veränderungen von EEG, Blutdruck, Muskeltonus, Atmung usw. einhergehen. Von den betreffenden Personen werden solche Zustände häufig als Entzücken, Enthusiasmus oder sogar als Ekstase umschrieben. Vergleicht man diese Erfahrungen mit den Daten der klinischen Psychologie, so lassen sich jene Zustände ohne weiteres als Formen der Trance bezeichnen. Der Erfahrungsverlust von Raum und Zeit, wie er sich in Beschreibungen besonders intensiven Kunsterlebens niederschlägt, deckt sich mit analogen Erscheinungen hypokinetischer oder hyperkinetischer Trance (wie bei Hypnose oder Tanz). Charakter und Anlaß derartiger Trance-Erfahrung beim Erleben von Kunst sind indessen eindeutig sinnlicher Natur. Daher wird hier vorgeschlagen, diesen Zustand als *ästhetische Trance* zu spezifizieren.

Codetta-2

Der Kontrapunkt von Welten also bildet bei künstlerischen Interaktionen den eigentlichen springenden Punkt. Die ihn kennzeichnende Struktur ist eine Kreuztransaktion zwischen Künstler und Publikum, die in zwei komplementären Welten situiert sind und voneinander ein Verhalten verlangen, das für beide Teile verboten oder nicht realisierbar ist. Der Künstler wird in seinem Handeln und Denken marginalisiert, doch die Produkte seines Verhaltens erlangen einen außergewöhnlichen Status und sind daher begehrt. Das Publikum wird einerseits trivialisiert, ist andererseits aber zugleich als Mäzen und Resonanzraum gefragt. Der Auftrag, 'originelle' Kunstwerke zu schaffen, garantiert symmetrisch-paradoxe Interaktion. Er impliziert eine Art Komplementarität der (künstlerischen) Verhaltensresultate, die der Auftraggeber 'Kunst' nennen und von der erwartet werden kann, daß sie Erwartungen (künstlerische Konventionen) durchbricht. Eine 'unerwartet erwartete' Durchbrechung der Konventionalität wird indessen als Nicht-Kunst zurückgewiesen werden. Für den Künstler hingegen bedeutet eine solche Ablehnung die erwartete Bestätigung gerade dessen, was geleugnet wird: daß nämlich ein 'Meisterwerk' geschaffen wurde. Denn Ablehnung hat als Indiz der Außergewöhnlichkeit seines Werks zu gelten.

Diskommunikation, die zu *Dekommunikation* führt, ist die notwendige Voraussetzung für eine Gruppe von Interaktionen geworden, die nicht nur durch ihren Inhalt oder ihr Material, sondern durch die *Struktur* ihrer Interaktion eine künstlerische Dimension erlangt. Das Künstlerische dieser Interaktion besteht in ihrem 'betrügerischen' Charakter, das heißt darin, daß sie auf einem wechselseitig akzeptierten Widerspruch von expliziten und impliziten Verhaltensnormen beruht. Sie ist künstlerisch außerdem deswegen, weil das Akzeptieren oder Simulieren dieser Widersprüche die Pointe eines Verhaltensstils ausmacht, der die vollendete Stabilität des Gleichgewichts der Gegensätze zum Ziel hat.

Variationsgruppe 3: Mythen und Systeme

Die Auflösung von Paradoxen impliziert nicht nur den Sprung auf eine höhere Kalibrationsebene, sondern auch jenen in eine andere, nämlich dritte Wirklichkeit. Diese Wirklichkeit umfaßt die Gesamtheit der Zusammenhänge bzw. Systeme von Regeln, die für die Interpretation der beiden vorigen Welten samt ihrem Kontext erforderlich sind. Diese Systeme fungieren gegenüber den anderen Welten demnach als Kontexte von Kontexten bzw. als Metakontexte.

Gleichzeitig besitzen diese Systeme (als äußerstes Kalibrationsniveau) ihrerseits einen eignen Kontext sui generis, der sich aus allerhand Überzeugungen und Annahmen aufbaut und hier als Glaubenssystem bezeichnet werden soll. Dieser Kontext, der einerseits das Produkt des Systems ist, andererseits das System übersteigt, trägt wiederum als wichtigstes Strukturmerkmal und Interaktionsnorm ein Paradox in sich.

Variation 3.0.: Formale Systeme

Das Zero-Niveau innerhalb dieser dritten Wirklichkeit umfaßt das formale System bzw. die Gesamtheit der Regeln, die die Beziehungen struktureller Einheiten untereinander bestimmen. Was die Musik angeht, so ist in diesem Zusammenhang auf die Musiktheorie, wie sie in Harmonielehre, Kontrapunkt oder den verschiedenen Tonsystemen vorliegt, zu verweisen.

Eines der wesentlichsten Charakteristika formaler Systeme besteht in ihrer geschlossenen Kohärenz. Das heißt, sie beruhen als System auf einem geschlossenen Zusammenhang von Regeln, die alle Elemente ganz eindeutig aufeinander beziehen. Als umgebendes kontextuelles Glaubenssystem hat dabei die Gesamtheit jener Erwartungen zu gelten, die sich auf den interaktionellen Effekt beziehen. Die Wirkung solcher Glaubenssysteme beruht auf einer sich selber bewahrheitenden Prophezeiung: Der Glaube an den Effekt produziert die Realisierung dieses Effekts. Ein Beispiel hierfür wäre die Ethoslehre oder der Glaube des Altertums und Mittelalters, daß bestimmte Tonarten ganz spezifische Effekte beim Hörer auslösten. Der Einfluß dieser Ethoslehre ist noch heute in der westlichen Kulturhemisphäre wirksam, wo man z.B. Dur- bzw. Molltonarten zur Provozierung froher bzw. trauriger Gefühle einsetzt. Die Musikpsychologie hat indessen gezeigt, daß für die Erzeugung spezifischer Gefühle nicht so sehr die Wahl gewisser Tonarten, als vielmehr die kulturelle Konditionierung von Komponist wie Hörer für den Effekt dieser Tonarten bestimmend ist (dies in Kombination mit der Gesamtheit der Merkmale aller anderen musikalischen Parameter wie Tempo, Rhythmus und Klangfarbe).

Variation 3.1.: Informale Systeme

Das erste Niveau umfaßt dann die Gesamtheit von wechselnden bzw. verwechselbaren Ideenmustern, Konzepten und Strukturen und läßt sich als informales System bezeichnen. Es enthält die spezifischen Transformationen des zugrundeliegenden formalen Systems, die üblicherweise als 'Stil' gefaßt werden. Transformationen formaler Systeme erhalten Stilcharakter nur dann, wenn sie eine gewisse Regelmäßigkeit besitzen. In dem Maße, in dem diese Muster typisch für eine Gruppe von Werken einer Periode, einer Gegend oder eines Komponisten sind, läßt sich dann von einem Zeitstil, dem Stil einer Gegend oder einem persönlichen Stil sprechen.

Die wichtigste Beziehungsvariable dieser Stilkonzeption besteht also in der systematischen Inkonsequenz, mit welcher das kontextuelle formal-theoretische System angewendet wird. Durch Selektion, Verstärkung oder Einführung fremder Elemente baut der Komponist eine Art musikalischen Diskurs auf, der gerade durch seine Abweichung vom Erwartungsmodell als besonders überzeugend empfunden wird. Im Gegensatz zur charakteristischen geschlossenen Kohärenz formaler Systeme bezeichnen wir die informalen Systeme mit ihren zahllosen Variationsmöglichkeiten als halb offen. Der Glaubensaspekt beruht bei diesen informalen Systemen auf der Überzeugung, daß die zur Anwendung gelangenden Transformationen ganz spezifische Eigenschaften besitzen, bzw. auf der Überzeugung, gerade hierdurch ausdrücken zu können, 'was nicht ausgedrückt werden kann': Kunst als erhabene und ultime Botschaft an und über die Welt. Solche Auffassung von Musik als Botschaft findet sich z.B. in den Sinfonien Mahlers. Der Gegensatz von feinsinnigen Naturevokationen und trivialen Märschen ist dort als Widerspiegelung des fundamentalen Weltkonflikts zwischen Natur und Kultur aufzufassen. Musik allgemein und Mahlers Musik insbesondere stellt also den Versuch dar, das Transzendieren dieses Gegensatzes und des Elends dieser Welt zu bewerkstelligen.

Variation 3.2.: Heuristische Systeme und Riten

Auf dem folgenden Niveau ist das heuristische bzw. generative System situiert, das die Gesamtheit der Suchstrategien andeutet, die bei der Verwirklichung spezifischer Transformationen innerhalb eines existierenden Stilsystems erforderlich sind. Die Unterschiede zwischen Systemmerkmalen des ersten und zweiten Niveaus liegen klar zutage: Wo Stilsysteme als halb offene Systeme mehr oder weniger stabiler Transformationsmuster beschrieben werden, dort tendiert ein heuristisches System zu vollkommener Offenheit. Wo formale und informale Systeme von mehr oder weniger dynamischen Transformationshierarchien (aus denen sich künstlerische Bilder aufbauen) bestimmt sind, dort läßt sich ein Suchsystem nur als *anarchisch*[6] bezeichnen (vgl. Feyerabend 1975). Im Grunde beruhen die Beziehungen zwischen den verschiedenartigsten Transformationen auf Äquifinalität. Für die Instandhaltung von Kreativität aber ist ein solches Transformationssystem unerläßlich, da einzig dieses Wiederholungs- und Systemzwänge zu durchbrechen vermag.

Es scheint aber, als seien offene Systeme eine Contradictio in adjecto: Denn wie läßt sich noch von einem System reden, wenn jeglicher Systemzwang vermieden wird? Die Antwort auf diese Frage findet man im Prinzip der Zirkularität. Setzt man voraus, daß Zirkularität auch Komplementarität einschließt (da Polaritäten retro-aktiv miteinander verbunden sind und sich somit gegenseitig implizieren), so liegt es auf der Hand, daß die konsequente Anwendung dieses Prinzips in einem System resultiert, in das auch

6 Es wird hier der Begriff 'anarchisch' statt 'anarchistisch' verwendet, um so die komplementäre Struktur im Hinblick auf 'hierarchische' Systeme hervorzuheben.

Komplementarität der Komplementarität, d.h. Metakomplementarität einprogrammiert ist. Das bedeutet, daß ein solches System widerspruchsvoll sowohl im Sinne hierarchisierender als anarchisierender Transformationen ist. Die aleatorische Kombination dieser beiden Transformationsgruppen bildet dann das spezifischte Organisationsmerkmal dieses Kalibrationsniveaus: *Metarchie*.

Solche komplementäre Komplementarität (oder 'kybernetische Komplementarität', Keeney 1983) kann ihren Platz ausschließlich in einer 'Kybernetik der Kybernetik' (von Foerster 1973) bzw. einer 'Metakybernetik' (de Lannoy 1989) haben. Sie stellt eine Neuauflage der alten Schöpfungsmythen dar. Als *coniunctio oppositorum* oder Enantiodromie gab solche Metakomplementarität bereits bei C.G. Jung die Grundstruktur für dessen Archetypen ab. Und als Suche nach dem Stein der Weisen fand sie metaphorischen Ausdruck schon in der Arbeit der Alchemisten. In ihr schlägt sich die ewige Suche nach dem vollendeten Gleichgewicht der Sphären nieder.

Wenn wir künstlerische Interaktionen in einen mythischen Kontext stellen, verweisen wir jedoch nicht in erster Linie auf die Inhalte spezifischer Mythen, sondern betrachten diese eher als Metaphern für die Summe aller Kräfte und Einflüsse, die Individuum oder Gruppe erfahren und die außerhalb der üblichen physischen Erklärungsmodelle liegen. Solches System von Kräften wird gewöhnlich nicht 'im' Individuum oder 'in' einer Gruppe angesiedelt, sondern in einer abstrakten, transhumanen Welt. Der 'double bind'-Charakter und faszinierende Effekt mythologischer Geschichten fußt sowohl auf ihrem immanenten Zusammenhang als auch auf ihrer Unvereinbarkeit mit den Gesetzen der ersten Wirklichkeit. Sobald man diese Unvereinbarkeit als Beweis für den besonderen Charakter ihrer Wirklichkeit anführt, erhebt man sogleich auch das Paradox zum universellen Prinzip.

Der interaktionelle Wert eines solchen Systems liegt in der Möglichkeit (besser: im Glauben an die Möglichkeit) eines allgemeinen Respons auf Probleme der ersten Wirklichkeit: das Erkennen und Akzeptieren von Widersprüchen als Lebensprinzip, das Annehmen des Unbegreiflichen, das Begreifen des Unaussprechlichen.

Höchstwahrscheinlich existiert Kunst nur als Mythos und ist sie lediglich ein pars pro toto für die Summe aller Schöpfungsmythen. Auch für sie gilt, daß der Glaube an die Macht des Mythos wichtiger ist als der Mythos selbst. Durch Kunst wird die (erste), furchterregende Wirklichkeit faszinierend und sind wir imstande, diese Wirklichkeit zu transformieren.

Musikgeschichte kann als fortwährende Generierung von Ordnung aus Chaos durch die fortwährende Kreierung und Transformierung kybernetischer Komplementaritäten verstanden werden. Dies illustrieren etwa die Kombination von episodischen und transformierenden Elementen in der Exposition und Durchführung von Fugen und Sonaten des 18. und 19. Jahrhunderts oder die Kombination von Wiederholung und Variation im

Serialismus des 20. Jahrhunderts. All diese Kombinationen lassen sich als Geschichten über die Wirkung eines kreativen Dämons und den Effekt einer Art (künstlerischen) Besessenheit unseres Egos begreifen. Solche Besessenheit, das heißt solch Glaube an die Existenz einer Kraft, die das individuelle Ego übersteigt und häufig als Inspiration angedeutet wird, ist also zugleich die furchterregende Voraussetzung und das faszinierende Ziel eines Ritus, in dem sich der Künstler - genauso wie sein bevorzugtes 'Opfer', nämlich der Kunstliebhaber - zugunsten seiner eigenen Kreation und der künstlerischen Verzückung opfert.

Variation 3.3.: Harmonie der Sphären

Die Spirale kybernetischer Komplementaritäten ist vermutlich endlos, nicht hingegen unser Konzeptualisierungsvermögen. Die Feststellung, daß dieses Vermögen beschränkt sei, schließt zugleich das Bewußtsein von der möglichen Existenz eines Hypersystems ein. Es ist nicht anders denkbar, als daß ein solches System sämtliche Eigenschaften umfaßt, die von Menschen entworfenen Systemen komplementär sind. Es muß demzufolge sowohl sich selber als auch sein komplementäres Gegenteil enthalten und sich dennoch in vollendetem Gleichgewicht befinden. Hiermit wird auf finalistische Systeme verwiesen, die ihren Platz zumeist in der Religion oder Mystik haben, zu denen jedoch auch Künstler und Kunstliebhaber Affinität zeigen. Es sind dies Systeme mit einem universellen Netzwerk möglicher Verbindungen und Zusammenhänge zwischen allem Wahrnehmbaren und Denkbaren, die dennoch nicht explixit gemacht werden können. Eine Beschreibung solch allumfassender Systeme kann daher nur in abstrakter und metaphorischer Terminologie versucht werden. Musik ist eine mögliche Manifestation solcher Systeme. Und zwar nicht nur dort, wo wir es mit Aufführung oder Entstehung so spezifischer Genres wie der der religiösen oder magischen Musik zu tun haben, sondern genausogut bei profanen Werken, die sich als Ausdruck eines intuitiven und globalen kosmologischen Modells verstehen. Die Spuren dieser Tradition finden sich im Pythagoreischen Denken von Bach, Skrjabin, A. Berg, Xenakis und vielen anderen Komponisten. Im Rahmen eines solchen Kontextes übersteigen musikalische und künstlerische Interaktionen alle dis- oder dekommunikativen Widersprüche. Musikalische Interaktion verläßt hier die Grenzen ihrer eigenen Definition. Sie strebt nach 'nonkommunikativer' bzw. visionärer Offenbarung, nach dem Ausdruck eines kosmischen Zusammenhangs, den man einst als Harmonie der Sphären beschrieb und dessen Handlungsmuster metaritueller Natur ist.

... und zum Schluß als GEGENTHEMA: Kunst und Kennerschaft (ad honorem Max Friedländer)

Zwischen 1770 und 1787 schrieb C.Ph.E. Bach seine ambitiöse Reihe von Sonaten, Rondos und Phantasien für Klavier, die er unter die Widmung 'Für Kenner und Liebhaber' stellte. Solche Widmung ist für das 18. Jahrhundert typisch[7]. Die Komponisten versuchten auf diese Weise nicht nur ein größeres Publikum zu Kauf und Aufführung ihrer Partituren zu stimulieren, sondern machten zugleich auf einen wesentlichen Unterschied zwischen den Niveaus auditiver Wahrnehmung aufmerksam.

Liebhaber ist jener Hörer, der ganz ohne professionelle Kenntnis oder Training, einzig auf Grund spontaner, unbefangener Erregung zu einem hohen Maß an Beteiligung gelangt. Diese Beteiligung basiert allerdings vornehmlich auf inhaltlichem Erkennen auf dem Wege des partiellen Vergleichs und auf der Unterhaltungsfunktion von Musik, die durch den Effekt unmittelbarer Feedbacks auf den niedrigeren Kalibrationsniveaus der ersten und zweiten Wirklichkeit bestimmt ist. Kenner dagegen ist jener Hörer, der auf Grund eines reich ausgestatteten Kontextes und umfangreichen Wissens und immer vom Ganzen ausgehend (Kalibrationen statt Feedbacks) zur sinnvollen Erkenntnis von Stilen gelangt. Durch sein größeres Abstraktionsvermögen ist er zu Bedeutungstransfer bzw. Interpretation innerhalb wie außerhalb des Bereichs künstlerischer Produktion fähig. Mit anderen Worten, der Kenner zielt mehr als der Liebhaber auf die Konstituierung von Bedeutungszusammenhängen zwischen künstlerischen Ereignissen und ihrem Kontext im Rahmen der dritten Wirklichkeit. Kunst und Musik besitzen für ihn unverkennbar epistemologische Funktion, obwohl durchaus auch er von den beschränkenden Folgen des Rationalisationsdrucks heimgesucht werden kann.

Beide Hörniveaus werden üblicherweise als hierarchisch aufeinander folgende Lernniveaus betrachtet. Das heißt, jeder Liebhaber versucht, im Laufe der Zeit mehr denn nur Liebhaber, nämlich Kenner zu werden. Eine solche Sicht indessen würde eine gar zu lineare Vorstellung vom Prozeß musikalischer Wahrnehmung vermitteln. Wie, so ist zu fragen, verhalten sich die beiden Hörniveaus im Rahmen eines *zirkularen* Modells? Man sollte wohl von der Feststellung ausgehen, daß vollendete Kennerschaft und damit absolute Sicherheit des Qualitätsurteils immer pure Illusion bleiben muß. Die Kunstgeschichte lehrt uns mit aller wünschenswerten Deutlichkeit, daß Irrtümer auch von Kennern begangen werden. Zudem haben sich Liebhaber

---

7 Das Thema von Liebhaber und Kenner erfreute sich aber nicht nur im 18. Jahrhundert großer Beliebtheit. Auch im 20. Jahrhundert ist es - nicht zuletzt als Folge der verwirrenden Vielfalt von Kunstrichtungen, der Verbreitung von Kitsch, von Fälschungen und der immer weiter um sich greifenden Vermassung und Kommerzialisierung - wieder aktuell.

und Kenner jederzeit gegenseitig ergänzt. Wirkliche Kennerschaft ist nicht nur das Resultat eines langen und schwierigen Lernprozesses. Sie scheint vielmehr eher mit Weisheit denn mit Gelehrtheit zu tun zu haben. Der Kenner hat zwar begriffen, daß sein Wissen eine unerläßliche Voraussetzung für die Erschließung groß angelegter metaphorischer Panoramen der Kunst ist. Er begreift aber auch, daß Komplexität allein als Kriterium nicht hinreicht. Denn wer Auge nur für das in fernen Höhen leuchtende Ziel hat, läuft der nicht Gefahr, die Wirklichkeit zu seinen Füßen zu übersehen? Unausgesetzte Überprüfung an der ersten Wirklichkeit ist erforderlich, will er nicht in die Fallgruben des intellektualistischen Kultkitsches stürzen, dem eigene Interpretationen wichtiger sind als das, worauf sie verweisen.

Woran aber kann sich der Kenner orientieren? Die Einführung eines Gegenthemas scheint unvermeidlich zu sein: eines Gegenthemas das Zuschauern bzw. Hörern die Möglichkeit der Dekalibration eröffnet, der Rückkehr nämlich zu einfachen Interaktionsniveaus und Rerealisierungen. An dieser Stelle schließt sich das zirkulare System auf merkwürdige Weise: Die unausgesetzten Lernprozesse führen den Kenner auf das Zero-Niveau zurück. Dennoch ist diese Rückkehr nur eine scheinbare. Denn wer solch lange Reise unternimmmt, hat keine Chance als derselbe heimzukehren. Seine Regression ist nur Regression im Dienste weiterer Entwicklung, einer Entwicklung, die nun nicht mehr länger quantitativ, sondern erfahrungsqualitativ orientiert ist.

Im Grunde ist solch Paradox ein Gegenparadox. Durch die Rückkehr zur ursprünglichen Ausgangssituation und gewissermaßen in den Zustand einer zweiten Unschuld kann der Hörer tun, als ob er nicht weiß, daß er weiß, was er weiß. Und möglicherweise gelingt es ihm sogar, sich selber weis-zumachen, er rezipiere nun abermals spontan. Solch Hörer oder Kunstbetrachter gleicht jenem Meister, der als junger Mann von der Schönheit der Natur ergriffen wurde und beschloß, die Natur nun bis in den entferntesten Winkel wissenschaftlich zu erforschen. Er studierte Jahr ein, Jahr aus, bis er plötzlich erkennen mußte, daß er sich nicht mehr an die Gerüche und Farben der Natur erinnern konnte. Entsetzt verließ er daraufhin Universität und Bibliotheken, um sich wie einst unter einen blühenden Baum zu setzen und den Vögeln zu lauschen. Dort fand ihn ein junger Mann, der ihn fragte, wie man Meister würde...

Übertragen auf die künstlerische Aktion bedeutet dies einerseits die unausgesetzte Orientierung an der Struktur der materiellen Spuren, was man gelegentlich (und nicht immer frei von einem Anflug von Verachtung) unter den Begriff des Handwerklichen faßt. Andererseits bleibt der Musikrezipient sich seiner intuitiven ersten Eindrücke und der 'Weisheit des Körpers' bewußt.

Indem man den ultimen, gegenparadoxen Auftrag der Dekalibration befolgt, mündet der Glaube an künstlerische Mythen und die Flucht in die Systeme schließlich in Selbstentdeckung und Selbstverwirklichung. Der Lohn

für den langen und scheinbar nutzlosen Umweg ist also nicht gering: Wenn der Hörer zu der Entdeckung gelangt, daß jede Partitur ein mikrokosmisches Bild seiner selbst und des Großen Ganzen ist, so eröffnet sich ihm damit auch die Möglichkeit zur Erschaffung dieses Ganzen.

Literatur

Adorno, Th.W. (1968): *Alban Berg*, Wien.

Bahle, J. (1936): *Der musikalische Schaffensprozeß*, Leipzig.

Bateson, G. (1972): Double Bind, in: G.B.: *Steps to an Ecology of Mind*, New York, S. 242-252.

Bateson, G. (1972): *Steps to an Ecology of Mind*, New York.

Bateson, G. (1979): *Mind and Nature. A Necessary Unity*, New York.

Bateson, G./Bateson, M.C. (1987): *Angels Fear. Towards an Epistemology of the Sacred*, New York.

Broeckx, J.L. (1981): *Muziek, ratio en affect*, Antwerpen.

Céleste, B./Delalande, F./Dumaurier, E. (1982): *L'Enfant du sonore au musical*, Paris.

Coker, W. (1972): *Music and Meaning*, New York.

Ehrenzweig, A. (1953): *The Psychoanalysis of Artistic Vision and Hearing*, London.

Feyerabend, P. (1975): *Against Method. Outline of an Anarchistic Theory of Knowledge*, London.

von Foerster, H. (1973): On Constructing a Reality, in: *Environmental Design Research*, hg. von W. Preiser, Stroudsburg, S. 35-46.

Francès, R. (1958): *La Perception de la musique*, Paris.

Friedländer, M. (1948): *Von Kunst und Kennerschaft*, Zürich.

Keeney, B.P. (1983): *Aesthetics of Change*, New York.

de Lannoy, Chr. (1989): Kitsch in de muziek, in: *De troeven van kitsch. Subversie en conventie van Renaissance tot Postmodernisme*, hg. von B. Suykerbuyk und H. Bluhme, Antwerpen.

Maturana, H.R./Varela, F.J. (1980): *Autopoiesis and Cognition. The Realization of the Living*, Dordrecht.

Meyer, L.B. (1956): *Emotion and Meaning in Music*, Chicago.

Meyer, L.B. (1973): *Explaining Music*, Chicago.

Narmour, E. (1977): *Beyond Schenkerism. The Need for Alternatives in Musical Analysis*, Chicago.

Neisser, U. (1963): The Multiplicity of Thought, in: *British Journal of Psychology 54*, S. 1-14 .

Neisser, U. (1982): *Cognition and Reality. Principles and Implications of Cognitive Psychology*, San Francisco.

Ruwet, N. (1972): *Langage, musique, poésie*, Paris.

Schachter, S. (1965): A Cognitive-Physiological View of Emotion, in: *Perspectives in Social Psychology*, hg. von O. Klineberg und R. Christie, New York, S. 75-105.

Tomatis, A.A. (1977): *L'Oreille et la vie*, Paris.

Watzlawick, P. (1978): *The Language of Change. Elements of Therapeutic Communication*, Palo Alto.

Watzlawick, P./Beavin, J.H./Jackson, D.D. (1967): *Pragmatics of Human Communication. A Study of Interactional Patterns, Pathologies, and Paradoxes*, New York.

Watzlawick, P./Weakland, J.H./Fisch, R. (1973): *Change. Principles of Problem Formation and Problem Resolution, Palo Alto*.

Phänomene, Systeme, Episteme

Zur aktuellen Diskussion systemtheoretischer Ansätze in der Literaturwissenschaft

Gebhard Rusch

Mit Blick auf S.J. Schmidts *Die Selbstorganisation des Sozialsystems Literatur im 18. Jahrhundert* einerseits und nach Erscheinen des letzten, von Friederike Meyer und Klaus-Michael Ort herausgegebenen Sonderheftes der Zeitschrift SPIEL anderserseits möchte ich mich einmal mit ein paar provokativen, gelegentlich karikierenden und vielleicht sogar ketzerisch anmutenden Bemerkungen in der sich nun in der Literaturwissenschaft intensivierenden Systemtheorie-Diskussion zu Wort melden. Dabei geht es mir um folgendes:

1. *Systemisches Denken sollte die Beobachtung des Objektbereiches nicht ersetzen, sondern organisieren.* Die Referenzbereiche (bzw. Objekt- oder Phänomenbereiche) systemtheoretischer Bemühungen müssen abhängig vom jeweils verwendeten Systemtheorie-Typ präzisiert werden. Oder (umgekehrt): Die Forschungsinteressen im Hinblick auf die Beschreibung, Erklärung oder Modellierung bestimmter Objektbereiche - und nicht bestimmte Denk-Moden - sollten die Auswahl zweckdienlicher Systemtheorien bestimmen. Eine Systemtheorie, die jedes beliebige Objekt als ein System desselben Typs kennzeichnet, würde nicht besonders zweckdienlich sein.
2. *Modelliert man den Objektbereich als Cocktail aus Systemen, so kann dies zu heftigen Kopfschmerzen führen.* Die Mischung von z.B. strukturalistischen, klassifikatorischen oder passivischen Systemkonzepten mit operationalistischen, ökologischen oder auch holistischen Systemkonzepten erzeugt ebenso klar erkennbare Inkonsistenzen wie die Iteration desselben Systemtyps auf verschiedenen Komplexitätsniveaus, z.B. wenn ein System S und dessen Sub-Systeme oder auch dessen Umwelt wiederum als Systeme desselben Typs modelliert werden.
3. *Abhängig von präsupponierten Literaturbegriffen und präferierten Systemkonzepten reproduziert systemisches Denken in der Literaturwissenschaft derzeit lediglich den klassischen Problembestand der Disziplin, ohne erkennbare Lösungen vorweisen zu können.* So wird z.B. der Abstand zwischen eher text-orientierten Ansätzen auf der einen und eher kontext-orientierten An-

sätzen auf der anderen Seite eher noch vergrößert als verringert; man denke z.B. an den Gegensatz von Literatur als Textsystem und als Sozialsystem, an den Gegensatz von Diskurstheorie und Theorie sozialer Systeme oder an den Gegensatz von semiologischen und ökologischen Systemtheorien.

I

Systemisches Denken hat seit geraumer Zeit .(zuletzt verstärkt durch N. Luhmanns *Soziale Systeme* und seine jüngeren kunsttheoretischen Arbeiten) auch in der Literaturwissenschaft einen festen Platz. Vor über zehn Jahren erschien S.J. Schmidts *Grundriß der Empirischen Literaturwissenschaft*, in dem die Idee eines Systems literarischer Kommunikationshandlungen (kurz: Literatursystem) vorgestellt und theoretisch bis zu einem gewissen Grade ausgearbeitet wurde. Kurz darauf trat eine Münchner Arbeitsgruppe um J. Schönert mit einem Parsonsschen Ansatz auf den Plan, heute verfolgen G. Jäger in München und M. Titzmann in Passau mit der jüngsten Ausgabe Luhmannscher Systemtheorie eigene Ansätze, F. Meyer und K.M. Ort versuchen den Parsonsschen Ansatz mit Ideen M. Foucaults und J. Derridas, mit den neueren Überlegungen Luhmanns, mit dem Konstruktivismus und mit dem Konzept der Selbstorganisation zu verbinden. Insbesondere im Gefolge der letztjährigen Arbeiten N. Luhmanns sowie der Konstruktivismusdebatten sind weitere Literaturwissenschaftler mit systemtheoretisch orientierten Arbeiten hervorgetreten, z.B. H.U. Gumbrecht, D. Schwanitz, G. Plumpe, J. Hoogeveen, H. de Berg u.a. Daneben spielen - vor allem in der Literaturwissenschaft der Niederlande - der Polysystem-Ansatz von I. Even-Zohar und der gesellschafts- bzw. kulturtheoretische Ansatz von P. Bourdieu eine wichtige Rolle.

Betrachtet man die in der deutschen Literaturwissenschaft prominentesten Ansätze, den struktural-funktionalistischen Ansatz der Münchener Gruppe, den handlungstheoretischen Ansatz der Bielefelder und Siegener Gruppe um S.J. Schmidt sowie die neueren Luhmann-Adaptationen, so zeigen sich einige charakteristische, spezifische und allgemeine Schwächen, die teils als Inkonsistenzen in der Theoriebildung, teils als Erschwerungen der empirischen Forschung in Erscheinung treten.

Beispiele für Inkonsitenzen etwa in der Luhmannschem Theoriebildung sind z.B. jüngst von K. Hempfer, Inkonsistenzen in den letztjährigen Arbeiten S.J. Schmidts sind z.B. von H. van Vliet & A. van der Velden thematisiert worden. Während den Luhmann-Adaptationen von Hempfer vor allem ein unklarer Systembegriff, Reontologisierungen theoretischer Begriffe, eine inkonsistente System-Umwelt-Relation und die problematische Übertragung eines biologischen Systemkonzeptes auf soziologische und kunsttheoretische Gegenstände angelastet wird, kritisieren van Vliet & van der Velden am Ansatz der NIKOL-Konzeption insbesondere die Unverträglichkeit eines konstruktivistischen, individuenorientierten Ansatzes mit Luhmannschen systemtheoretischen, makrologischen Konzepten. Neben dieser Problematik muß aber vor allem gesehen werden, daß die Empirische Theorie der Literatur (ETL) im wesentlichen ein Klassifikations-System darstellt, das Handlungs(super)typen differenziert und nach einer abstrakten Logik ordnet. Die ETL stellt kein Funktionsmodell (keine 'Mechanik') für Literatur in einer Gesellschaft dar, sondern einen Ordnungsvorschlag für (definiertermaßen) literarische Handlungen, der auf einer handlungstheoretischen Ebene bestimmte Funktionsprinzipien (z.B. Konventionssteuerung von Handlungen) aufbietet. Dadurch werden Erklärungen möglich, die über die Klassifikationsleistung hinausweisen auf operative Zusammenhänge in einem Gesellschaftssystem.

Die letzten Arbeiten von S.J. Schmidt (speziell *Die Selbstorganisation des Sozialsystems Literatur im 18. Jahrhundert*) nehmen neuere Konzepte (z.B. das der Selbstorganisation) auf, um weitere makrologische Funktionsprinzipien auf Systemebene zu gewinnen.

N. Luhmanns Systemtheorie scheint im Gegensatz zur ETL fast ausschließlich aus Postulaten für Funktionsprinzipien (z.B. Ausdifferenzierung, Entdifferenzierung, Selbstreferenz, Autonomisierung) zu bestehen. Während es der ETL an Systemmechanik fehlt, bietet Luhmann analytische Konzepte für Systemmechanik geradezu im Übermaß an. Das Problem ist nur, daß Luhmanns Systemanalytik wiederum nicht bis auf die Ebenen der Konstruktion von Funktionsmodellen hinabreicht. So stellt sie zwar ein reiches Repertoire systemanalytischer Deskriptoren und Explanatoren zur Verfügung; aber diese Instrumente scheinen auch 'nur' für allgemeine bzw. sehr abstrakte Beschreibungs- und Erklärungszwecke brauchbar. Auch das von Luhmann vorgeschlagene Konzept der Leitdifferenzen, an denen entlang sich Systeme aus- oder auch entdifferenzieren können sollen, ist ein ausschließlich analytisches, deskriptiv und rekonstruktiv verwendbares Konzept, für dessen Operationalisierung im Rahmen von System-Modellkonstruktionen Luhmann keinerlei Vorschläge gemacht hat.

Beispiele für die theoriebedingte Erschwernis empirischer Forschung sind bisher nur am Rande diskutiert worden, lassen sich aber mit Verweis z.B. auf die 'Empirieferne' der Luhmannschen Theoriebildung (so z.B. bei H. Haferkamp) oder mit dem Hinweis auf bestimmte definitorische Restriktionen in der Empirischen Theorie der Literatur (etwa der literatursystemischen Abgrenzungskriterien in Form von Konventionen) leicht illustrieren.

Der struktural-funktionale Ansatz, in der Bearbeitung von F. Meyer und C.M. Ort als integratives, sowohl handlungstheoretisch-mikrologische als auch systemtheoretisch-makrologische Aspekte unfassendes Gebilde gedacht, leidet wie die Luhmann-Adaptationen unter dem Parsonsschen Erbe eines polyvalenten Systembegriffs. Dies wiederum zieht die von F. Meyer und C.M. Ort wiederholt angesprochenen Integrationsprobleme verschiedener Systemebenen bzw. verschiedener Teilsysteme (z.B. Textsysteme im

Verhältnis zu Sozialsystemen) nach sich. Außerdem liefert ein auf Parsonsscher Systemtheorie basierter Mehrebenenansatz des bislang vorgestellten Typs lediglich eine Systematik zur Beschreibung einiger als zentral eingeschätzter Dimensionen gesellschaftlicher Einheiten, aber noch kein Funktionsmodell von Gesellschaft oder Literatur.

Während S.J. Schmidts Empirische Theorie der Literatur wegen ihrer handlungstheoretischen Basis und wegen ihrer Ausrichtung auf kommunikatives Handeln als (Literatur-)System-Elemente nur kommunikative Handlungen eines bestimmten Typs (literarische Handlungen) zuläßt, werden (in noch erkennbarer Beziehung zu Parsons) in Luhmanns soziologischer Systemtheorie nur noch Kommunikationen (u.a. im weiten Sinne der soziologischen Kommunikationsmedien-Theorie) als Systemkomponenten gesehen. Daran ist theorietechnisch zunächst einmal weiter nichts auszusetzen; es sei denn, man stellt gewisse Anforderungen an die ökologische oder empirische Validität der theoretischen Konzepte. Wenn man dies nicht tut, beschäftigt man sich mit spekulativer, bestenfalls experimenteller Sozialtheorie oder besser: mit Sozial-Metaphysik. Fordert man aber eine gewisse erhellende Funktion der soziologischen Theoriebildung für die Beobachtung, Beschreibung und Erklärung gesellschaftlicher Phänomene, dann erweist sich die Brauchbarkeit von Systemkonzepten als eine grundsätzlich empirische Frage. In diesem Sinne scheint es wenig zweifelhaft, daß sich ein derart anspruchsvolles Systemkonzept wie z.B. das der autopoietischen Systeme im Hinblick auf die theoretische Konzeptualisierung öko-sozialer Zusammenhänge mit der kommunikationsmedientheoretischen (wie mit jeder anderen) Monokultur von Systemkomponenten nicht nur nicht vereinbaren läßt, sondern auch empirisch nicht zu validieren sein wird.

Die ETL ist eine Theorie literarischer Kommunikations*handlungen*, nicht eine Theorie eines *aktiven* Literatursystems. Letzteres hat sich im Falle der ETL als oberste logische Ebene des Zusammenhangs der ETL-Theorie-Elemente untereinander sozusagen nebenbei als Idee (nicht aber als Theorie oder Modell) ergeben. Luhmann baut seine Sozialtheorie dagegen unmittelbar aus Kommunikationen als Systemkomponenten auf. Beiden gemeinsam - jedoch in der ETL mit größerer Aussicht auf eine Lösung angelegt - ist das Problem, daß die komponententypreinen Systeme Kommunikationen aus Kommunikationen, literarische Handlungen aus literarischen Handlungen usw. generieren müssen, um auch auf der Ebene des Prozedierens 'clean' bleiben zu können. Das wiederum 'verführt' - vielleicht vorschnell - zur Annahme einer autopoietischen System-'Natur'.

Aber auch die konstruktivistische Sozialtheorie Peter Hejls, an die S.J. Schmidt in einigen Punkten anzuschließen versucht, ist nicht ohne Probleme. So scheint gerade eines der für P. Hejls Sozialtheorie fundamentalen Konzepte, nämlich das der Synrefentialität im Zusammenhang mit der Abgrenzung sozialer Einheiten in Schwierigkeiten zu führen: Synreferentialität reicht nämlich über "Systemgrenzen" hinaus. Organisationen sind intern häufig weniger synreferentiell als Abteilungen von Organisationen im Hinblick auf zugehörige Branchen, Mitarbeiter in entsprechenden Abteilungen anderer Organisationen etc. So ist beispielsweise aus Studien amerikanischer Unternehmen bekannt, daß die Fachleute in den einzelnen Abteilungen ihre Geschäftspartner und Kollegen in entsprechenden Abteilungen anderer Unternehmen besser kennen und deren Verhalten besser einschätzen können als dies im Hinblick auf die Kollegen im eigenen Hause gilt.

Synreferentialität ist also möglicherweise ein viel zu allgemeines Konzept, um soziale Einheiten auch auf unterschiedlichen Komplexitätsniveaus zu differenzieren. Genau dies aber dürfte eine der weiteren Voraussetzungen für eine differenzierte Beschreibung und Modellierung sozialer Prozesse sein.

Die literaturwissenschaftliche Systemtheorieentwicklung, und das ist das eigentliche Motiv dieser Bemerkungen, tendiert gegenwärtig dahin, sich von den thematischen Phänomenbeständen abzulösen und ihre Funktionen für die konzeptuelle Organisation und für die Erklärung (theoretische und praktische Bewältigung) der thematischen Wirklichkeitsausschnitte einzubüßen. M.a.W., die Theorieentwicklung droht der Tendenz nach für die genannten Zwecke nicht produktiver, sondern kontraproduktiv zu werden.

II

Eine der jüngeren Merkwürdigkeiten in der literaturwissenschaftlichen systemtheoretischen Diskussion ist das als theoretisches Problem plazierte Verhältnis von Literatur als Text-, Symbol-, Zeichen-, Diskurs- oder Mediensystem auf der einen und Literatur als Sozialsystem auf der anderen Seite. Aus Gründen z.B. der historiographischen Tradition und Praxis der Disziplin sowie der sozialwissenschaftlichen Orientierung innovativer Ansätze war das Entstehen des genannten Problems in eben diesem Zuschnitt sozusagen vorprogrammiert. Dabei ist diese duale Anlage der Problematik noch von vergleichsweise bescheidener Natur, wenn man an die Möglichkeiten denkt, die genannten Bindestrich-Systeme und weitere einschlägige Sub-, Subsub- etc. oder Meta- und Metameta-Syteme jeweils als miteinander zusammenhängende Einzelsysteme ins Spiel zu bringen.

Mein Eindruck ist, daß die Gegenüberstellung von Literatur als Text- und Sozialsystem zumindest teilweise Ausdruck überzogenen oder mißverstandenen Systemdenkens ist. Systembegriffe werden seit Jahren inflationär auf alles und jedes verallgemeinert mit der Folge, daß all die solchermaßen erzeugten Systeme und Systemchen dann wieder zueinander in Verhältnisse gebracht, symbiotisch verschmolzen, funktional äquivalidiert oder äquilibriert, ausdifferenziert oder entdifferenziert, selbst- oder fremdorganisiert usw. sein bzw. werden müssen.

Systemtheorie verliert aber nach meinem Dafürhalten als objekttheoretischer Rahmen ihren Sinn, wenn man mit Bezug auf einen Objektbereich jede beobachtbare oder theoretisch konstruierbare Einheit als ein System - und womöglich noch als ein System desselben Typs (z.B. autopoietisch) - auffaßt. Bei diesem Sinnverlust ist die Gespenstergarde unendlicher Regresse sowohl in Mikro- als auch in Makrorichtung vielleicht nur deshalb noch nicht deutlich genug in Erscheinung getreten, weil die Systeminflation ihren Höhepunkt noch nicht erreicht hat.

Als ein probates Gegenmittel könnte ich mir jedoch schon jetzt vorstellen, daß man sich in einem prätheoretischen 'Diskurs' einmal mit größerer Klarheit über den Objekt- bzw. Phänomenbereich verständigt und über das jeweils angestrebte Abstraktionsniveau des theoretischen 'Diskurses'. Eine literarische Phänomenologie könnte den Blick schärfen für die Vielfalt der hier potentiell thematischen Gegenstände.

Von solchen Vorüberlegungen und Vorentscheidungen dürfte abhängig sein, auf welcher Komplexions- oder Aggregationsebene die systemtheoretische Modellierung (ich vermeide einmal bewußt den Ausdruck "Analyse") des Objektbereiches einzusetzen hätte. Werden systemtheoretische Konzepte dann mit Beschränkung auf eine bestimmte Modellierungsebene - eben eine System-Ebene - eingesetzt, können sie ihre Leistungsfähigkeit vermutlich besser entfalten als in definitionsgemäßer Kollision mit ihresgleichen in Beschreibungen einander zugeordneter (Sub-) Systeme.

Selbstverständlich können Komponenten von Systemen wiederum Systeme sein; irgendeine Notwendigkeit dafür besteht jedoch nicht. Und es besteht auch keine Notwendigkeit dafür, Komponenten eines Systems S, die ihrerseits als Systeme beschreibbar sind, für die Modellierung von S als Systeme zu beschreiben. Letzteres wäre sozusagen eine Frage der Modellierungstiefe, über die abhängig von den Untersuchungszielen zu entscheiden wäre.

Es gehört zu den Vorentscheidungen im Rahmen der Anwendung systemtheoretischer Konzepte, ob man sich einer Systemtheorie zu Zwecken der *Klassifikation* (von Einzelphänomenen, z.B. (literarischen) Handlungen) bedient oder ob man auf die *Bildung von (Funktions-)Modellen* (für ganze Phänomenbereiche, z.B. Literatur in einer Gesellschaft) zielt. Dabei erfordern (Funktions-)Modelle für gesellschaftliche Teilbereiche in keiner Weise, daß solche Teilbereiche als systemische Einheiten (z.B. autopoietischen Typs) konstruiert werden müßten. Ob ein beobachteter Funktions- oder Wechselwirkungszusammenhang als ein System bestimmten Typs (z.B. als selbstregelndes und selbsterhaltendes System) beschrieben werden kann, ist eine empirische Frage.

Betrachtet man Literatur im wesentlichen als eine Menge von Texten mit spezifischen Eigenschaften, so kann es für Klassifikations- oder Ordnungszwecke durchaus sinnvoll sein, die Elemente dieser Menge in einer bestimmten Systematik zu organisieren und nach Beziehungen zwischen diesen (und anderen) Texten zu forschen, die die vorgeschlagene Systematik plausibilisieren. Man sollte sich allerdings darüber im klaren sein, daß man es bei solchen Systematiken für Textmengen oder Textkorpora nicht mit aktiven oder dynamischen Systemen, also auch nicht mit selbstorganisierenden, selbstregelnden, autonomisierten oder autopoietischen Systemen zu tun haben kann.

Selbst wenn man als Systemkomponenten aktive Einheiten (z.B. menschliche Individuen) oder Prozesse (z.B. Kommunikationshandlungen) wählt, ist allein dadurch in keiner Weise garantiert, daß es sich bei der für die Einheiten gewählten Ordnung (z.B. nach Typen) um mehr als eine Systematik handelt. Die Qualitäten bzw. Eigenschaften der Analyseeinheiten vererben sich nicht auf die nächsthöhere Analyseebene.

Betrachtet man Literatur (wie in der ETL) als die Menge von literarischen Handlungen in einer Gesellschaft, so läßt sich auch diese Handlungsmenge nach einer einfachen Systematik weiter (z.B. in literarische Produktions-, Vermittlungs-, Rezeptions- und Verarbeitungshandlungen) strukturieren. Und ganz entsprechend könnte man verfahren, um Literatur unter diskurs-systematischen, sozial-systematischen usw. Aspekten zu konzeptualisieren, ohne Literatur dabei jemals als ein "aktives" System oder als einen speziellen (endlichen) Wechselwirkungs- oder Funktionszusammenhang zwischen (durch diesen Zusammenhang in Beziehung stehenden) Komponenten zu beschreiben.

So wenig Handlungen menschlicher Individuen als elementare Analyse-Einheiten implizieren, daß es sich bei jedem betrachteten Handlungszusammenhang schon um ein *soziales* Phänomen handeln muß (man denke etwa an den Ackerbau als ein System spezieller Handlungen), so wenig impliziert die Betrachtung zwischenmenschlicher Phänomene, daß es sich bei jeder Systematisierung zwischenmenschlichen Handelns bereits um eine Theorie sozialer *autopoietischer Systeme* handeln muß. Eine Handlungstheorie der Literatur ist also nicht unbedingt auch schon eine Literatursoziologie; und nicht jede literatursoziologische Betrachtung gerät zwangsläufig zu einer Art Systemtheorie der Literatur.

Faßt man "sozial" als zwischenmenschlich oder auch überindividuell, so ist damit weiterhin nicht notwendig eine Ausblendung oder das völlige Absehen von einzelmenschlichem, individuellem Verhalten bzw. Handeln verbunden. Dagegen findet man gerade in der Systemtheorie Luhmannscher Provenienz des öfteren den Hinweis, Einzelschicksale seien ohne Belang, was ein einzelnes Individuum tue oder lasse, bevorzuge oder ablehne, sei im Hinblick auf das gesellschaftliche Ganze unwichtig. Gesellschaftliche, soziale, überindividuelle Prozesse, so wird argumentiert, vollzögen sich vom einzelnen unbeabsichtigt und unabhängig von dessen Wollen und Handeln; auch könnten gesellschaftliche Veränderungen nicht durch einzelne herbeigeführt oder verhindert werden. So sehr diese Feststellungen bei oberflächlicher Betrachtung auch zutreffen mögen, so sehr führen sie in die Irre, wenn es darum geht, eine viable Vorstellung vom Funktionieren menschlicher Gesellschaften zu gewinnen. Zwar ist es richtig, daß das Ganze mehr ist als bloß die Summe seiner Teile; aber es ist eben nicht mehr als das *Zusammenwirken* seiner Teile; es ist nichts, was als eigene Funktionseinheit zu den zusammenwirkenden Teilen noch hinzukäme (etwa nach der Gleichung: Totalität = Ganzes plus Teile des Ganzen), und es ist nichts, was als Funktionseinheit in der gesellschaftlichen "Mechanik" Wirkung entfalten könnte. So ist es das (Zusammen-)Wirken der einzelnen (handlungsmächtigen Individuen) im Kontext aller übrigen Voraussetzungen, Bedingungen und Wirk-Faktoren, das gesamtgesellschaftliche Dynamik bestimmt. Nur weil dies so ist, kann z.B. für Zwecke makrologischer Analysen die Aggregation von Einzelphänomenen zu Phänomenklassen bzw. -typen oder die Bildung soziodemographischer Merkmalsklassen überhaupt Sinn machen.

Stellt man nun die Frage nach den Komponenten *sozialer Systeme*, so wird man Menschen mit einer gewissen Notwendigkeit als Komponenten ansehen müssen. Menschen sind es doch auch, die durch ihre Handlungen und ihr Verhalten (und darin ist eingeschlossen die Berücksichtigung ebenso wie die Verletzung von Regeln, Normen und Konventionen) jenes komplexe Beziehungsgeflecht etablieren und unterhalten, das als Gesellschaft bezeichnet werden kann. Aber neben Menschen dürften weitere Komponenten hinzukommen. Auch sind es Menschen, die soziale Beziehungen eingehen und unterhalten, Beziehungen, die in diversen Rechtsordnungen sowie nach politischen und wirtschaftlichen Prinzipien organisiert werden. Solche Beziehungen aber sind Beziehungen zwischen Menschen (nicht zwischen Texten, Diskursen, Handlungen, Kommunikationen, Zahlungen o.ä.).

Das Zusammenleben von Menschen realisiert sich abhängig von physischen und kognitiven Dispositionen und deren Funktionen unter jeweiligen Umgebungsbedingungen. Die jeweils wirksamen Integrationskräfte bzw. Organsiationsprinzipien sind von physiologischer, psychischer und sozialer "Natur" (z.B. Primärbedürfnisse, physische Stärke; sekundäre und tertiäre Bedürfnisse, Motivationen, Wünsche/Ziele, Fähigkeiten, Fertigkeiten; politische, wirtschaftliche Macht, Rechtsordnung). Solche "Kräfte" finden Ausdruck im Verhalten und Handeln der zusammenwirkenden Individuen.

III

Um die Entwicklung von Funktionsmodellen für aktive Systeme konzeptionell zu erleichtern, möchte ich ein 'offenes' System-Konzept vorschlagen. Damit ich nicht schon gleich an dieser Stelle mißverstanden werde, möchte ich betonen, daß ich hier mit "offen" zunächst einmal nur eine konzeptionelle, und nicht eine systemische Qualität (etwa 'Offene Systeme') meine.

Es kommt mir darauf an, über ein Systemkonzept zu verfügen, dessen Integrationsleistung groß genug ist, um alle funktional, oder besser: operational relevanten Phänomeme berücksichtigen zu können. Z.B. hielte ich es für wenig sinnvoll, aus Gründen einer Art 'Systemdisziplin' relevante Faktoren als Komponenten eines Systems ausschließen zu müssen, weil sie, wie z.B. im Falle des ETL-Literatursystems, keine literarischen Handlungen sind.

In der Geschichte des systemischen Denkens gibt es Beispiele für solche offenen System-Konzepte (z.B. Arbeiten von A. Angyal oder J. Feibleman & J.W. Friend), die nach meiner Einschätzung als Groborientierung für unsere Zwecke sehr gut geeignet sind.

Die stille Eminenz im Hintergrund der Systeme ist die System-Organisation. *Organisiert* sind z.B. materielle und prozessuale Entitäten in einer Weise, die diese zu Komponenten eines Systems werden läßt. Man könnte (und müßte wohl) noch genauer sagen, daß es natürlich nicht eigentlich die Organisation ist, die etwas tut, sondern daß die Organisation bestimmter materieller und prozeduraler Entitäten Ausdruck der Funktionen bestimmter Eigenschaften dieser Entitäten ist. Genau dies, nämlich eine bestimmte Art von Funktionspotential in einer bestimmten Art von Umgebung entfalten zu können bzw. zu entfalten, läßt eine Entität bei gegebener Gelegenheit zur Komponente eines Systems werden. Und die Entfaltung ihres Funktionspotentials bzw. die Prozessierung ihrer Eigenschaften läßt diese Komponente bei Gelegenheit mit anderen in einer Weise (sich gegenseitig organisierend) zusammenwirken, daß unter Umständen ein (dann in spezifischer Weise organisierter) komplexer Wechselwirkungszusammenhang, ein "aktives" oder dynamisches System, entstehen kann.

Was also an "aktiven" Systemen von zentraler Bedeutung ist, ist der Wechselwirkungszusammenhang, den sie verkörpern, und der (abhängig von der Art der Organisation und den Eigenschaften der organisierten Komponenten) Entitäten unterschiedlichen Typs (in *einem* System) zu intergrieren vermag.

In diesem Sinne gleichen "aktive" Systeme im Hinblick auf die verschiedenen Arten von Komponenten, die sie integrieren können, eher einem Gemischten Salat der Saison als einem Vanille-Eis mit mehreren Kugeln. Was die einzelnen Elemente einer solchen Komponenten-Mischung jedoch in derselben Weise auszeichnet, ist, daß sie Funktionselemente desselben Wirkungszusammenhangs, i.e. desselben Systems sind. Innen-Außen-Differenzierungen lassen sich dann gar nicht mehr abstrakt und allgemein über immanente Komponenteneigenschaften herstellen, sondern sind abhängig von der Integrationskraft, die ein solcher Wechselwirkungszusammenhang zu entfalten vermag, und von der Form, in der dies geschieht. M.a.W., die Innen-Außen-Differenzierung ist eine empirische, keine definitorisch-analytische Frage.

Wenn man also eine genauere Vorstellung (prämodellhaftes Konzept) von dem Wechselwirkungszusammenhang gewinnen möchte, den man untersuchen will, braucht man für die Entscheidung, ob eine Entität dazu gehört oder nicht, kein weiteres Kriterium als dessen Funktionalität oder Operativität im Systemzusammenhang.

Die Grenzen einzelner "aktiver" Systeme können abhängig von der Größe der Integrations-"Kräfte" bzw. nach den auf Entitäten außerhalb wirkenden Attraktions-"Kräften" als Zonen beschrieben werden, in denen die Integrationskräfte des Systems (nach 'Innen') bzw. die Attraktionskräfte des Systems (nach 'Außen') zu gering sind, um Komponenten als Funktionselemente dauerhaft in die System-Organisation einzubinden bzw. neue Funktionselemente als Komponenten hereinzuziehen.

In diesem Sinne sind Grenzen aktiver Systeme empirisch immer unscharf, weil aktive Systeme auch und gerade an ihren Grenzen eine gewisse Dynamik entfalten. Dabei ist die Redeweise von Grenzen - jedenfalls mit Bezug auf bestimmte Arten von Systemen, z.B. soziale Systeme - nur insofern in gewissem Sinne irreführend, als sie die Beobachtbarkeit einer irgendwie materialisierten scharfen Grenze (z.B. einer Art Membran, Gehäuse, Markierung in einem Medium, Differenz der System-Komponentendichte o.ä.) nahelegt. Vielleicht wäre es besser, zu sagen, daß Systeme (die im Hinblick auf ihre Organisation immer endlich sein müssen) dann und dort enden, wenn und wo der Wechselwirkungszusammenhang, der sie verkörpert, keine Wirkung mehr zeigt. Aktive Systeme können "fließend" gegeneinander abgegrenzt sein bzw. ineinander übergehen. Systemgrenzen stellt man sich besser nicht als Linien oder Zäune, sondern als Flächen oder Gebiete vor. Daß politische Grenzen zwischen z.B. nationalstaatlichen Einheiten in präzisen Formen materialisiert werden, um die Geltungsbereiche z.B. unterschiedlicher Rechts- oder Wirtschaftsordnungen zu markieren, ist eine Form der pragmatischen Handhabung des Problems der unscharfen Grenzen. Politische Absprachen über Grenzverläufe lösen aber das Problem unscharfer Grenzen nur geopolitisch und völkerrechtlich, aber nicht auf der Ebene der Dynamiken der betroffenen Staatsgebilde, u.a. ein Grund für sog. Grenzschutzmaßnahmen.

"Aktive" Systeme i.S.v. endlichen Wechselwirkungszusammenhängen können *selbstregelnde* und *selbsterhaltende* Einheiten sein. Selbstorganisierend in dem Sinne, daß sie ihre Organisation selbst erzeugen, können "aktive" Systeme aber grundsätzlich nicht sein, weil dies ihre Organisation, die gerade erst selbst erzeugt werden soll, bereits voraussetzen würde. Der Begriff der Selbstorganisation ist also eine Art abkürzende Redeweise dafür, daß das (zufällige oder geplant herbeigeführte) Zusammenwirken einer Anzahl von Entitäten aufgrund der "Reaktions-" bzw. Wechselwirkungseigenschaften dieser Entitäten zur Etablierung eines (mehr oder weniger) stabilen, d.h. für eine gewisse Dauer beobachtbaren, Wechselwirkungszusammenhanges führt. Dabei erzeugt nicht dieser resultierende Zusammenhang seine Organisation, sondern die Organisation (die Form des Zusammenwirkens der Komponenten) resultiert aus den Eigenschaften der zusammenwirkenden sowie der dabei ggf. neu entstehenden Komponenten.

"Aktive" Systeme können mehr oder weniger *operational geschlossen* sein, sie können mehr oder weniger *selbstreferentiell* sein. Lebende, von Nervensystemen integrierte Organismen sind Beispiele für in hohem Maße (wahrscheinlich vollständig) operational geschlossene, selbstreferentiell operierende dynamische Systeme; in sozialen Gebilden ist der Anteil der auf die soziale Einheit selbst bezüglichen Prozesse weit geringer; der Anteil wächst mit der Komplexität der sozialen Einheit, so daß z.B. 'kleine' soziale Einheiten mit nur wenigen Individuen in geringerem Maße selbstreferentiell operieren bzw. weniger operational geschlossen sind als 'große' Einheiten mit vielen Individuen. Operationale Geschlossenheit und mithin Selbstregelung und Selbsterhaltung von Systemen erfordern ein gewisses Mindesmaß an Komplexität und Größe bezogen auf die Arten und Eigenschaften der Systemkomponenten.

Aktive Systeme i.S.v. endlichen Wechselwirkungszusammenhängen beanspruchen *Raum*; genauer wird Raum beansprucht von den aktiven, materialen Komponenten eines Systems sowie zur Herstellung und Unterhaltung der Wechselwirkungsbeziehungen zwischen den Komponenten. Der von einem aktiven System belegte Raum, kann nicht zugleich von einem anderen aktiven System belegt werden, d.h. aktive Systeme sind räumlich disjunkt. Unter Umständen können bzw. müssen aktive Systeme um den Raum, den sie beanspruchen, konkurrieren und sich gegenseitig verdrängen.

Aktive Systeme können eine ihrer Umgebung gegenüber veränderte *Zeitstruktur* aufweisen dadurch, daß Vorgänge innerhalb des Systems schneller oder langsamer ablaufen als vergleichbare Vorgänge außerhalb des Systems. In lebenden Organismen wird eine Beschleunigung der chemo-physikalischen Reaktionsgeschwindigkeiten z.B. durch chemische Katalysatoren bewirkt; in sozialen Körperschaften (wie z.B. herstellenden Unternehmen) erfolgt eine Beschleunigung z.B. durch räumliche Konzentration (von Rohstoffversorgung, Verarbeitung, Verwaltung, Absatz; was zu kurzen Wegen, sichererem Informationsfluß und besseren Kontrollmöglichkeiten führt) sowie durch Automatisierung (was zu einem günstigeren Verhältnis der Stückzahl/Zeit-Relation und zu Kostenvorteilen führt).

Die Identität eines "aktiven" Systems ist bestimmt durch seine Organisation (den Systemtyp), seine Struktur (die spezifische materiale und prozessuale Realisierung des Systemtyps) sowie durch seine Funktionen und Leistungen (Art und Umfang des "Systemoutputs" sowie Qualität und Quantität der Effekte oder Erträge zugunsten der Komponenten). So kann z.B. ein Industrieunternehmen (von bestimmter Größe und Struktur) als teilweise selbstregelndes und selbsterhaltendes System einen bestimmten Produkte-Output haben und zugleich bestimmte Leistungen für die Mitarbeiter erbringen (z.B. Entlohnung, Sicherheit, Altersversorgung, Beteiligung am Unternehmen o.ä.).

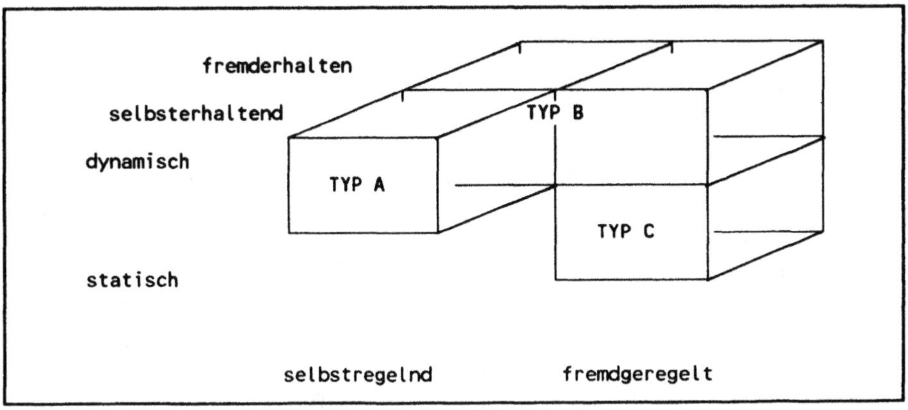

Abb.1 *Rudimentäre Systemtypologie*; Typ A: z.B. Lebende Organismen, Öko-Systeme, "Große" Sozialsysteme; Typ B: z.B. Maschinen, Roboter, "Kleine" Sozialsysteme; Typ C: Passive Systeme wie z.B. Kristalle.

Faßt man die vorausgegangenen Überlegungen zusammen, so ergibt sich ein Systemkonzept (System als Ordnung bzw. Organisation von Komponenten), das differenziert werden kann auf den Skalen "statisch - dynamisch", "selbstregelnd - fremdgeregelt" und "selbsterhaltend - fremderhalten".

Die Systematik der hier unterschiedenen Systemtypen A, B und C sollte um all jene Mischformen erweitert gedacht werden, die aus den hier unterschiedenen Typen gebildet werden können. Die Klassen A, B und C stellen sozusagen "fuzzy sets", unscharfe Mengen dar, deren Grenzen wegen zahlreicher Mischformen nicht absolut gezogen werden können.

Im empirischen Fall der Beobachtung aktiver oder passiver Einheiten wird die Identität einer Einheit danach zu bestimmen sein, in welchem Maße sie Eigenschaften der z.B. hier diskriminierten Systemtypen aufweist.

Selbstregelnde und selbsterhaltende dynamische Systeme stellen also einen bestimmten Typ eines Funktions- bzw. Wechselwirkungszusammenhanges dar. Selbstregelung und Selbsterhaltung erfordern Selbstreferentialität und Endlichkeit bzw. (Ab-)Geschlossenheit der Systemorganisation, sie erfordern m.a.W. so etwas wie Ganzheitlichkeit oder organisationelle Vollständigkeit. Dieser Eigenschaften wegen schlage ich vor, hier von einem *holistischen Systemkonzept* zu sprechen.

IV

Wird nun *Literatur* als derjenige Phänomenbereich in einer Gesellschaft thematisiert, der im Zusammenhang mit dem ästhetischen Gebrauch von Sprache und Schrift steht, so kann daran die Frage angeschlossen werden, ob Literatur in einer Gesellschaft ein "autonomisiertes System", womöglich gar ein "autopoietisches System" bildet. Es gibt Argumente, die eine negative Beantwortung dieser Frage nahelegen.

So gilt - und dies ist nicht nur in Deutschland so - die bestehende Rechtsordnung (Bürgerliches Recht, Strafrecht etc.) auch im Bereich von Kunst und Literatur. Wie im Falle des deutschen Grundgesetzes kann die Freiheit von Wissenschaft, Kunst und Literatur sogar *positives* Recht sein. Mithin sind zumindest einige der als integrativ für die Bereiche Kunst und Literatur wirksamen Faktoren als durch die gesellschaftliche Rechtsordnung, und nicht durch Kunst oder Literatur selbst reguliert anzusehen.

Die Redeweise von der Geltung spezifischer Konventionen im Bereich Kunst und Literatur verdeckt den Umstand, daß der Geltungsbereich solcher Konventionen die Gesamtgesellschaft ist, d.h. daß es sich bei solchen Konventionen um Handlungsregularien in der Gesellschaft *für* spezielle gesellschaftlich-relevante Belange handelt. Ästhetik-Konventionen indizieren also gerade nicht eine Absonderung der Bereiche Kunst und Literatur von der Gesellschaft, sondern gerade die Verfügbarkeit eines gesellschaftlichen Raumes, die Integration bzw. Inkorporation kunst- und literaturbezogenen Handelns als gesellschaftliche (und nicht etwa außerhalb von Gesellschaft befindliche) Handlungsbereiche.

Würden Kunst- und Literatur tatsächlich vollständig und ausschließlich selbstreferentiell operieren, wären z.B. Sujet- oder Motivwechsel in der Kunst- und Literaturgeschichte kaum zu erklären. Die schlichte Negation des Vorgefundenen stellt nämlich noch kein Präjudiz für die Auswahl dessen, was an die Stelle des Alten gesetzt werden soll. Ein Innovationsgebot gebietet nur die Abweichung, legt aber nicht deren Richtung fest. Überdies sind die Kunst- und Literaturgeschichte voll von Hinweisen und Interpretationen, die über die Bereiche von Kunst und Literatur hinausweisen auf Alltags- und Extremerfahrungen der Künstler und Autoren, auf Quellen und Anstöße für ästhetische Arbeiten, die aus ganz anderen als künstlerischen Zusammenhängen stammen.

Die zweifellos aufweisbaren Selbstthematisierungen in Kunst und Literatur (paradigmatisch: Selbstbildnisse und autobiographische Romane; exemplarisch auch Zitate und Imitate) stellen zwar Selbstreferenzen von Künstlern und Autoren bzw. kunst- oder literaturimmanente Referentialisierungen dar, aber solche Fälle der Selbstbezüglichkeit sind keineswegs repräsentativ für Referentialisierungen in Kunst und Literatur.

Aus der Perspektivik eines holistischen Systemkonzeptes erscheint Literatur zunächst einmal gar nicht als ein System-Kandidat. Nimmt man den Ausdruck "Literatur" im wörtlichen und nicht nur umgangssprachlichen, sondern auch branchenüblichen Sinne, so bezeichnet er schriftsprachliche Texte, die zu bestimmten Zwecken geschrieben, veröffentlicht oder gelesen werden. Es handelt sich also bei Literatur im Wortsinne zunächst nur um Geschriebenes bzw. Gedrucktes. Genauer wird dann differenziert in Belletristik, schöngeistige oder auch hohe Literatur einerseits, Trivial- bzw. populäre Literatur andererseits (zu Zwecken der Unterhaltung oder Erbauung mit oder ohne besonderen künstlerisch-ästhetischen Anspruch) sowie in Sach- und Fach-Literatur (zur Information oder zur Aus- und Weiterbildung). Wie bereits weiter oben festgestellt, bildet eine wie immer umfangreiche Menge von Texten noch kein aktives System; und selbst eine Systematik müßte erst von jemandem erdacht und dann auf diese Textmenge angewendet werden.

Für die Literaturwissenschaft war immer die Frage zentral, was Texte zu schöner oder hoher Literatur werden läßt. Heute kann die Antwort nur lauten: die Erfüllung von Erwartungen. Und diese Antwort schließt Autoren, Texte und Leser sozusagen kurz. Trotzdem ist sie nicht kurzschlüssig! Denn weder sind für die Beantwortung der literaturwissenschaftlichen Kernfrage allein Texteigenschaften, noch allein die Kognitionen von Autoren oder Lesern heranzuziehen. Die heute plausible Antwort geht nicht auf ein Entweder-Oder, sondern darauf hinaus, daß sowohl kognitive als auch soziale, und ebenso gewisse Texten zuzurechnende Faktoren für die Zuschreibung von Literarizität ursächlich sind: Damit ein Leser seine Erwartungen, die er (aufgrund seiner Sozialisation in einer sozialen Gemeinschaft) an Unterhaltungslektüre (ob mit oder ohne weiteren Kunstanspruch) stellt, erfüllt finden kann, muß der ihm vorliegende Text bestimmte Lesehaltungen, Leseerfahrungen, Lesarten zulassen, nahelegen oder fördern, muß die Lektüre bestimmte Wirkungen zeitigen. Autoren, die erfolgreiche Belletristen sein wollen, müssen solche Texte produzieren, die im Rahmen der geltenden Konventionen rezipierbar und gemäß der geltenden Ästhetik für ein Lesepublikum attraktiv sind. Konventionen korrelieren mit Textmerkmalen, Textmerkmale sind Ausdruck geltender sprachlicher und ästhetischer (sowie weiterer) Konventionen; Produktionsästhetik und Rezeptionsästhetik korrelieren miteinander (wie mit noch anderen Einstellungen, Werthaltungen oder Erwartungen), sind unter günstigen Umständen korrektiv durch Texte und Lektüre aneinander gekoppelt.

Was also Schöne Literatur (und nicht nur diese) als eine Textsorte generiert, ist ein ziemlich komplexer "Mechanismus". Kommt nun dieser "Mechanismus" bzw. Wechselwirkungszuammenhang als ein selbstregelndes und selbsterhaltendes System in Frage?

Die Antwort ist bereits weiter oben angedeutet worden. Betrachtet man nur die unmittelbar mit Literatur in Zusammenhang stehenden Gegenstände und Vorgänge (oder etwa nur literarische Kommunikationshandlungen) so gelangen viele der für das literarische Leben in einer Gesellschaft konstitutiven Faktoren (die nicht selbst literarische Gegenstände oder Vorgänge sind) einfach nicht in den Blick. Der Bereich der im Zusammenhang mit Literatur relevanten (und für die Erklärung literarischer Prozesse und literarischer Gegenstände notwendigen) Faktoren reicht weit über den sog. Literaturbetrieb hinaus.

Vollständig selbstregelnd und selbsterhaltend sind im Literaturbetrieb allein die agierenden Menschen (als lebende, kognitive, handlungsmächtige Systeme), als teilweise autonom können dann die spezialisierten Unternehmen im Literaturbetrieb, Verlage, Druckereien, Buchhandlungen usw. sowie Verbände, Vereinigungen und Institutionen gelten; aber erst auf gesamtgesellschaftlicher Ebene wird wieder ein Grad organisationeller Komplexität erreicht, der Autonomie (i.S.v. Selbsterhaltung durch Selbstregelung) gestattet.

Der Ausschnitt aus der Gesamtgesellschaft, den man im Zusammenhang mit Literatur in den Blick bekommt, ist kein einheitlicher, in sich organisch verbundener Bereich, sondern ein sehr heterogenes, in der Gesellschaft distribuiertes Gebilde.

So sind auf der Angebotsseite nicht nur unterschiedliche Autorengruppen (differenzierbar nach Grad der Professionalisierung, Tätigkeit für verschiedene Medien, Spezialisierung auf verschiedene Literatur-Genres etc.) zu nennen, sondern auch unterschiedliche Unternehmenstypen (z.B. Verlage von Kleinst- bis Konzerngröße, Druckereien, Groß- und Einzelhandelshäuser, spezialisierte Dienstleistungsunternehmen im Lektorats- und Distributionsbereich, im Buch- und Zeitschriftenbereich), Standesorganisationen und Interessenvertretungen, öffentliche Einrichtungen (z.B. Bibliotheken, Literaturbüros, Literaturhäuser) usw. neben einer Vielzahl unterschiedlicher Produkt- bzw. Angebotsformen und Gattungen (nicht nur printmedialer Art). Auf der Nachfrageseite stehen quantitativ deutlich verschiedene potentielle Lesergruppen mit unterschiedlichen Sozialisationsvoraussetzungen, Leseinteressen, Lesegewohnheiten, Literaturbegriffen und unterschiedlichen Einkommensverhältnissen. In den Bereichen der Aus- und Weiterbildung wird Literatur (in allen ihren Formen) als Lehr- und Lernmittel benutzt. Der Buchmarkt ist ein volkswirtschaftlich nicht unbedeutender Faktor; die dazu zählenden Unternehmen und Verwaltungseinrichtungen stellen Beschäftigungs- und Einkommensmöglichkeiten für eine große Zahl von Personen. Lesen ist in Industrienationen zu einer selbstverständlichen und (trotz einiger Einschränkungen) allgemeinen Kulturtechnik geworden. Gelesen wird zur Unterhaltung, Aus- und Weiterbildung, in der Freizeit und im Beruf. Lesen hat (gerade wegen der konkurrierenden AV-Medien noch immer ein) hohes soziales Prestige, es gilt als sozial positiv sanktioniert.

Betrachtet man nun wiederum nur denjenigen Ausschnitt des angedeuteten Phänomenbereiches, der mit schöngeistiger Literatur oder Texten mit literarisch-künstlerischem Anspruch in Verbindung steht, so dürfte offensichtlich sein, daß diesem Ausschnitt Autonomie (oder auch nur die schwächere Autonomisiertheit) in gar keiner Weise zukommen kann. Dazu befindet sich die literarische Literatur in viel zu großer wirtschaftlicher Abhängigkeit von ihren ästhetisch weniger anspruchsvollen Schwestern. Dazu befindet sie sich - selbst als anspruchsvolles Unterhaltungsmedium - in viel zu starker Konkurrenz mit anderen Unterhaltungsmedien. Und dazu findet sie bei der großen Zahl von Lesern trotz allem viel zu wenig Akzeptanz.

Literatur (im Sinne der Empirischen Theorie der Literatur) ist ein viel zu "kleiner" Bereich, um unabhängig sein zu können. Die Autonomie von Kunst und Literatur ist schon immer eine bildungsbürgerliche ästhetiktheoretische Illusion gewesen. Zuerst verdankte sie sich der persönlichen Unabhängigkeit der Künstler und Literaten, die eine ökonomische oder ideologische Unabhängigkeit oder beides war, dann verdankte sie sich der Ignoranz gegenüber den ungebildeten Massen, zuletzt einer Theoriebildung, die der Bestätigung alter, aus der Ästhetik bekannter Topoi neuen Glanz zu verleihen verspricht.

Literatur

Angyal, A. (1969, orig. 1941): A Logic of Systems, in: Emery, F.E. (Ed.). *Systems Thinking*, Harmondsworth, S. 17 - 29

Berg, H. de (1991): Text - Kontext - Differenz. Ein Vorschlag zur Anwendung der Luhmannschen Systemtheorie in der Literaturwissenschaft, in: *SPIEL 10, H.2*, S. 191-206.

Bourdieu, P. (1983): The Field of Cultural Production, or: The Economic World Reversed, in: *POETICS Special Issue Vol. 12, No. 4/5: Empiricial Sociology of Literature and the Arts.* Edt. by C.J. van Rees, S. 311 - 356.

Even-Zohar, I. (1990): *Polysystem Studies.* POETICS TODAY Vol.11, No.1, S. 1-268

Fohrbeck, K. & A. Wiesand (1972): *Der Autorenreport,* Reinbek b.Hamburg.

Hejl, P. (1982): *Sozialwissenschaft als Theorie selbstreferentieller Systeme*, New York.

Hejl, P. (1987): Konstruktion der sozialen Konstruktion: Grundlinien einer konstruktivistischen Sozialtheorie, in: S.J. Schmidt (Hg.), *Der Diskurs des Radikalen Konstruktivismus*, Frankfurt/M., S. 303 - 339

Hiller, H. & W. Strauß (Hg.) (1961): *Der deutsche Buchhandel*, Gütersloh.

Jäger, G. (1990): *Buchhandel und Wissenschaft. Zur Ausdifferenzierung des wissenschaftlichen Buchhandels*, LUMIS-Schriften Bd. 26, Universität Siegen.

Krohn, W. & G. Küppers (Hg.) (1990): *Selbstorganisation. Aspekte einer wissenschaftlichen Revolution*, Braunschweig, Wiesbaden.

Laszlo, E. (1972): *Introduction to Systems Philosophy*, New York, London, Paris.

Luhmann, N. (1984): Das Kunstwerk und die Selbstreproduktion der Kunst, in: *DELFIN III*, S. 51 - 69.

Luhmann, N. (1987): *Soziale Systeme Grundriß einer allgemeinen Theorie*, Frankfurt/M.

Meyer, F. & C.-M. Ort (1988): Konzept eines struktural-funktionalen Theoriemodells für eine Sozialgeschichte der Literatur, in: Heydebrand, R. v. (Hg), *Zur theoretischen Grundlegung einer Sozialgeschichte der Literatur: ein struktural-funktionaler Entwurf*, Tübingen, S. 85 - 171.

Meyer-Dohm, P. & W.Strauß (Hg.) (1975): *Handbuch des Buchhandels in vier Bänden*, Hamburg.

Noelle-Neumann, E. &. R.Schulz (1986): Typologie der Käufer und Leser, in: *Archiv für Soziologie und Wirtschaftsfragen des Buchhandels XLII. Börsenblatt für den Deutschen Buchhandel Nr. 53*, Frankfurt/M.

Noelle-Neumann, E. (1978): Buchhändler und Buchkäufer 1978, in: *Archiv für Soziologie und Wirtschaftsfragen des Buchhandels XLIII. Börsenblatt für den Deutschen Buchhandel Nr. 90*, Frankfurt/M.

Pfau, D. & J. Schönert (1988): Probleme und Perspektiven einer theoretisch-systematischen Grundlegung für eine 'Sozialgeschichte der Literatur', in: Heydebrand, R. v. (Hg), *Zur theoretischen Grundlegung einer Sozialgeschichte der Literatur: ein struktural-funktionaler Entwurf*, Tübingen, S. 1-26.

Rees, C.J. van (Ed.) (1983): *Empirical Sociology of Literature and the Arts*. POETICS Special Issue, Vol.12, No. 4/5.

Röhring, H.H. (1983): *Wie ein Buch entsteht. Eine Einführung in den modernen Buchverlag*, Darmstadt.

Rosengren, K.E. (1968): *Sociological Aspects of the Literary System*, Stockholm.

Rusch, G. (1987): *Erkenntnis, Wissenschaft, Geschichte. Von einem konstruktivistischen Standpunkt*, Frankfurt/M.

Rusch, G. (1990): Auffassen, Begreifen, Verstehen. Neue Überlegungen zu einer konstruktivistischen Theorie des Verstehens, in: S.J. Schmidt (Hg.), *Kognition und Gesellschaft. Der Diskurs des Radikalen Konstruktivismus 2*, Frankfurt/M., S. 214-256.

Rusch, G. (1991): Zur Systemtheorie und Phänomenologie von Literatur. Eine holistische Perspektive, in: *SPIEL 10, H.2*, S. 301-335.

Schmidt, S.J. (1980): *Grundriß der Empirischen Literaturwissenschaft Bd.1 Der gesellschaftliche Handlungsbereich Literatur*, Braunschweig, Wiesbaden; Neuauflage 1991 im Suhrkamp Verlag, Frankfurt/M.

Schmidt, S.J. (1982): *Grundriß der Empirischen Literaturwissenschaft Bd.2. Zur Rekonstruktion literaturwissenschaftlicher Fragestellungen in einer Empirischen Theorie der Literatur*, Braunschweig, Wiesbaden.

Schmidt, S.J. (1989): *Die Selbstorganisation des Sozialsystems Literatur im 18. Jahrhundert*, Frankfurt/M.

Schwanitz, D. (1990a): Selbstreferentielle Systeme, in: *LILI 77*, S. 100-125.

Schwanitz, D. (1990b): *Systemtheorie und Literatur. Ein neues Paradigma*, Opladen.

Stiftung Lesen (Hg.) (1991): *Lesen. Zahlen, Daten, Fakten über Bücher, Zeitungen, Zeitschriften und ihre Leser*. Mainz.

Unholzer, G. (1978): Kommunikationsverhalten und Buch, in: *BERTELSMANN BRIEFE, Heft 96*.

Viehoff, R. (1992): *Literarische Sozialisation als Selbstthematisierung des Literatursystems - Untersuchungen zu innerliterarischen Modellen*, Habilitationsschrift, Universität Siegen (im Erscheinen).

Zijlmans, K. & J. Hoogeveen (1988): *Kommunikation über Kunst. Eine Fallstudie zur Entstehungs- und Rezeptionsgeschichte des 'Blauen Reiters' und von Wilhelm Worringers 'Abstraktion und Einfühlung'*. Leiden.

Auswahlbibliographie zum Thema Systemtheorie und Kunst

Das theoretische Fundament, auf dem fast alle Beiträge dieses Bandes aufliegen, liefert die Systemtheorie Niklas Luhmanns. Diesem Umstand trägt auch diese Auswahlbibliographie Rechnung. Ein vollständiges Verzeichnis der Schriften Luhmanns allerdings würde zur Zeit zwischen 400 und 500 Lemmata umfassen. Die Herausgeber des Bandes haben sich entschlossen, hier nur eine kleine Auswahl jener Titel zu geben, in denen sich Luhmann in grundsätzlicher Weise zum Problem der Kommunikation oder zu Fragen der Kunst äußert:

Luhmann, N.: *Gesellschaftsstruktur und Semantik. Studien zur Wissenssoziologie der modernen Gesellschaft 1-3*, Frankfurt/M.: Suhrkamp 1980, 1981 und 1989.

Luhmann, N.: Ist Kunst codierbar?, in: N.L.: *Soziologische Aufklärung 3*, Opladen: Westdeutscher Verlag 1981, S. 245-266.

Luhmann, N.: Die Unwahrscheinlichkeit der Kommunikation, in: N.L.: *Soziologische Aufklärung 3*, Opladen: Westdeutscher Verlag 1981, S. 25-34.

Luhmann, N.: *Liebe als Passion. Zur Codierung von Intimität*, Frankfurt/M.: Suhrkamp 1982.

Luhmann, N.: *Soziale Systeme. Grundriß einer allgemeinen Theorie*, Frankfurt/M.: Suhrkamp 1984.

Luhmann, N.: Das Kunstwerk und die Selbstreproduktion der Kunst, in: *Stil. Geschichten und Funktionen eines kulturwissenschaftlichen Diskurselements*, hg. von H.U. Gumbrecht und K.L. Pfeiffer, Frankfurt/M.: Suhrkamp 1986, S. 620-672.

Luhmann, N.: Systeme verstehen Systeme, in: *Zwischen Intransparenz und Verstehen. Fragen an die Pädagogik*, hg. von N.L. und K.E. Schorr, Frankfurt/M.: Suhrkamp 1986, S. 72-117.

Luhmann, N.: Das Medium der Kunst, in: *"ohne Titel". Neue Orientierungen der Kunst*, hg. von F.D. Bunsen, Würzburg: Echter 1988, S. 61-71 (vorher schon in: Delfin 4, 1986, S. 6-15).

Luhmann, N.: Was ist Kommunikation?, in: *Information Philosophie 1*, 1987, S. 4-16.

Luhmann, N.: Weltkunst, in: *Unbeobachtbare Welt: Über Kunst und Architektur*, Bielefeld: Haux 1990, S. 7-45.

Luhmann, N./Fuchs, P.: *Reden und Schweigen*, Frankfurt/M.: Suhrkamp 1989.

In Interviews kommt Luhmann an folgenden Stellen zu Wort:

in: *Niklas Luhmann. Archimedes und wir. Interviews*, hg. von D. Baecker und G. Stanitzek, Berlin: Merve 1987, S. 74-98.
in: *Kunstforum International 108*, 1990, S. 102-107.
in: *Texte zur Kunst 1 (4)*, 1991, S. 121-133.

Die Adaptation der Systemtheorie durch die Literatur-, Kunst- und Musikwissenschaft befindet sich zur Zeit wohl noch in ihrem Anfangsstadium. Trotzdem ist bibliographische Vollständigkeit auch für diesen Bereich an dieser Stelle kaum zu verwirklichen. Immerhin dürften mit der folgenden Auflistung die maßgeblichen Titel erfaßt sein:

de Berg, H.: Text - Kontext - Differenz. Ein Vorschlag zur Anwendung der Luhmannschen Systemtheorie in der Literaturwissenschaft, in: *SPIEL 10 (2)*, 1991, S. 191-206.

de Berg, H.: Literatuur als systeem. Wat zegt Luhmann ?, in: *Forum der Letteren 33 (2)*, 1992, S. 114-126.

Blom, T./Nijhuis, T.: Contingency, Meaning and History, in: *Philosophica 44*, 1989, S. 33-59.

Brenner, G.: *Der poetische Text als System. Ein Beitrag kritischer Systemtheorie zur Begründung des Poetischen. Anmerkungen zu Kafka*, Frankfurt/M.: Haag + Herchen 1978.

Briegleb, K.: "1933". Die Ergreifung der Monade. Oder: Auf welche Sozial geschichte beruft sich 'die' Systemtheorie?, in: K.B.: *Unmittelbar zur Epoche des NS-Faschismus. Arbeiten zur politischen Philologie 1987-1988*, Frankfurt/M.: Suhrkamp 1989, S. 160-190.

Burgers, H.: "An den Leser". Vorworte und Absichtserklärungen deutscher Zeitschriften der unmittelbaren Nachkriegszeit, in: *Interbellum und Exil. Liber Amicorum für Hans Würzner*, hg. von S. Onderdelinden, Amsterdam: Rodopi 1991 (= Amsterdamer Publikationen zur Sprache und Literatur 90), S. 267-289.

Disselbeck, K.: *Geschmack und Kunst. Eine systemtheoretische Untersuchung zu Schillers Briefen 'Über die ästhetische Erziehung des Menschen'*, Opladen: Westdeutscher Verlag 1987.

Faulstich, W.: Systemtheorie des Literaturbetriebs: Ansätze, in: *LiLi 16 (62)*, 1986, S. 125-133.

Faulstich, W.: Systemtheorie des Literaturbetriebs: Ergänzungen, in: *LiLi 16 (63)*, 1986, S. 164-169.

Fokkema, D.W.: Changing the Canon: A Systems Theoretical Approach, in: *Empirical Studies of Literature. Proceedings of the Second IGEL-Conference (1989)*, hg. von E. Ibsch, D. Schram und G. Steen, Amsterdam: Rodopi 1991, S. 363-369.

Fokkema, D.W./Ibsch, E.: *Literatuurwetenschap en cultuuroverdracht*, Muiderberg: Coutinho 1992 (insbes. Kap. 7).

Fritz, H.: Systemtheoretische Überlegungen zur Aufklärungskomödie, in: *Kontroversen, alte und neue. Akten des VII. Internationalen Germanistenkongresses Bd. 9*, hg. von A. Schöne, Tübingen: Niemeyer 1986, S. 3-10.

Giesecke, M.: Die 'Grundfragen der Allgemeinen Sprachwissenschaft' und die alternativen Antworten einer systemischen Kommunikationstheorie, in: *Theorie als Passion. Niklas Luhmann zum 60. Geburtstag*, hg. von D. Baecker et al., Frankfurt/M.: Suhrkamp 1987, S. 269-297.

Gumbrecht, H.U.: Literarische Gegenwelten, Karnevalskultur und die Epochenschwelle vom Spätmittelalter zur Renaissance, in: *Literatur in der Gesellschaft des Spätmittelalters*, hg. von H.U.G., Heidelberg: Carl Winter 1980 (= Begleitreihe zum Grundriß der romanischen Literatur des Mittelalters 1), S. 95-144.

Gumbrecht, H.U.: Pathologien im Literatursystem, in: *Theorie als Passion. Niklas Luhmann zum 60. Geburtstag*, hg. von D. Baecker et al., Frankfurt/M.: Suhrkamp 1987, S. 137-180.

Hempfer, K.W.: Schwierigkeiten mit einer 'Supertheorie': Bemerkungen zur Systemtheorie Luhmanns und deren Übertragbarkeit auf die Literaturwissenschaft, in: *SPIEL 9 (1)*, 1990, S. 15-36.

Hoogeveen, J.: Wissenschaft als Beruf. Zur Rezeption der Max Weberschen Losung 'Politik gehört nicht in den Hörsaal', in: *Interbellum und Exil. Liber Amicorum für Hans Würzner*, hg. von S. Onderdelinden, Amsterdam: Rodopi 1991 (= Amsterdamer Publikationen zur Sprache und Literatur 90), S. 26-41.

Hoogeveen, J./Würzner, H. (Hg.): *Ideologie und Literatur(wissenschaft)*, Amsterdam: Rodopi 1986 (= Amsterdamer Publikationen zur Sprache und Literatur 71).

Jäger, G.: *Buchhandel und Wissenschaft. Zur Ausdifferenzierung des wissenschaftlichen Buchhandels*, Siegen: LUMIS 1990 (= LUMIS-Schriften 26).

Jäger, G.: Freundschaft, Liebe und Literatur von der Empfindsamkeit bis zur Romantik: Produktion, Kommunikation und Vergesellschaftung von Individualität durch 'kommunikative Muster ästhetisch vermittelter Identifikation', in: *SPIEL 9 (1)*, 1990, S. 69-87.

Jäger, G.: Die Avantgarde als Ausdifferenzierung des bürgerlichen Literatursystems. Eine systemtheoretische Gegenüberstellung des bürgerlichen und avantgardistischen Literatursystems mit einer Wandlungshypothese, in: *Modelle des literarischen Strukturwandels*, hg. von M. Titzmann, Tübingen: Niemeyer 1991 (= Studien und Texte zur Sozialgeschichte der Literatur 33), S. 221-244.

Kneer, G./Nassehi, A.: Verstehen des Verstehens. Eine systemtheoretische Revision der Hermeneutik, in: *Zeitschrift für Soziologie 20 (5)*, 1991, S. 341-356.
Köhler, E.: Gattungssystem und Gesellschaftssystem, in: *Romanische Zeitschrift für Literaturgeschichte 1*, 1977, S. 7-22.
Kraft, V.: *Systemtheorie des Verstehens*, Frankfurt/M.: Haag + Herchen 1989.
Krüger, H.-P.: Selbstreferenz bei Maturana und Luhmann. Ein kommunikationsorientierter Vergleich, in: *Deutsche Zeitschrift für Philosophie 40 (5)*, 1992, S. 474-489.
Meyer, F./Ort, C.-M.: Literatursysteme - Literatur als System. Eine theoretische Vorbemerkung, in: *SPIEL 9 (1)*, 1990, S. 1-14.
Lingner, M.: Zur Konzeption künftiger öffentlicher Kunst. Argumente für eine Transformierung ästhetischer Autonomie, in: *Kunst im öffentlichen Raum. Anstöße der 80er Jahre*, hg. von V. Plagemann, Köln: DuMont 1989, S. 246-258.
Mohr, H.-U.: Ästhetische Erfahrung und sozialgeschichtlicher Prozeß. Systemtheoretisch und rollentheoretisch orientierte Überlegungen zu einer Funktionsgeschichte der Literatur, in: *SPIEL 4 (2)*, 1985, S. 297-350.
Müller, H.: Systemtheorie und Literaturwissenschaft, in: *Neue Literaturtheorien. Eine Einführung*, hg. von K.-M. Bogdal, Opladen: Westdeutscher Verlag 1990, S. 201-217.
Ort, C.-M.: Vom 'Text' zum 'Wissen': Die literarische Konstruktion soziokulturellen Wissens als Gegenstand einer nicht-reduktiven Literaturgeschichte, ersch. demnächst in: *Probleme der Literaturinterpretation und Literaturgeschichtsschreibung*, Stuttgart: Metzler.
Plumpe, G.: Systemtheorie und Literaturgeschichte. Mit Anmerkungen zum deutschen Realismus im 19. Jahrhundert, in: *Epochenschwellen und Epochenstrukturen im Diskurs der Literatur- und Sprachhistorie*, hg. von H.U. Gumbrecht und U. Link-Heer, Frankfurt/M.: Suhrkamp 1985, S. 251-264.
Plumpe, G.: *Ästhetische Kommunikation der Moderne. Band I*, Opladen: Westdeutscher Verlag 1992.
Prangel, M.: *Die Pragmatizität 'fiktionaler' Literatur. Zur Rezeption der Romane und Erzählungen Ludwig Ganghofers*, Amsterdam: Rodopi 1986 (= Amsterdamer Publikationen zur Sprache und Literatur 68).
Prangel, M.: Bemerkungen zur Denkfigur binärer Schematisierungen vom Typus realistisch-unrealistisch und Ratio-Gefühl in der Literaturgeschichte, in: *Neophilologus 70 (4)*, 1986, S. 481-494.
Rusch, G.: Zur Systemtheorie und Phänomenologie von Literatur. Eine holistische Perspektive, in: *SPIEL 10 (2)*, 1991, S. 305-339.
Schmidt, S.J.: *Die Selbstorganisation des Sozialsystems Literatur im 18. Jahrhundert*, Frankfurt/M.: Suhrkamp 1989.
Schmidt, S.J.: Verläuft die Entwicklung des Romans von Heliodor zu Goethe (und weiter) ? Oder: Inkommensurabilität als literaturhistorio-

graphische Kategorie, in: *Groningen Colloquia on the Novel Vol. II*, hg. von H. Hofmann, Groningen: Forsten 1989, S. 5-23.
Schmidt, S.J.: *Literaturwissenschaft als interdisziplinäres Vorhaben*, Siegen: LUMIS 1991 (= LUMIS-Schriften 30).
Schneider, W.L.: *Objektives Verstehen. Rekonstruktion eines Paradigmas: Gadamer, Popper, Toulmin, Luhmann*, Opladen: Westdeutscher Verlag 1991.
Schwanitz, D.: Natürlichkeit und Lächerlichkeit. Probleme der Verhaltensstilisierung in der englischen Restaurationskomödie, in: *Stil. Geschichten und Funktionen eines kulturwissenschaftlichen Diskurselements*, hg. von H.U. Gumbrecht und K. L. Pfeiffer, Frankfurt/M.: Suhrkamp 1986, S. 426-462.
Schwanitz, D.: Zeit und Geschichte im Roman - Interaktion und Gesellschaft im Drama: Zur wechselseitigen Erhellung von Systemtheorie und Literatur, in: *Theorie als Passion. Niklas Luhmann zum 60. Geburtstag*, hg. von D. Baecker et al., Frankfurt/M.: Suhrkamp 1987, S. 181-213.
Schwanitz, D.: Systems Theory and the Environment of Theory, in: *The Current in Criticism. Essays on the Present and Future of Literary Theory*, hg. von C. Koelb und V. Lokke, West Lafayette: Purdue University Press 1987, S. 265-294.
Schwanitz, D.: Der Körper zwischen Rhetorik und Symptomatologie: Zurechnungsprobleme der Liebe von Shakespeare bis zum 'Man of Feeling', in: *Die Sprache der Zeichen und Bilder. Rhetorik und nonverbale Kommunikation in der frühen Neuzeit*, hg. von V. Kapp, Marburg: Hitzeroth 1989 (= Ars Rhetorica 1), S. 118-129.
Schwanitz, D.: *Systemtheorie und Literatur. Ein neues Paradigma*, Opladen: Westdeutscher Verlag 1990.
Schwanitz, D.: Selbstreferentielle Systeme, in: *LiLi 20 (77)*, 1990, S. 100-125.
Schwanitz, D.: Rhetorik, Roman und die internen Grenzen der Kommunikation: Zur systemtheoretischen Beschreibung einer Problemkonstellation der 'sensibility', in: *Rhetorik Bd. 9: Rhetorik und Strukturalismus*, hg. von J. Dyck et al., Tübingen: Niemeyer 1990, S. 52-67.
Stanitzek, G.: *Blödigkeit. Beschreibungen des Individuums im 18. Jahrhundert*, Tübingen: Niemeyer 1989 (= Hermaea: Germanistische Forschungen, Neue Folge 60).
Stanitzek, G.: Systemtheorie, ersch. demnächst in: *Literaturwissenschaft. Ein Grundkurs*, Rowohlt: Reinbek b. Hamburg.
Werber, N.: Literatur als System ? Anmerkungen zu Siegfried J. Schmidts Buch über 'Die Selbstorganisation des Sozialsystems Literatur im 18. Jahrhundert', in: *Weimarer Beiträge 36*, 1990, S. 1192-1198.
Werber, N.: *Literatur als System. Zur Ausdifferenzierung literarischer Kommunikation*, Opladen: Westdeutscher Verlag 1992.
Zijlmans, K.: *Kunst - geschiedenis - kunstgeschiedenis. Methode en praktijk van een kunsthistorische aanpak op systeemtheoretische basis*, Leiden:

Alpha 1990 (= Leidener Beiträge zur theoriegeleiteten Literaturwissenschaft, Sprachwissenschaft, Geschichte und Kunstgeschichte 1).
Zijlmans, K./Hoogeveen, J.: *Kommunikation über Kunst. Eine Fallstudie zur Entstehungs- und Rezeptionsgeschichte des 'Blauen Reiters' und von Wilhelm Worringers 'Abstraktion und Einfühlung'*, Leiden: Alpha 1988.

Die Autoren

Henk de Berg, geb. 1963 in Harderwijk (Niederlande); studierte in Leiden Theologie und Germanistik und in Siegen am Institut für Empirische Literatur- und Medienforschung (LUMIS) Literaturwissenschaft; zur Zeit Tätigkeit als wissenschaftlicher Assistent im Fachbereich Allgemeine Literaturwissenschaft der Universität Leiden.

Hetty Burgers, geb. 1954; studierte Germanistik und Soziologie in Leiden und Bielefeld. Schwerpunkt ihrer Arbeit ist die Anwendung systemtheoretischer Erkenntnisse im Bereich der Textinterpretation. Sie arbeitet zur Zeit an einer Dissertation zur systemtheoretischen Analyse von literarischen Diskursen der Nachkriegszeit. Veröffentlichungen: systemtheoretisch orientierte Aufsätze zur neueren deutschen Literatur.

Klaus Disselbeck, geb. 1949 in Brühl; Studium der Philosophie, Germanistik und Geschichte in Köln und Tübingen. Promotion 1984 in Tübingen. Tätigkeit als wissenschaftlicher Assistent am germanistischen Seminar der Universität Regensburg (1983-1985) und als Lehrer (seit 1987). Veröffentlichungen: *Geschmack und Kunst. Eine systemtheoretische Untersuchung zu Schillers Briefen 'Über die ästhetische Erziehung des Menschen'*, Opladen 1987; *Ethik und Philosophie*, Stuttgart 1989.

Jos Hoogeveen, geb. 1947; Literaturwissenschaftler; 1978 Promotion in Leiden mit einer Arbeit über *Funktionalistische Rezeptionstheorie*, Leiden 1978; weitere Veröffentlichungen: (gemeinsam mit K. Zijlmans) *Kommunikation über Kunst. Eine Fallstudie zur Entstehungs- und Rezeptionsgeschichte des 'Blauen Reiters' und von Wilhelm Worringers 'Abstraktion und Einfühlung'*, Leiden 1988; ferner u.a. Beiträge zur systemtheoretisch orientierten Textsemantik.

Peter Hühn, geb. 1939 in Kiel; Studium der Anglistik und Germanistik in Hamburg und Tübingen. Promotion 1970 in Hamburg. Seit 1982 Professor am Seminar für Englische Sprache und Kultur der Universität Hamburg. Hauptinteressengebiete: Englische Lyrik, Lyriktheorie, Detektiv- und Kriminalliteratur, Erzähltheorie, empirische Rezeptionsforschung. Veröffentlichungen: *Das Verhältnis von Mann und Frau im Werk von William Butler Yeats*, Bonn 1971; (gemeinsam mit W. Künne) *Englische triviale Frauenlitera-*

tur: Fallstudien zu ihrer Rezeption bei Schülern und Studenten, Königstein/Ts. 1978; (gemeinsam mit H. Heuermann und B. Röttger) *Werkstruktur und Rezeptionsverhalten: Empirische Untersuchungen über den Zusammenhang von Text-, Leser- und Kontextmerkmalen*, Göttingen 1982; (gemeinsam mit H. Heuermann) *Fremdsprachige vs. muttersprachige Rezeption: Eine empirische Analyse text- und leserspezifischer Unterschiede*, Tübingen 1983; empirisch orientierte Aufsätze zur englischen Literatur.

Christiaan de Lannoy, geb. 1941 in St. Niklaas (Belgien); Studium der Kunstgeschichte, Musikwissenschaft und Psychologie an der Universität Gent. Promotion in Gent mit einer Arbeit, die den Zusammenhang von Musik, Schachspiel und Psychologie unter systemtheoretischer Perspektive untersucht. Ausbildung zum Gruppen- und Systemtherapeuten sowie zum bioenergetischen Psychoanalytiker. Zur Zeit tätig als Dozent für Musik- und Kulturgeschichte am Königlichen Konservatorium in Brüssel und in einer psychiatrischen Klinik in Brügge. Veröffentlichungen: Aufsätze auf dem Gebiet der Musikpsychologie und Musiktherapie. Außerdem Beiträge zu Radio- und Fernsehsendungen.

Ekkehard Mann, geb. 1947 in Bautzen; Studium der Physik in Dresden und der Germanistik in Amsterdam. Zur Zeit Tätigkeit als wissenschaftlicher Assistent am germanistischen Seminar der Universität Amsterdam. Veröffentlichungen: Aufsätze auf dem Gebiet der modernen und experimentellen Lyrik.

Stephan Mussil, geb. 1956 in Hannover; Studium der Rechtswissenschaft in Frankfurt sowie der Anglistik, Geschichte und Kunstgeschichte in Hamburg.

Matthias Prangel, geb. 1939 in Berlin; Studium der Germanistik, Geschichte und Psychologie in Marburg, Hamburg und Leiden; Promotion 1986 in Leiden. 1977-1989 Dozent für Germanistik, seit 1989 für Allgemeine Literaturwissenschaft an der Universität Leiden. Veröffentlichungen: *Alfred Döblin*, Stuttgart 1973 (2. Aufl. 1987); *Materialien zu Alfred Döblins 'Berlin Alexanderplatz'*, Frankfurt/M. 1975; *Die Pragmatizität 'fiktionaler' Literatur. Zur Rezeption der Romane und Erzählungen Ludwig Ganghofers*, Amsterdam 1986; Aufsätze im Bereich der neueren deutschen wie der theoretischen Literaturwissenschaft.

Gebhard Rusch, geb. 1954 in Magdeburg; Studium der Literaturwissenschaft, Linguistik, Geschichte und Philosophie an den Universitäten Bielefeld und Siegen. 1985 Promotion. Tätig am Institut für Empirische Literatur- und Medienforschung (LUMIS) in Siegen. Veröffentlichungen: (zusammen mit S.J. Schmidt) *Das Voraussetzungssystem Georg Trakls*, Braunschweig/Wiesbaden 1983; *Erkenntnis, Wissenschaft, Geschichte. Von einem konstruktivisti-*

schen Standpunkt, Frankfurt/M. 1987; ferner zahlreiche Beiträge zur Literatur- und Kommunikationstheorie, zur Empirischen Medienforschung sowie zur Theorie der Geschichte und Geschichtswissenschaft.

Dietrich Schwanitz, geb. 1940; Studium der Anglistik, Geschichte und Philosophie in Münster, London, Philadelphia und Freiburg. Promotion 1969, Habilitation 1975 in Freiburg. Gastprofessor am Wells College, N.Y. und als Max-Kade-Visiting Professor an der University of Massachusetts, Amherst. Seit 1978 Professor für Anglistik in Hamburg. Arbeitsschwerpunkte: Sozialhistorisch und mentalitätsgeschichtlich orientierte Literaturgeschichte, Literaturtheorie, Verbindung von Dramentheorie und Theaterpraxis an einem von ihm geleiteten Theatre Workshop (The University Players). Veröffentlichungen: *G.B. Shaw. Künstlerische Konstruktion und unordentliches Leben*, 1971; *Die Wirklichkeit der Inszenierung und die Inszenierung der Wirklichkeit: Untersuchungen zur Dramaturgie der Lebenswelt und zur Tiefenstruktur des Dramas*, 1977; *Literaturwissenschaft für Anglisten*, 1985; *Shylock*, 1989; *Systemtheorie und Literatur. Ein neues Paradigma*, 1990; ca. 40 Aufsätze zur englischen Literatur- und Kulturgeschichte mit zunehmend systemtheoretischer Orientierung.

Kitty Zijlmans, geb. 1955; Studium der Kunstgeschichte an der Universität Leiden; promovierte 1989 in Leiden mit einer Arbeit zur kunsthistorischen Forschung auf systemtheoretischer Basis. Veröffentlichungen: (gemeinsam mit Jos Hoogeveen) *Kommunikation über Kunst. Eine Fallstudie zur Entstehungs- und Rezeptionsgeschichte des 'Blauen Reiters' und von Wilhelm Worringers 'Abstraktion und Einfühlung'*, Leiden 1988; *Kunst, geschiedenis, kunstgeschiedenis. Methode en praktijk van een kunsthistorische aanpak op systeemtheoretische basis*, Leiden 1990; Aufsätze zur modernen Kunst und zur Systemtheorie.

Aus dem Programm Literaturwissenschaft

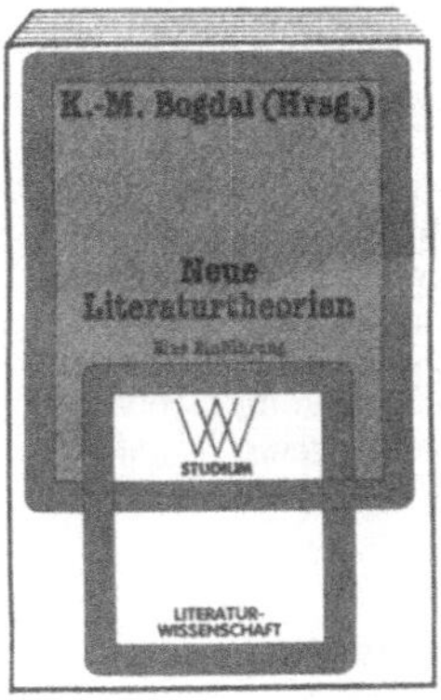

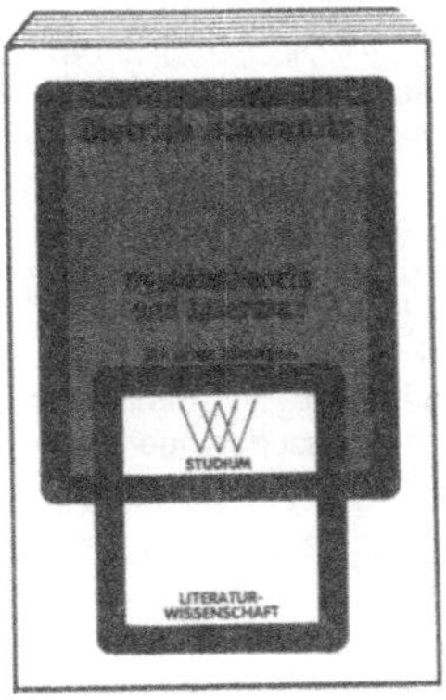

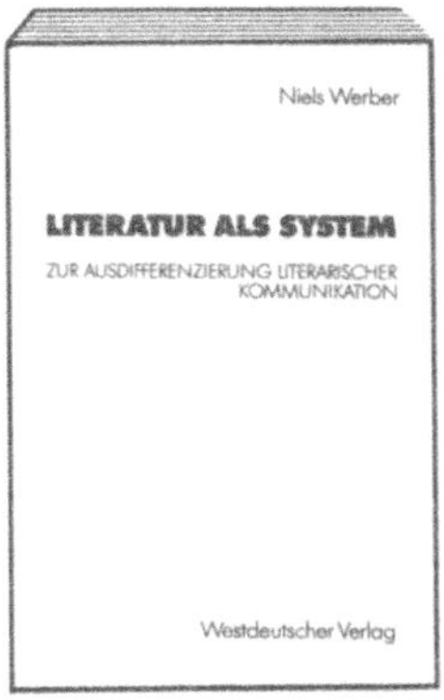

Claus-Michael Bogdal (Hrsg.)

Neue Literaturtheorien

Eine Einführung.

1990. 272 S. (WV studium, Bd. 156) Pb.
ISBN 3-531-22156-6

In den letzten 15 Jahren hat die Anzahl neuer literaturtheoretischer Ansätze bis zur „Unübersichtlichkeit" zugenommen. Eine Einführung, die auch den aktuellen Diskussionsstand präsentiert, fehlte bisher. In zehn übersichtlichen Einzelbeiträgen werden die historische Diskursanalyse, psychoanalytische Theorien, Dekonstruktivismus, feministische Literaturwissenschaft u. a. m. vorgestellt und erläutert und der Einfluß von Foucault, Lacan, Derrida, Luhmann u.a. untersucht. Die Einleitung erklärt die veränderte Form der Theoriebildung in den vergangenen Jahren und informiert zudem über die traditionellen literaturwissenschaftlichen Methoden.

Dietrich Schwanitz

Systemtheorie und Literatur

Ein neues Paradigma.

1990. 284 S. (WV studium, Bd. 157) Pb.
ISBN 3-531-22157-4

Der Anschluß der Literaturwissenschaft an die Systemtheorie stellt sich als faszinierender Paradigmawechsel dar: Die Umstellung des Gegenstandsbezugs auf Probleme macht die disparatesten Dinge als ihre Lösungen vergleichbar: die Leitbegriffe dieser neuen Komparatistik sind Selbstbeschreibung und Autopoiesis; der Denkstil ist streng und verspielt; und die Methode steuert sich als Beobachtung von Beobachtung. Entsprechend zeigt das Buch an Beispielen aus der deutschen und europäischen Literatur, was die Systemtheorie in der Anwendung auf klassische Felder der Literaturwissenschaft wie Genretheorie, Erzählforschung, Kulturgeschichte, Kunsttheorie etc. leistet; zugleich stellt es in fiktiven Dialogen zwischen literarischen Figuren zentrale Bestandteile der Systemtheorie dar.

Niels Werber

Literatur als System

Zur Ausdifferenzierung literarischer Kommunikation.

1992. 236 S. Kart.
ISBN 3-531-12325-4

Die Systemtheorie wird für die Literaturwissenschaft soweit applikationsreif gemacht, daß ihre zentralen Thesen endlich auch an Texten überprüfbar sind und zu literaturwissenschaftlich relevanten Ergebnissen führen. Die Entstehung des Sozialsystems 'Literatur' wird an wichtigen literarischen, poetischen und ästhetischen Texten des 18. und frühen 19. Jahrhunderts verfolgt; die Konsequenzen aus dieser Entwicklung werden vor allem an Werken der Romantik demonstriert. Der enge Bezug zum historischen Material ermöglicht nicht nur eine Anpassung der soziologischen Systemtheorie an literaturwissenschaftliche Bedürfnisse, sondern erzwingt zudem auch eine Weiterentwicklung der Systemtheorie selbst, die auch außerhalb der Literaturwissenschaft nicht ohne Folgen bleiben wird.

WESTDEUTSCHER VERLAG

OPLADEN · WIESBADEN

GPSR Compliance

The European Union's (EU) General Product Safety Regulation (GPSR) is a set of rules that requires consumer products to be safe and our obligations to ensure this.

If you have any concerns about our products, you can contact us on ProductSafety@springernature.com

In case Publisher is established outside the EU, the EU authorized representative is:

Springer Nature Customer Service Center GmbH
Europaplatz 3
69115 Heidelberg, Germany

Batch number: 10809472

Printed by Printforce, the Netherlands